国家重点研发计划"固废资源化"重点专项支持
固废资源化技术丛书

工业固废基充填材料的制备、性能与应用

刘　泽　王栋民　孙星海　著

科学出版社

北　京

内 容 简 介

　　本书涉及多种大宗工业固废协同制备充填材料，该类充填材料相对传统充填材料，是利用多种工业固废协同激发的原理，产生胶凝特性的可控低强度材料。主要内容包括充填材料的概念，矿井充填胶结材料技术的研究现状，矿井充填胶结材料用大宗工业固废的理化性能，矿井充填胶结材料配合比设计、早期性能和长期性能，矿井充填胶结材料的管道输送，以及一些典型工程案例。

　　本书的研究内容是作者团队在大宗工业固废协同制备充填材料领域多年研发工作的总结，可供高等院校、科研院所和工程技术单位工业固废资源化利用领域科研人员参考。

图书在版编目(CIP)数据

工业固废基充填材料的制备、性能与应用 / 刘泽，王栋民，孙星海著. —北京：科学出版社，2023.6
　(固废资源化技术丛书)
　ISBN 978-7-03-075748-7

　Ⅰ. ①工…　Ⅱ. ①刘…　②王…　③孙…　Ⅲ. ①工业固体废物–充填材料–研究　Ⅳ. ①X705

中国国家版本馆 CIP 数据核字(2023)第 102051 号

责任编辑：杨　震　杨新改 / 责任校对：任云峰
责任印制：吴兆东 / 封面设计：东方人华

科 学 出 版 社 出版
北京东黄城根北街 16 号
邮政编码：100717
http://www.sciencep.com

北京中科印刷有限公司 印刷
科学出版社发行　各地新华书店经销
*

2023 年 6 月第　一　版　开本：720×1000　1/16
2024 年 1 月第二次印刷　印张：17 1/2
字数：330 000

定价：118.00 元
(如有印装质量问题，我社负责调换)

丛 书 序 一

深入推进固废资源化、大力发展循环经济已经成为支撑社会经济绿色转型发展、战略资源可持续供给和"双碳"目标实现的重要途径，是解决我国资源环境生态问题的基础之策，也是一项利国利民、功在千秋的伟大事业。党和政府历来高度重视固废循环利用与污染控制工作，习近平总书记多次就发展循环经济、推进固废处置利用做出重要批示；《2030年前碳达峰行动方案》明确深入开展"循环经济助力降碳行动"，要求加强大宗固废综合利用、健全资源循环利用体系、大力推进生活垃圾减量化资源化；党的二十大报告指出"实施全面节约战略，推进各类资源节约集约利用，加快构建废弃物循环利用体系"。

回顾二十多年来我国循环经济的快速发展，总体水平和产业规模已取得长足进步，如：2020年主要资源产出率比2015年提高了约26%、大宗固废综合利用率达56%、农作物秸秆综合利用率达86%以上；再生资源利用能力显著增强，再生有色金属占国内10种有色金属总产量的23.5%；资源循环利用产业产值达到3万亿元/年等，已初步形成以政府引导、市场主导、科技支撑、社会参与为运行机制的特色发展之路。尤其是在科学技术部、国家自然科学基金委员会等长期支持下，我国先后部署了"废物资源化科技工程"、国家重点研发计划"固废资源化"重点专项以及若干基础研究方向任务，有力提升了我国固废资源化领域的基础理论水平与关键技术装备能力，对固废源头减量—智能分选—高效转化—清洁利用—精深加工—精准管控等全链条创新发展发挥了重要支撑作用。

随着全球绿色低碳发展浪潮深入推进，以欧盟、日本为代表的发达国家和地区已开始部署新一轮循环经济行动计划，拟通过数字、生物、能源、材料等前沿技术深度融合以及知识产权与标准体系重构，以保持其全球绿色竞争力。为了更好发挥"固废资源化"重点专项成果的引领和应用效能，持续赋能循环经济高质量发展和高水平创新人才培养等方面工作，科学出版社依托该专项组织策划了"固废资源化技术丛书"，来自中国科学院过程工程研究所、五矿集团、矿冶科技集团有限公司、同济大学、北京工业大学等单位的行业专家、重点专项项目及课题负责人参加了丛书的编撰工作。丛书将深刻把握循环经济领域国内外学术前沿动态，系统提炼"固废资源化"重点专项研发成果，充分展示和深入分析典型无机固废源头减量与综合利用、有机固废高效转化与安全处置、多元复合固废智能拆解与清洁再生等方面的基础理论、关键技术、核心装备的最新进展和示范应用，以期让相关领域广大科研工作者、企业家群体、政府及行业管理部门更好地了解固废资源化科技进步和产业应用情况，为他们开展更高水平的科技创新、工程应用和管理工作提供更多有益的借鉴和参考。

左铁镛

中国工程院院士

2023 年 2 月

丛 书 序 二

我国处于绿色低碳循环发展关键转型时期。化工、冶金、能源等行业仍将长期占据我国工业主体地位，但其生产过程产生数十亿吨级的固体废物，造成的资源、环境、生态问题十分突出，是国家生态文明建设关注的重大问题。同时，社会消费环节每年产生的废旧物质快速增加，这些废旧物质蕴含着宝贵的可回收资源，其循环利用更是国家重大需求。固废资源化通过再次加工处理，将固体废物转变为可以再次利用的二次资源或再生产品，不但可以解决固体废物环境污染问题，而且实现宝贵资源的循环利用，对于保证我国环境安全、资源安全非常重要。

固废资源化的关键是科技创新。"十三五"期间，科学技术部启动了"固废资源化"重点专项，从化工冶金清洁生产、工业固废增值利用、城市矿产高质循环、综合解决集成示范等全链条、多层面、系统化加强了相关研发部署。经过三年攻关，取得了一系列基础理论、关键技术和工程转化的重要成果，生态和经济效益显著，产生了巨大的社会影响。依托"固废资源化"重点专项，科学出版社组织策划了"固废资源化技术丛书"，来自中国科学院过程工程研究所、中国地质大学（北京）、中国矿业大学（北京）、中南大学、东北大学、矿冶科技集团有限公司、军事科学院国防科技创新研究院等很多单位的重点专项项目负责人都参加了丛书的编撰工作，他们都是固废资源化各领域的领军人才。丛书对固废资源化利用的前沿发展以及关键技术进行了阐述，介绍了一系列创新性强、智能化程度高、工程应用广泛的科技成果，反映了当前固废资源化的最新科研成果和生产技术水平，有助于读者了解最新的固废资源化利用相关理论、技术和装备，对学术研究和工程化实施均有指导意义。

我带领团队从 1990 年开始，在国内率先开展了清洁生产与循环经济领域的技术创新工作，到现在已经 30 余年，取得了一定的创新性成果。要特别感谢科学技术部、国家自然科学基金委员会、中国科学院等的国家项目的支持，以及社会、企业等各方面的大力支持。在这个过程中，团队培养、涌现了一批优秀的中青年骨干。丛书的主编李会泉研究员在我团队学习、工作多年，是我们团队的学术带头人，他提出的固废矿相温和重构与高质利用学术思想及关键技术已经得到了重要工程应用，一定会把这套丛书的组织编写工作做好。

固废资源化利国利民，技术创新永无止境。希望参加这套丛书编撰的专家、学者能够潜心治学、不断创新，将理论研究和工程应用紧密结合，奉献出精品工程，为我国固废资源化科技事业做出贡献；更希望在这个过程中培养一批年轻人，让他们多挑重担，在工作中快速成长，早日成为栋梁之材。

感谢大家的长期支持。

中国工程院院士

2022 年 12 月

丛 书 前 言

深入推进固废资源化已成为大力发展循环经济，建立健全绿色低碳循环发展经济体系的重要抓手。党的二十大报告指出"实施全面节约战略，推进各类资源节约集约利用，加快构建废弃物循环利用体系"。我国固体废物增量和存量常年位居世界首位，成分复杂且有害介质多，长期堆存和粗放利用极易造成严重的水-土-气复合污染，经济和环境负担沉重，生态与健康风险显现。而另一方面，固体废物又蕴含着丰富的可回收物质，如不加以合理利用，将直接造成大量有价资源、能源的严重浪费。

通过固废资源化，将各类固体废物中高品位的钢铁与铜、铝、金、银等有色金属，以及橡胶、尼龙、塑料等高分子材料和生物质资源加以合理利用，不仅有利于解决固体废物的污染问题，也可成为有效缓解我国战略资源短缺的重要突破口。与此同时，由于再生资源的替代作用，还能有效降低原生资源开采引发的生态破坏与环境污染问题，具有显著的节能减排效应，成为减污降碳协同增效的重要途径。由此可见，固废资源化对构建覆盖全社会的资源循环利用体系，系统解决我国固废污染问题、破解资源环境约束和推动产业绿色低碳转型具有重大的战略意义和现实价值。随着新时期绿色低碳、高质量发展目标对固废资源化提出更高要求，科技创新越发成为其进一步提质增效的核心驱动力。加快固废资源化科技创新和应用推广，就是要通过科技的力量"化腐朽为神奇"，将"绿水青山就是金山银山"的理念落到实处，协同推进降碳、减污、扩绿、增长。

"十三五"期间，科学技术部启动了国家重点研发计划"固废资源化"重点专项，该专项紧密面向解决固体废物重大环境问题、缓解重大战略资源紧缺、提升循环利用产业装备水平、支撑国家重大工程建设等方面战略需求，聚焦工业固废、生活垃圾、再生资源三大类典型固废，从源头减量、循环利用、协同处置、精准管控、集成示范等方面部署研发任务，通过全链条科技创新与全景式任务布局，引领我国固废资源化科技支撑能力的全面升级。自专项启动以来，已在工业固废建工建材利用与安全处置、生活垃圾收集转运与高效处理、废旧复合器件智能拆解高值利用等方面取得了一批重大关键技术突破，部分成果达到同领域国际先进水平，初步形成了以固废资源化为核心的技术装备创新体系，支撑了近20亿吨工业固废、城市矿产等重点品种固体废物循环利用，再生有色金属占比达到30%，为破解固废污染问题、缓解战略资源紧缺和促进重点区域与行业绿色低碳发展发挥了重要作用。

　　本丛书将紧密结合"固废资源化"重点专项最新科技成果，集合工业固废、城市矿产、危险废物等领域的前沿基础理论、创新技术、产品案例和工程实践，旨在解决工业固废综合利用、城市矿产高值再生、危险废物安全处置等系列固废处理重大难题，促进固废资源化科技成果的转化应用，支撑固废资源化行业知识普及和人才培养。并以此为契机，期寄固废资源化科技事业能够在各位同仁的共同努力下，持续产出更加丰硕的研发和应用成果，为深入推动循环经济升级发展、协同推进减污降碳和实现"双碳"目标贡献更多的智慧和力量。

李会泉　何发钰　戴晓虎　吴玉锋
2023 年 2 月

前　言

　　近些年，国家加强了环境保护综合治理，第十三届全国人民代表大会常务委员会第十七次会议通过了新修订的《固体废物污染环境防治法》。国家发展和改革委员会提出了大宗固体废物综合利用的途径和方向，矿井充填就是固体废物利用的主要方式之一。当前，国家又对黄河流域、长江流域和中西部生态环境保护提出更高要求，这些地区的煤炭、金属矿地下开采过程产生的大宗工业固废，需要创新技术的指导，实现多固废的协同消纳。

　　矿井充填是采矿专业一种主要的开采方式，近年来主要应用在金属矿开采过程中，目前煤炭行业中也在逐渐推广。本书作者自"十二五"以来一直从事矿井充填的相关工作，随着我国环境治理要求的不断提高，矿业固废的大宗消纳已经成为煤炭和金属矿企业必须履行的社会责任。而传统的矿井充填主要是用水泥作为胶凝材料来实现材料的管道输送和凝结硬化。2021年，我国提出了"碳达峰、碳中和"的宏伟目标，科研人员和产业界正在进行技术革新，使用多固废协同制备胶凝材料的方式，替代高碳排的水泥原材料。本书结合相关技术的应用，将对矿井充填开采这一学科方向进一步拓展，新技术的应用将会协同消纳大宗工业固废，降低成本，减少碳排放，还社会以绿水青山。

　　大宗工业和矿业固废每年产生几十亿吨，绝大部分都分布在资源密集型地区。在开采地下有价资源的同时，形成大量地下空间和地表固废堆场，造成生态破坏、水土流失、环境恶化。采用充填方式将工业和矿业固体废弃物注入地下，可以有效腾退地表土地，减少水土流失，降低环境污染。本书主要介绍了以工业固废作为主要原材料制备的煤矿、非金属矿和有色矿的充填材料，相对此前的充填材料，该类充填材料是利用多种工业固废协同激发的原理，使充填材料产生胶凝作用。该充填技术难度高，但充填成本低，碳排放量低，可以腾退更多固废占地。与同类书侧重充填工艺和充填装备相比，本书主要侧重大宗固废制备充填材料，以及充填材料本身的性能，并给出一些典型的工程案例，是一本偏材料创新的书籍。

　　本书从充填材料的概念、矿井充填胶结材料和技术的研究现状开始，系统阐述了矿井充填胶结材料用大宗工业固废的理化性能，矿井充填胶结材料配合比设计、早期性能和长期性能，矿井充填胶结材料的管道输送，最后介绍了一些典型煤矿和有色金属矿的工程案例。这里特别感谢飞翼股份有限公司为本书提供典型工程案例，也同时感谢中国矿业大学（北京）的研究生周林邦、史建新对本书第3章和第4章内容撰稿的支持。

　　由于时间有限，书中难免有不足和疏忽之处，敬请读者指正。

作　者

2023 年 5 月

目　录

第1章

绪　　论

1.1　充填材料概述

可持续发展的思想源远流长，如我国春秋战国时期就有了保护正在怀孕和产卵的鸟、兽、鱼、鳖以利"永续利用"的思想和封山育林、定期开禁的法令。西方工业革命以前，人类处于原始社会文明阶段和农业文明阶段，影响自然的能力还比较弱，人与自然的关系基本上还是处于一种比较和谐和密切的状态，然而在工业革命以后，人类进入了工业文明时期，改造自然、驾驭自然的能力得到空前提高。一部分人开始认为，人类可以征服自然、主宰地球，特别是以培根、笛卡儿为代表的"驾驭自然，做自然的主人"的机械论世界观，把自然环境与人类社会、主观世界与客观世界形而上学地分割开来。在这些基本观念的支配下，人们无视人类同环境协同发展的客观规律，肆意开发资源，追求物质消费水平，导致自然资源的破坏和环境的严重污染并引起了威胁人类生存的全球性环境问题。环境问题已经引起了人们的震惊与重视。1972 年，罗马俱乐部提出的关于世界趋势的研究报告《增长的极限》认为：如果按目前的人口和资本的快速增长模式继续下去，世界就会面临一场"灾难性的崩溃"。1987 年，联合国世界环境与发展委员会发表了《我们共同的未来》，第一次将环境问题与发展联系起来，指出人类必须走可持续发展的道路。

1992 年，联合国环境与发展大会通过的《21 世纪议程》，指出应当通过生活方式的改变达到较高水准的生活，更好地依赖地球上有限的资源，更多地与地球的承载能力达到协调。

20 世纪中叶以来，在处理环境问题的实践中人们逐渐认识到，环境问题既是一个发展的问题，又是一个社会问题，必须在各个层次上去调控人类社会的行为和改变支配人类社会行为的思想观念，走可持续发展的道路。

矿产资源是我国工业发展的基础，随着我国工业化的迅速发展，对矿产资源的需求日益增长。但是，矿山企业在矿产资源开发利用过程中，产生了大量尾矿、废石(包括煤矸石)等固体废弃物(矿山尾矿、废石作为矿山二次资源，无论从社会经济发展的需要，还是从保护资源和矿山企业可持续发展的需要，都具有进一步综合开发利用的价值)。产生的尾矿不仅占用了大量土地且环境污染问题也日趋严重。我国现有尾矿库约 12655 座,尾砂积存总量超过 80 亿 t,成为诱发环境污染、泥石流、尾矿库溃坝等事故的严重隐患。同时,地下矿山开采产生了大量的地下采空区,我国矿山采空区体积累计超过 250 亿 m³。采空区是诱发井下岩石冒落和地表塌陷的主要原因。综上所述,尾矿库和采空区是金属矿山的两大危险源,若处理不当将会给人民的生命财产安全和生态环境带来巨大的威胁。

矿井充填在保障煤矿安全生产、提高煤炭资源综合利用水平、推进煤炭生产方式变革、建设和谐矿区、保护生态环境等方面具有重要意义。它是提高"三下"压煤采出率,处置矿区固体废弃物,减少占地和村庄搬迁,减轻地表沉陷,提高矿井安全生产,促进资源开发与生态环境协调发展的有效途径之一。而充填材料是实现矿井充填的关键技术之一,充填工艺及充填系统因充填材料而异。传统回填材料一般采用开挖沟槽土壤或天然级配砂石,由于管道沟槽空间狭小,传统回填材料与结构物界面间存在死角,导致碾压夯实困难,填充质量难以保证,往往诱发地表沉陷等工程病害。此外,随着环保意识的提高及土壤或天然级配砂石资源的有限性,客观上要求回填材料尽可能地利用工业废弃物,使工业废弃物变废为宝,实现其资源化利用,而可控低强度材料(controlled low strength material,CLSM)便是其中之一。

CLSM 被美国混凝土协会(ACI)定义为"一种自密实的,主要用于密实填充的水泥质材料",又被称为流动性回填(flowable fill)材料、可塑性泥土水泥质(plastic soil-cement)材料、可控密实度回填(controlled density fill,CDF)材料等。美国材料与试验协会(ASTM)定义 CLSM 为"由土壤或骨料、胶凝材料、粉煤灰、水和化学外加剂组成的一种硬化后强度比土壤高但低于 8.27 MPa 的材料"。通常 CLSM 不使用或使用很少的粗骨料,以保证新拌混合料具有高流动度,掺入少量的水泥使其具有高黏聚性和可塑性,大量粉煤灰和外加剂的掺入可以有效改善新拌浆体的流动性以及硬化浆体的强度和耐久性等。

实际上,CLSM 工作性能和机械性能不仅受其原材料的影响,也受其工程应用制约。新拌 CLSM 浆体必须具有足够高的流动性,才能满足填充狭小空间工程的需要,通常根据实际工程需要调节水灰比或掺入外加剂(如减水剂、引气剂)增加流动度,满足实际工程应用标准。另外,根据 ACI299 要求,CLSM 的 28 d 无侧限抗压强度要低于 8.27 MPa,但实际应用中往往要求 CLSM 无侧限抗压强度低于 2.1 MPa。一些学者提出需开挖的 CLSM 的 28 d 无侧限抗压强度小于 0.3 MPa 时,人工便可开挖,但强度过低,一般不能满足工程要求;当强度在 0.3~1.1 MPa 范围内时,小型机械便可开挖,对设备需求低;当强度大于 1.1 MPa 时,不利于未来开挖。CLSM 与传统回填材料相比,具有易混合、易放置、自流平、快速浇筑、早期高抗渗透性、养护后低收缩及在任何龄期可挖掘的优异特性,是用于道路修补和基础设施重建工程等工程领域的理想材料。根据 ACI 116R 定义的 CLSM 适用范围，其可广泛应用于建筑基坑、沟槽和挡土墙的回填、基脚结构、路基和多用途床层的结构填充及地下结构的孔隙填充等。

CLSM 与混凝土相比，在组成方面，两者相似，均由胶凝材料、粗细骨料、水及化学外加剂组成，区别在于每种材料的掺量差异较大。性能方面，两者差异大，CLSM 因其高流动性而具有自流平、自密实性，无需养护，浇筑时无需或少许振捣或压实，强度远低于混凝土；它也并不像混凝土一样要具有较好的抗化学侵蚀性、抗磨蚀和抗冻融性。此外，CLSM 浆体的黏滞性如同灌浆或泥浆，灌注数小时后便足以承受交通荷载而不致沉陷。

CLSM 配合比既不同于水泥，也不同于混凝土。CLSM 通过使用高含量细集料与高水胶比，并辅以一定量的粗集料及引气剂，使 CLSM 浆体达到适宜的坍落，形成松散结构并具有高流动性，以实现自流平、自密实和自填充。这与一般混凝土要求混合料具有级配致密、高强度结构有较大差异。美国联邦公路局(FHWA)、各州公路部门推荐了不同的 CLSM 配合比，但所推荐的 CLSM 的组成材料相似，均为水泥、粉煤灰、砂、水等。其中，水泥的用量很低，粉煤灰用量则很高，是水泥用量的 1～20 倍，部分 CLSM 几乎完全是粉煤灰体系。CLSM 浆体的高流动性使水胶比通常大于 1，且含气量也较高，远大于普通混凝土水胶比(0.3～0.5)。大掺量粉煤灰的使用使 CLSM 拌合物需水量较大，一般在 150～450 kg/m^3。CLSM 的配合比在不同地方差异很大，同一地方也具有多个配合比，尚未有明确的标准或规范，这可能是因为各个地区的原材料的化学组成及性能差异大所致。而美国各州各部门推荐的配合比只是为实际工程应用中设计 CLSM 的配合比提供依据，无强制性要求。

目前，国内外尚未有能被大家广泛认可的比较成熟的 CLSM 浆体配合比的设计方法，只有类似 ACI 211 所提供的混凝土推荐配合比。但因材料、施工环境等的差异，这些推荐配合比往往不能满足当地的工程需求，对于指导实际工程应用无较大作用，一般需要根据实际情况进行试配，制备满足工程需求的可控低强度材料。相对于混凝土而言，CLSM 工程要求没有明确的标准，性能要求低，对原材料要求简单，使原材料选择多样化，其组成材料并不一定要符合对各项组成材料规定的相关规范或标准，只要制备的 CLSM 的性能满足工程需要即可。这使得 CLSM 的配合比难以像混凝土按照统一标准设计，提供能被大家广泛应用的典型 CLSM 配合比变得比较困难或不太现实。另一方面，CLSM 于 1964 年被美国首次报道用于德克萨斯西北部的澳大利亚河道回填工程，相对于混凝土而言，是一种新型材料，国内外与之相关的参考资料十分有限，其相关研究尚处于发展阶段。因此，不同地区 CLSM 配合比设计要根据实际工程应用和所使用的原材料而定。

本书所制备的可控低强度矿井充填材料(以下皆用 CFB-CLSM 表示)是由煤矸石、粉煤灰、赤泥及外加剂组成。其中,赤泥年排放量大,多以堆存的方式处理,不仅严重污染环境,而且占用大量的土地面积。利用赤泥制备 CLSM,可以大量使用固硫灰,这是实现赤泥资源化利用的有效途径之一。因此,用 CFB-CLSM 进行矿井充填,不仅可以大量使用煤矸石、粉煤灰、赤泥等工业废弃物,减缓环境污染,对矿区实现节能减排及可持续发展具有重大意义;而且可以有效地控制地表沉陷,提高我国河流、建筑物及村庄下的煤炭资源利用率。

1.2 矿井充填胶结材料研究现状

至今,矿井充填中的胶结材料仍然广泛采用通用水泥,它是由硅酸盐水泥熟料与不同掺入量的混合材料配制而成。通用水泥包括:硅酸盐水泥(代号 P·Ⅰ 和 P·Ⅱ)、普通硅酸盐水泥(P·O)、矿渣硅酸盐水泥(P·S)、火山灰质硅酸盐水泥(P·P)和粉煤灰硅酸盐水泥(P·F)等品种。掺加粉煤灰等低活性材料可以节省少量水泥,但由于粉煤灰的收集、装运和添加等设施在技术经济上均增加了不利的因素,当前在多数矿井充填中仍未被推广开来。充填工作中常用到水泥的密实固体密度和松散固体密度列于表 1-1 中。一般矿井充填中,按照不同的工程应用条件,可在松散固体密度 $1000 \sim 1600$ kg/m³ 的范围中选取,如在计量设备能力(叶轮给料机或螺旋给料机)的选择计算中,松散固体密度可取 1000 kg/m³;计算水泥仓的容量时,取 1300 kg/m³;计算水泥仓的荷载时,取 1600 kg/m³ 等。

表 1-1 充填常用水泥的密度

物性指标	水泥种类		
	普通水泥	矿渣水泥	火山灰水泥
密实固体密度 ρ/(kg/m³)	$3000 \sim 3150$	$2850 \sim 3000$	$2850 \sim 3000$
松散固体密度 ρ/(kg/m³)	$1000 \sim 1600$	$1000 \sim 1200$	$800 \sim 1150$

矿山胶结充填常用水泥的技术要求如表 1-2 所示。

表 1-2 矿山胶结充填常用水泥的技术要求

产品品种		硅酸盐水泥		普通硅酸盐水泥		矿渣硅酸盐水泥、火山灰质硅酸盐水泥、粉煤灰硅酸盐水泥	
强度等级及龄期		3 d	28 d	3 d	28 d	3 d	28 d
抗压强度/MPa	32.5	—	—	11.0	32.5	10.0	32.5
	32.5R			16.0	32.5	15.0	32.5

续表

产品品种		硅酸盐水泥		普通硅酸盐水泥		矿渣硅酸盐水泥、火山灰质硅酸盐水泥、粉煤灰硅酸盐水泥	
强度等级及龄期		3 d	28 d	3 d	28 d	3 d	28 d
抗压强度/MPa	42.5	17.0	42.5	16.0	42.5	15.0	42.5
	42.5R	22.0	42.5	21.0	42.5	19.0	42.5
	52.5	23.0	52.5	22.0	52.5	21.0	52.5
	52.5R	27.0	52.5	26.0	52.5	23.0	52.5
抗折强度/MPa	32.5	—	—	2.5	5.5	2.5	5.5
	32.5R	—	—	3.5	5.5	3.5	5.5
	42.5	3.5	6.5	3.5	6.5	3.5	6.5
	42.5R	4.0	6.5	4.0	6.5	4.0	6.5
	52.5	4.0	7.0	4.0	7.0	4.0	7.0
	52.5R	5.0	7.0	5.0	7.0	4.5	7.0
三氧化硫		水泥中的含量不得超过 3.5%		同硅酸盐水泥要求		<4.0%、 <3.5%、<3.5%	
凝结时间		初凝不早于 45 min，终凝不迟于 6.5 h		初凝不得早于 45 min，终凝不得迟于 10 h			
细度		比表面积大于 300 m²/kg，80 μm 方孔筛余不得超过 10%					
氧化镁		水泥中氧化镁的含量不宜超过 5.0%。如果水泥经压蒸安定性试验合格，则水泥中氧化镁的含量允许放宽到 6.0%					
安定性		用煮沸法检验必须合格					
碱含量		用活性骨料，用户要求低碱水泥含碱小于 0.6%或由供需双方商定					

普通硅酸盐水泥的比表面积为 3000～3500 cm²/g。用水泥制备胶结充填料，其充填体的强度主要取决于水泥用量、料浆浓度及惰性材料的粒级组成。如果水泥储存的时间过长，将会影响水泥的活性，如储存 3 个月活性降低 8%～20%，储存 6 个月活性降低 14%～29%，储存一年活性降低 18%～39%。因此，大量使用水泥作为胶结材料进行矿井充填时，最好采用散装水泥，以减少水泥活性的降低。

除水泥作为矿井充填的普遍胶结材料以外，由于目前对矿井充填胶结材料尚无统一的分类方法和命名，为便于选择和研究矿井充填胶结材料，本书将以简单明了和实用的原则为基础，结合当前矿井胶结充填的动向和发展趋势，以惰性材料粒径和料浆浓度为分类主线，以胶结材料及其添加方式、料浆流态、制备工艺等为辅线，以矿井胶结充填技术为基础，对矿井充填胶结材料的类别和发展做简要概述，分类如图 1-1 所示。

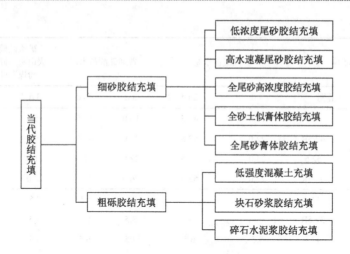

图 1-1　矿井充填胶结材料分类

　　细砂胶结充填系指用山砂、河砂、尾砂等砂粒作惰性材料的胶结充填，因细砂胶结充填料兼有胶结强度和适于管道输送的双重特点，即集水力充填的管道输送特性和混凝土充填的胶结特性于一体，特别是用尾砂作惰性材料的胶结充填，因其加工成本低、来源丰富、充分利用工业废弃物、环保效益突出等明显优势，很快取代了其他惰性材料，在国内外得到了广泛的应用。

　　粗砾胶结充填系指在充填材料中除掺入适量的胶凝材料外，在惰性材料中还含有一定量的砾石、碎石、卵石、块石等粗粒级的物料，它所形成的充填体，比细砂胶结充填的胶结体具有更高的强度，在充填物料的制备和输送方式上均有别于细砂胶结充填。最初粗砾胶结充填为低强度混凝土充填，即充填料按照建筑混凝土的基本原理和配合要求制备而成。这种低强度混凝土充填因输送困难，对物料级配的要求高，故一直未能获得大规模推广应用。近年来，国内外对块(碎)石胶结充填进行了大量的试验研究，使之成为胶结充填技术发展的方向之一。

1.2.1　低浓度尾砂胶结充填

　　低浓度尾砂胶结充填是指用水泥作胶结材料、分级尾砂作惰性材料所配制的胶结料浆，其真实质量浓度控制在 60%~70%。这一胶结充填技术是在尾砂水力充填的基础上发展起来的。使用尾砂水力充填，较之干式充填已经取得了高效率的矿井回采，但在回采过程中所引起的二次贫化和损失却不可避免，并且还给矿井的二次回采带来困难。按照回采对充填体强度的不同要求，可在尾砂水力充填料中添加不同量的水泥，使灰砂比达到(1：20～1：30)～(1：5～1：10)，从而实现分层采矿时高回收低贫损的回采及矿井二次回采的安全高质量作业。但需指出的是，由于尾砂胶结充填不用粗砾的惰性材料，因此，在与低强度混凝土胶结充填体强度要求相同的情况下，尾砂胶结充填的水泥用量要高得多。然而尾砂胶结充填以其能够大量利用工业废料、制备输送工艺简单、基建投资较少等突出优点，使其自 20 世纪 60 年代问世以来，一直受到矿井充填行业的青睐。

低浓度尾砂胶结充填制备站的主要配置如图 1-2 所示。将采集和加工好的尾砂用泵送至尾砂仓中，也可以用车辆或带式输送机输送到干式砂仓中。湿式立式砂仓用重力和高压风水喷嘴造浆，经放砂管放至搅拌桶中；湿式卧式砂仓用电耙和螺旋输送机向搅拌桶中送料；干式砂仓用给料机向搅拌桶中供料。水泥用散装罐车通过压气装置吹入水泥仓，用螺旋喂料机或叶轮给料机经计量装置送入搅拌桶中，同时向搅拌桶中定量给水，以控制充填料浆的浓度。低浓度尾砂胶结充填工艺系统中的脱水和废水处理所用的设备、设施和构筑物等，均与水力充填的大致相同。

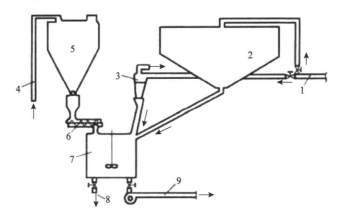

图 1-2　低浓度尾砂胶结充填制备站的主要配置示意图

1. 输送尾砂管道；2. 尾砂仓；3. 水力旋流器；4. 用风力送水泥管道；5. 水泥仓；6. 螺旋喂料机；7. 螺旋浆搅拌桶；8. 用自然压头输送浆体的管道；9. 用泵压输送浆体的管道

低浓度尾砂胶结充填料浆的输送距离可达 2500～3000 m，充填能力为 100～120 m³/h。影响低浓度尾砂胶结充填体强度的主要因素有水泥添量和料浆浓度。在养护时间相同的情况下，充填体的强度随水泥添量的增加而增加；在水泥添量一样的条件下，充填体强度随养护时间的增长而增大，其变化可参见图 1-3。料浆的浓度对充填体强度的影响较大，浓度较低时，会产生严重的水泥离析，使充填体强度大为下降。料浆浓度、水泥添量与充填体强度的关系如图 1-4 所示。

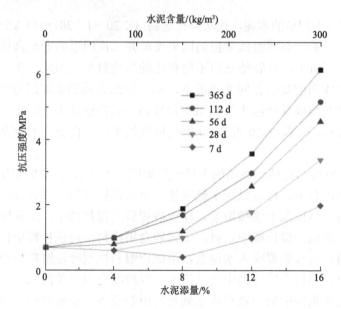

图 1-3　水泥添量、养护时间与充填体强度的关系

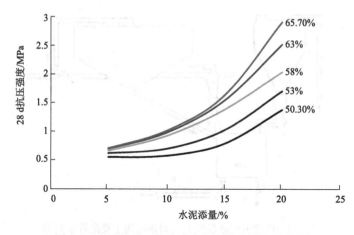

图 1-4　水泥添量、料浆浓度与充填体强度的关系

1.2.2　高水速凝尾砂胶结充填

高水速凝尾砂胶结充填的实质是将低浓度尾砂胶结充填中的水泥胶结材料用高水材料取代，高水材料甲、乙料分别与全尾砂或分级尾砂等惰性材料加水混合成低浓度充填料浆，用钻孔、管道输送至井下，两种料浆在进入充填采空区前混合，不用脱水便可迅速凝结为具有一定强度的胶结充填体。该工艺的主要特点是：①高水速凝尾砂胶结充填料浆是由甲、乙两种粉料分别与全尾砂或分级尾

砂制成两种充填料浆沿两条管道输送至井下。②甲、乙充填料浆真实质量浓度一般控制在 60%～70%，在井下经混合器混合后进入充填采空区，无须脱水便可迅速凝结为固态充填体。根据生产的要求，混合后的充填料浆，其凝结时间的快慢是可调的。③高水材料可将高水固比（体积水固比 6.7∶1～9∶1，质量水固比 2.2∶1～2.5∶1）的浆液迅速凝结为固态结晶体。利用高水材料的物化特性，细砂胶结充填和粗砾胶结充填所用的惰性材料该工艺均可使用。④高水材料具有良好的悬浮性能，充填料浆中的尾砂沉降缓慢，因而料浆的流动性得到改善，有利于实现长距离管道输送。⑤甲、乙料浆在管道中分别存放的时间较长，不至于凝结，系统重新启动以后仍可正常进行管道输送。⑥高水材料具有快凝早强的特性和良好的流动性能，因而有利于实现充填接顶，有利于作业循环周期的缩短。⑦高水速凝尾砂胶结充填工艺可以充分利用各种充填采矿方法的采准布置、回采方式、采掘设备以及原有的料浆制备、输送系统，因而技改工作简便易行，投入较少。

高水材料由甲、乙两种粉料组成，需分别造浆，独立进行管道输送，其可泵性较好，长时间存放后不凝结，仍能重新启动，因而国内大多数矿山都按双管道输送制备系统进行设计和建设，如图 1-5 所示。高水速凝尾砂胶结充填采用的双浆制备输送系统有利于保证系统可靠运行、设备正常作业、确保充填质量，但却增加了一套管道系统和高水材料仓。为改善系统、降低投资和经营费用，国内也生产了控制较长初凝时间的单浆高水材料，并建立了单浆高水材料的制备输送系统。

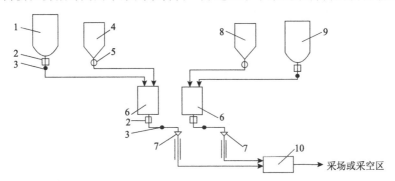

图 1-5　高水速凝尾砂胶结充填工艺流程图
1.1 号尾砂仓；2. 浓度计；3. 流量计；4. 甲料仓；5. 定量给料器；6. 搅拌桶；7. 隔筛；8. 乙料仓；
9.2 号尾砂仓；10. 混合器

1.2.3　全尾砂高浓度胶结充填

全尾砂高浓度胶结充填工艺是以全尾砂作惰性充填材料，通过活化搅拌，将充填料浆制备成高浓度料浆的充填工艺。这里所指的高浓度是指胶结充填料浆的流态特性从一般两相流的非均质牛顿流体，转变为似均质非牛顿流体的流态浓度，这个流态特性发生转变时的界限值浓度称为临界流态浓度，高浓度就是指大于临界流态的浓度。高浓度料浆具有屈服应力，属非牛顿流体。料浆中细粒级含量显著增加，且均匀分布于水中，起着载体作用，在层流甚至静止状态下，固液较难产生分离。一般来说，对全尾砂而言，真实质量浓度在 68%～75% 为高浓度充填料浆。

全尾砂高浓度胶结充填中的全尾砂和水泥等固体物料组成的混合料浆属于一种具有触变性质的标准分散系，由于细粒级物料含量大，其表面积大大增加，只有在强力搅拌的作用下，才能使混合料浆中固体分散体系被"稀释"而变得具有流动性，并使胶结微粒分布均匀。因此活化搅拌技术是制备出高质量的全尾砂高浓度胶结充填料浆的一项关键技术，20 世纪 80 年代，苏联列宁诺戈尔斯克多金属公司采用强力活化搅拌技术，使充填料浆的均匀化、流动性得到提高，胶结材料的活性被更为充分地利用，活化搅拌的料浆真实质量浓度可达到 83%；活化搅拌后充填料试块 14 d、28 d 和 90 d 的无侧限抗压强度分别增加了 30%、40% 和 35%。另外，为广泛地应用全尾砂和提高充填料浆的浓度，研究开发全尾砂的脱水技术是全尾砂高浓度胶结充填需要解决的另一项关键技术。目前全尾砂地面制备站普遍采用的是浓密过滤两段脱水流程，但其能耗大、投资多，工艺流程仍较复杂，因而有待于进一步的研究。

1.2.4　全尾砂膏体胶结充填

全尾砂膏体胶结充填的特点是料浆呈稳定的粥状膏体，直至呈牙膏状的稠料。料浆像塑性结构体一样在管道中做整体运动，其中的固体颗粒一般不发生沉淀，层间也不出现交流，而呈柱塞状的运动状态。柱塞断面的核心部分的速度和浓度基本没有变化，只是润滑层的速度有一定的变化。细粒物料像一个圆环，分布在管壁周围形成润滑层，起到"润滑"作用。膏体料浆的塑性黏度和屈服切应力均较大。全尾砂膏体胶结充填料浆真实质量浓度一般为 76%～82%，添加粗粒惰性材料后的膏体充填料浆真实质量浓度可达 81%～88%。一般情况下，可泵性较好的全尾砂膏体胶结充填料浆的坍落度为 10～15 cm，全尾砂与碎石相混合的膏体胶结充填料浆的坍落度为 15～20 cm。

全尾砂膏体胶结充填的关键技术主要包括以下内容。

（1）膏体胶结充填料的脱水浓缩技术。由于从选厂送来的全尾砂浆浓度很低，无论采用哪种膏体充填系统，都需将选厂全尾砂浆脱水浓缩。膏体要求水的含量恰到好处，膏体胶结充填料卸入采空区时要像牙膏一样无多余的重力水渗出。由于膏体中的固体物料必须有一定量的微细粒(−20 μm)，因而给脱水浓缩技术带来更大的困难。一般情况下，选厂尾砂需经两级脱水浓缩，第一级为旋流器(一段旋流或多段旋流）；第二级为浓密机或过滤机，如圆盘过滤机、带式过滤机、鼓式浓密机、振动浓密机等。但现有的脱水浓缩技术还存在工艺较复杂、投资较大的问题，因而国内外仍在继续致力于这方面的研究。

（2）膏体胶结充填制备系统中的水泥添加技术。为防止膏体胶结充填料浆的重新液化，其中均添加有 3%～5% 的水泥作为胶凝材料。如果水泥添加方式不当，则会导致充填质量的下降和管道输送的困难。因此，合理配制水泥添加方式就成为膏体胶结充填的另一技术难题。

目前膏体胶结充填制备系统中的水泥添加方式，归纳起来有以下四种：①一段搅拌系统干水泥添加方式，即碎石、尾砂、水泥三种物料一起加水进行活化搅拌制备成膏体；②两段搅拌系统干水泥添加方式，即经浓密后的全尾砂经一段搅拌制备成膏体，再送至二段活化搅拌机与干水泥加水活化搅拌制备成膏体；③两段搅拌系统水泥浆地面添加方式，即经浓密过滤后的膏状全尾砂浆，用皮带送入地面活化搅拌机，水泥加水经一段搅拌与碎石一起进入地面活化搅拌机制备成膏体；④两段搅拌系统水泥浆井下添加方式，即浓缩后尾砂浆与粉煤灰、碎石加水制成膏状混合浆送入井下，水泥加水一段搅拌成浆单独泵送至井下，在井下尾砂膏体和水泥浆一同进入双轴螺旋输送机搅拌混合送入采空区充填。

根据国内外现有全尾砂膏体胶结充填技术的成功经验，可以认为：①水泥添加地点以靠近充填地点为宜；②添加水泥浆比添加干水泥的效果要好。

除此之外，膏体的泵压或重力输送技术、管道输送系统的监控技术等，在全尾砂膏体胶结充填技术中也是相当重要的。

1.2.5 低强度混凝土胶结充填

低强度混凝土胶结充填是指用 100 号（原国家建筑材料标准中称水泥标号）以下的混凝土作胶结充填料。对于低强度的混凝土而言，砂浆强度小于加入粗粒惰性材料后的混凝土强度。在砂浆中加入粗粒惰性材料后，1 m³ 粗粒惰性材料可取代 0.4～0.5 m³ 砂浆，而粗粒惰性材料的成本仅为砂浆的 1/10～1/3。只要输送系统可靠，采用低强度混凝土胶结充填在经济上往往是合理的。

混凝土胶结充填料是由胶凝材料（常用硅酸盐水泥）、粗粒惰性材料（碎石、水淬渣、戈壁集料等）、细粒惰性材料（河砂、+37 μm 尾砂等）以及水混合制备而成。胶凝材料常用 42.5 强度等级的硅酸盐水泥，1 m³ 混凝土的水泥用量约 150～350 kg（凡口为 240 kg/m³，金川为 200 kg/m³），水泥费用占充填成本的 40% 或更多。粗粒惰性材料的最大粒径小于输送管道内径的 1/3，当长距离自流输送时，以更小一些的粒级为有利。粗粒惰性材料抗压强度至少应为胶结充填体设计强度值的 2 倍以上。细粒惰性材料可以改善混凝土的输送性能，胶结充填用的细粒惰性材料的粒径要求可以比建筑业的要求降低些。低强度混凝土胶结充填体的水泥含量和水灰比是影响充填体强度及输送性能的主要因素。水泥用量较大是由于按照输送要求，在高水灰比的前提下，只有较大的水泥用量才能保证混凝土的强度、和易性和防止过度离析。水灰比小则流动性能差，但在水泥用量相同的情况下，混凝土胶结充填体可以达到较高的强度。管道输送混凝土，在水泥用量一定时，从料浆流动性出发有最佳水灰比，能使其坍落度满足输送要求。在有粗粒惰性材料的情况下，加大水灰比反而会使流动性变差。因此，在确定水泥含量及水灰比时，应综合考虑输送方式和充填体强度两者的要求。

混凝土胶结充填的充填料浆制备方式可分为集中制备和半分离制备两种。在集中制备系统中，混凝土胶结充填料浆在地表搅拌站用间歇式或连续式搅拌系统制备好，然后向井下输送；在半分离制备系统中，地表制备站将制备好的水泥浆通过重力自流或用砂泵经管道输送到井下制备站，再与砂和碎石搅拌成混凝土胶结充填材料。使用半分离制备方式可以避免或减少长距离输送胶结充填材料所带来的堵管等事故。制备好的混凝土可以采用沿管路、明槽、井巷或钻孔进行重力自流输送，也可以用抛掷充填车运送、浇注机(压气罐)输送，还可用电耙、矿车、汽车、带式输送机等输送。

1.2.6　块石砂浆胶结充填

块石砂浆胶结充填的基本特点是采用级配良好的块石用砂浆包裹形成胶结充填体。这里的包裹是指砂浆包裹个体块石形成坚固的胶结充填体，或者是块石位于采空区中央，四周被砂浆包裹形成一种"外强中干"的具有整体支撑能力和自立能力的胶结整体。块石粒径一般小于 300 mm，砂浆一般为细砂料浆或尾砂料浆。由于充填体中部分细砂料浆被块石取代，因而不但提高了充填体的整体支撑能力，而且还显著降低了充填成本。该工艺技术适用于大采场充填，如果矿山露天采场的剥离废石可供利用，则效益更加显著。

1.2.7　碎石水泥浆胶结充填

碎石水泥浆胶结充填是用自然级配的碎石作粗粒惰性材料，通过水泥浆浇淋碎石或压注水泥浆与碎石混合，形成胶结充填体的一种充填新工艺。该充填技术保持了低强度混凝土胶结充填体具有的高力学强度、低水泥单耗和采场无需脱水等显著的特点，同时也克服了混凝土胶结充填对惰性材料级配要求高、需经机械混合和输送难度大等缺点，因而具有较广泛的应用前景。

块(碎)石胶结充填往往是将块(碎)石与水泥净浆(或水泥砂浆)分别送入井

下，粗粒惰性材料用无轨设备或矿车送入采场，也可借助自重经溜槽直接充入采空区，通过水泥净浆(或砂浆)浇淋、压注进行混合；或分别送至井下后，同时倒入采空区，边卸料边混合；或在井下用电耙、铲运机将料浆与块(碎)石倒装运送进行混合制备。图 1-6 为澳大利亚芒特艾萨(Mount Isa)矿块石砂浆胶结充填制备系统，图 1-7 为加拿大曼尼托巴省(Manitoba)纳缪湖(Namew Lake)矿碎石水泥浆胶结充填制备系统。

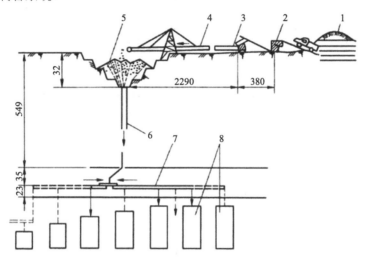

图 1-6　芒特艾萨(Mount Isa)矿块石砂浆胶结充填制备系统(单位：m)
1. 露天采石场；2. 破碎机；3. 筛分机；4. 带式输送机；5. 分级块石贮仓；6. 充填溜井；
7. 井下带式输送机系统； 8. 待充采空区

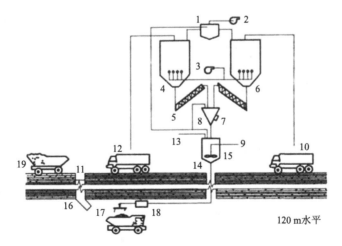

图 1-7　纳缪湖(Namew Lake)矿碎石水泥浆胶结充填制备系统
1. 集尘室；2. 集生室抽风机；3. 鼓风机；4. 水泥筒仓(225 t)；5. 螺旋运输机；6. 粉煤灰筒仓(225 t)；
7. 振动器； 8. 计量仓；9. 搅拌桨；10. 粉煤灰罐车；11. 充填井；12. 水泥；13. 水；14. 通风天井；
15. 搅拌桶；16. 溜槽；17. 喷射器；18. 给料斗；19. 碎石

　　研究表明，块(碎)石的级配、充填料的制备方式、运输和充填方式对充填质量都有很大的影响。块(碎)石胶结充填工艺要求块(碎)石具有理想的孔隙(即块石级配合适)体积，以保证浆液的渗流。

　　综合各种胶结充填的主要特征列于表1-3中。

表1-3　各种胶结充填主要特征

序号	胶结充填特征	低浓度尾砂胶结充填	高水速凝尾砂胶结充填	全尾砂高浓度胶结充填
1	惰性材料	分级尾砂、细粒级的(−3 mm)	山砂、河砂、全尾砂、分级尾砂、棒磨砂、块石、碎石	分级尾砂、全尾砂、细粒级的(−0.05~−0.1 mm)
2	胶凝材料	水泥、水淬矿渣、粉煤灰	高水速凝材料	水泥、粉煤灰、水淬矿渣
3	流态特征	牛顿体非均质流料浆	牛顿体非均质流料浆	宾汉体似均质流料浆
4	流速范围/(m/s)	1.8~2.5	2.5左右	0.5~1.0
5	真实质量浓度/%	68~70	60~70	68~75
6	充填管直径/mm	80~125	80~125	100~125
7	制备特征	尾砂水力充填制备系统中再增加水泥库及其计量设备	甲、乙料浆分别制备，至待充区前两浆混合	管输时，尾砂浆需经浓密、过滤，达到高浓度输送
8	特殊要求	惰性材料中沉砂−20 μm含量约占10%~15%	甲、乙料等量配比	惰性材料中含有足够的细粒级
9	评价	充填能力较大，达30~70 m³/h，操作管理简单，充填倍线大，充填范围广；充填体强度较低，采场需脱水，井下排水排泥量大，细粒尾砂堆坝难	充填能力较大，胶结充填体整体性好，采场不需脱水，采场生产能力高；充填体强度较低，充填成本较高	可使用全尾砂，尾砂库容减小或不要，尾砂胶结充填体强度较高，可在一定范围实现重力自流充填；采场仍需少量脱水，制备工艺较复杂
10	使用条件	矿体分散，充填倍线大，对充填体强度要求不高，尾矿产率大	同低浓度尾砂胶结充填	矿体集中，充填倍线小，充分利用尾砂，水泥来源充分、方便

序号	胶结充填特征	全尾砂膏体胶结充填	低强度混凝土胶结充填	块(碎)石胶结充填
1	惰性材料	分级尾砂、全尾砂、河砂(−5 mm)、棒磨砂(−3 mm)、重介质尾砂(−30 mm)、碎石(−25 mm)	粗粒级的(+300 mm)、细粒级的(−25 mm)	块石(−300 mm)、碎石(−150 mm)、尾砂、细粒级的(−25 mm)
2	胶凝材料	水泥、粉煤灰、水淬矿渣	水泥	水泥
3	流态特征	宾汉体或屈服伪塑性体结构流	管输混凝土为非牛顿体黏塑悬浮状非均质流	水泥净浆及料浆为牛顿体非均质流
4	流速范围/(m/s)	0.5~1.2	混凝土泵输送0.5	浆液管输1.8~2.5
5	真实质量浓度/%	一般75~82 加粗粒81~88	—	水泥净浆或料浆<68
6	充填管直径/mm	100~150	200~250	块(碎)石溜井下放钻孔300 充填管125~300
7	制备特征	采用管输，尾砂浆需经浓密、过滤、混合料浆强力活化搅拌	集中制备或半分离制备	喷淋、压注、搅拌混合

续表

序号	胶结充填特征	全尾砂膏体胶结充填	低强度混凝土胶结充填	块(碎)石胶结充填
8	特殊要求	惰性材料中粗粒级(−30 mm)+细粒级(−5 mm)+超细粒级(−25 mm)含量大于45%,超细粒级含量为25%	压气罐输送时细粒含量0.4 m³/m³,粗粒含量0.6 m³/m³;电耙、矿车输送时细粒一般可取细粒含量0.3 m³/m³,粗粒含量0.7 m³/m³	块石中细粒级(−25 mm)含量<20%~25%
9	评价	可用全尾砂,可不设库,采场不需脱水,水泥用量相等时,其充填体强度高,充填成本一般;基建投资大,管理操作复杂,料浆输送较困难	充填体强度高,制备工艺简单,充填成本低;粗粒惰性材料运送困难,对材料级配要求高	充填体强度高,生产能力大,充填成本低,充填作业充填设施简单。应具有相当的开采深度
10	使用条件	矿体较分散,充填体要求强度高,最大限度利用全尾砂,地压大,高价复杂矿床开采	目前未能推广应用	矿体中厚以上,特别是急倾斜厚大矿体嗣后充填,区域性支护,充填体强度高

1.3 矿井胶结充填技术研究现状

我国矿井充填工艺与技术的发展,经历了废石干式充填、分级尾砂和碎石水力充填、混凝土胶结充填、以分级尾砂和天然砂作为充填料的细砂胶结充填、废石胶结充填、高浓度全尾砂胶结充填和膏体泵送胶结充填的发展过程。煤矿充填开采是"三下"(建筑物下、铁路下、水体下)压煤开采的最理想技术途径,其优点是煤炭资源的采出率高,但由于受充填成本高、充填工艺复杂等因素的制约,没有得到大范围的应用。近几年,随着煤矿充填技术的不断发展,充填开采技术在煤矿开采中的应用也越来越广泛。

从我国煤矿充填发展过程来看,充填开采技术可分为传统煤矿充填技术和现代煤矿充填技术。

1.3.1 传统矿井胶结充填技术

1. 水力充填法

水力充填法是采用水力输送方式,通过充填管路将充填料浆送入采空区进行充填的煤矿采空区充填工艺。

水力充填由于采用管道输送,对充填材料的最大粒径有所限制,否则管道易被堵塞。同时,要求充填材料遇水后不发生崩解,能够迅速沉淀,细颗粒不能过多。常用的水力充填材料有碎石、砂卵石、山砂、河砂和工业废渣。水力充填采煤法在阜新、辽源、鹤岗、鸡西、淮南等矿区得到应用,并成功解决了"三下"压煤问题。

2. 粉煤灰充填法

1978～1979 年，山东新汶矿务局张庄煤矿首先在国内进行了高浓度粉煤灰胶结充填随采随充试验，解决了粉煤灰脱水、流失、压缩沉降等关键技术问题，系统充填能力与河砂充填相比提高了 50%，未发生堵管事故。

3. 风力充填法

风力充填法是利用风压实施充填，将充填材料通过垂直管路输送到井下贮料仓，然后由普通输送机输送到采空区风力充填机。风力充填机利用风压，通过充填管道，将充填材料输送到采空区进行充填。风力充填的主要设备包括风力充填机、空气压缩机、充填管路和供水管等。

4. 矸石自重充填

当煤层倾角较大时，采用矸石自重充填法对采空区进行充填。该充填工艺用单轨吊车、齿轮轨车或卡轨车等新型辅助运输工具，将矸石由掘进工作面直接运输、倾卸到采空区。

1.3.2   传统矿井胶结充填技术的发展阶段

随着采矿工业的不断发展和矿山环境保护的需要，矿井充填技术逐渐发展起来，至今已有百年历史。1915 年，澳大利亚的塔斯马尼亚芒特莱尔矿和北莱尔矿首次应用废石进行充填，成为历史上最早有计划进行充填的矿山。河砂、煤矸石和电厂粉煤灰等常作为充填使用的材料。波兰主要采用水砂充填来开采城镇及工业建筑物下压煤。我国蛟河煤矿以破碎矸石为充填材料，抚顺矿区用废油母页岩充填采空区。在充填材料输送方法中，除传统机械输送外，英国、法国、比利时等国家还不同程度地采用了风力充填方法。

近 60 年以来，国外金属矿山和非金属矿山在充填开采领域均取得了较大的进展，我国积极吸取国外的先进经验，并加大自主研发力度，已逐步缩小与国外的差距。总体来看，国内外矿山充填技术的发展大致可以概述为 3 个发展阶段。

第一阶段：20 世纪 40 年代以前，在没有认识充填材料性质和使用效果的前提下，为了处理固体废物，将矿山开采所产生的固体废料充入井下采空区。例如，澳大利亚北莱尔矿、加拿大诺兰达公司霍恩矿分别将废石和粒状炉渣加磁黄铁矿充入井下采空区，以处理固体废物。

我国在 20 世纪 50 年代以前，一直选择废石作为矿山充填材料，主要目的是为了处理固体废弃物。在 50 年代初期，废石干式充填开采技术是当时我国主要的矿山充填开采方法之一。在 50 年代中期，废石干式充填开采技术在有色金属矿山开采中占到了约 40%，在黑色金属矿山开采中接近 55%，之后，其低效率和生产能力小的特点制约了该充填采矿技术的进一步发展，导致干式充填开采技术逐渐被淘汰。到了 60 年代前期，其产量在有色金属矿山之中只占 0.7%。

第二阶段：20 世纪 40~50 年代，澳大利亚和加拿大等国家开发并应用了水砂充填技术，如澳大利亚的布罗肯希尔矿，加强了对充填材料和工艺的相关研究与应用，使矿山充填工艺过程成为矿山开采系统的工作计划之一。水砂充填选用尾砂、炉渣、碎石等为材料，充填材料利用管道水力输送到井下采空区，以达到防止围岩破坏的目的。水砂充填料浆的浓度在 60%~70% 之间，被输送到井下采空区后需大量脱水。

从 20 世纪 60 年代起，我国开始采用水砂充填工艺。60 年代，湖南冷水江锡矿山南矿采用尾砂水力充填采空区工艺，有效控制了大面积地压活动，减缓了地表下沉；湘潭锰矿为防止矿坑内发生火灾，采用碎石水力充填工艺，效果显著。70 年代，水砂充填技术进一步发展，已有 60 余座金属矿山采用该项技术。

第三阶段：20 世纪 60~70 年代，尾砂胶结充填技术开始得到广泛研究和应用。该技术特点是充填料浆胶结后形成的充填体自立性好，能够保持较高的强度。尾砂胶结充填技术能够满足新形势下矿山开采对充填技术的要求，逐渐成为应用最广泛的充填采矿技术。同时，也开展了关于充填材料、充填体稳定性、充填体与围岩关系等研究工作。

1964 年，我国凡口铅锌矿首先开始进行低浓度尾砂胶结充填的试验，随后全国数十个矿山陆续采用尾砂胶结充填技术，都取得了显著的技术经济效果。然而，在一个相当长的时期内，人们对胶结充填料浆浓度这样一个十分重要的工作参数还缺乏认识，在生产实际中使用的料浆真实质量浓度一般为 60%~68%，因而尾砂胶结充填也就暴露出了一些新的问题。采用这种低浓度尾砂胶结充填，在采场脱水过程中，由于料浆出现离析，难免会从采场渗滤出的废水中带走部分水泥和细粒级物料，污染作业环境，增加水泥流失，降低充填体强度，提高采矿成本。更为严重的是，水泥随矿石进入选厂，也给选矿带来不良影响。

从 70 年代开始，凡口铅锌矿、招远金矿和焦家金矿等矿山逐渐采用水泥作为主要胶凝材料，选用尾矿、天然砂，煤矿所开采的煤炭资源分布在层状沉积岩层中，采用长壁垮落法开采时采空区覆岩随采随垮，难以维护充填所需的空间，可进行充填作业的时间极短。因此，煤矿充填与采煤作业相互干扰严重。

随着煤炭资源的大量开采，"三下"压煤问题越来越突出，严重影响了煤矿企业的正常生产。目前，我国几乎每个矿井都存在"三下"压煤，压煤量一般占矿井储量的 10%~40%，华东矿区有的矿井甚至高达 60% 以上。因此，在保证地表建(构)筑物安全的前提下，开发充填采煤新技术，提高"三下"压煤的采出率和合理处理固体废弃物，已成为我国煤矿企业急需解决的重大技术问题。

1.3.3　当代矿井胶结充填技术的发展

矿井胶结充填是将采集和加工的细砂、煤矸石、建筑固体废物等惰性材料掺入适量的胶凝材料，加水混合搅拌制备成胶结充填料浆，再沿钻孔、管、槽等向采空区输送和堆放，然后使浆体在采空区中脱去多余的水(或不脱水)，形成具有一定强度和整体性的充填体；或者将采集和加工好的砾石、块石、碎矸石等惰性材料，按照配比掺入适量的胶凝材料和细粒级(或不加细粒级)惰性材料，加水混合形成低强度混凝土；或者将地面制备成的水泥砂浆或净浆，与砾石、块石、碎矸石等分别送入井下，将砾石、块石、碎矸石等惰性材料先放入采空区，然后采用压注、自淋、喷洒等方式，将砂浆或净浆包裹在砾石、块石等的表面，胶结形成具有自立性和较高强度的充填体。

到了 20 世纪 70 年代，针对低浓度尾砂胶结充填所存在的问题，人们才开始重视料浆浓度这个至关重要的问题，并着手研究和探索高浓度料浆的优越性及实现料浆高浓度的有效途径。不少矿山采取措施将料浆真实质量浓度提高到 70% 以上，即所谓高浓度或浓砂浆胶结充填。与此同时，还研究了利用不分级脱泥(−20∼−37 μm)的细粒级物料的全尾砂作惰性充填材料的胶结充填工艺。按照提高浓度和利用全尾砂的要求，就需要解决全尾砂料浆的浓密、过滤、强力活化搅拌、料浆管道输送、采场脱水及充填体强度等一系列复杂的技术问题。中国、德国、南非、美国、加拿大、哈萨克斯坦、奥地利等国家，采用不同的工艺，先后实现了全尾砂高浓度胶结充填。

上述变革的思路总是围绕着提高料浆浓度这个重心，以解决低浓度尾砂胶结充填由于采场脱水所引发的一系列问题，如井下废水环境污染问题、充填体强度问题等。然而另一种思路却是：20 世纪 80 年代末，中国矿业大学(北京)孙恒虎教授提出在低浓度料浆条件下，改用高水材料作胶凝材料，利用稍加改动的低浓度尾砂胶结充填制备和输送系统，将高水固结充填料浆送入井下，使采场充填多余的水速凝固结起来，从而也解决了充填废水问题。20 世纪 90 年代初，国内不少金属矿山成功地应用了高水速凝尾砂胶结充填工艺，但后来因高水速凝材料较贵，充填成本较高，限制了该胶结充填工艺在更广泛领域中的推广应用。

少数国家的矿山在开展全尾砂高浓度胶结充填试验研究的同时，又进一步改进惰性充填材料的组成和级配，同时进一步提高料浆浓度，于是产生并发展了以德国普鲁塞格金属公司(Preussage AG Metal)为代表的全尾砂膏体泵送胶结充填工艺。这种工艺可提供在低水泥耗量下的高强度充填体，且充填材料选用范围广，既可以采用全尾砂或分级尾砂，也可以添加不同比例的 30 mm 以下的碎石、戈壁集料、天然砂或炉渣以及粉煤灰、煤泥等工业废料，其充填理论、流变特性、膏体材料制备、泵送工艺、充填体强度等均有鲜明的特点。

开发和应用全尾砂高浓度胶结充填工艺和全尾砂膏体泵送胶结充填工艺是为了实现：①最大限度地减少水泥消耗量，以降低充填成本；②提高充填体强度，改善充填体质量，更有效地发挥其支撑功能；③实现"三无"矿山设想，改善环境条件；④解决尾砂供小于求之矛盾。全尾砂和高浓度使胶结充填工艺发生了飞跃性的变化，使胶结充填迈入了一个新的阶段，是当代胶结充填技术进步的重要标志之一。

全尾砂膏体胶结充填虽然有其鲜明的技术特点，并具有料浆浓度高、水泥用量少、充填成本较低、充填体强度高等突出优点，但由于其存在工艺技术复杂、管理技术水平要求高、一次性基建投资大等主要问题，自 20 世纪 70 年代末开展该项试验研究以来，我国仅建成了金川镍矿和铜绿山铜铁矿两个膏体泵送充填系统。

在细砂胶结充填技术迅速发展的同时，自 20 世纪 70 年代以来，澳大利亚、苏联等国家，在用空场法采完的采空区内，先倒入块石充填，再向块石中压注水泥净浆或水泥砂浆，形成块(碎)石胶结充填体；或者在块(碎)石倒入采空区的同时，将用管路输送的水泥砂浆也注入采空区自淋混合；也有在待充填采空区的上口处，用电耙、铲运机或带折返板的溜槽混合拌制；而后充填进采空区的胶结充填工艺。在形成的块(碎)石胶结充填体固结后，再进行矿柱或周围采场回采。块石胶结充填在国内外进行了大量的试验研究工作，其成功的范例当推澳大利亚的芒特艾萨(Mount Isa)矿。1973 年，该矿便在 1100 铜矿体开始应用块石胶结充填。生产实践表明，在相同水泥添量条件下，与其他胶结充填工艺相比，这种充填工艺所形成的胶结充填体能够达到更大的强度，可以起到人工矿柱的作用，其强度和稳定性都比细砂胶结充填要好，能够保证第二步骤回采时的安全。由于节约了水泥，使充填成本节约了 30%～50%。该工艺还可以明显地收到矿石贫化小、生产能力大、废石提运少，并能缓解地表废石堆对环境污染的效果。块石胶结充填可以看成是干式充填和细砂胶结充填工艺的结合，是当代胶结充填工艺的发展方向之一。

从胶结充填技术的发展不难看出，当代胶结充填正是围绕着"软性"胶结充填料充填和"刚性"胶结充填料充填的试验研究而展开的。"软性""刚性"的划分，主要是指胶结充填料中惰性材料的种类及其组成不同。所谓"软性"胶结充填料，就是细砂胶结充填料，例如取其配比为尾砂：水泥：粉煤灰：水=10：0.5：1.0：2.3；所谓"刚性"胶结充填料，就是块石胶结充填料，例如加入−25 mm 的碎石后，其配比为碎石：尾砂：水泥：粉煤灰：水=5：0.4：0.6：0.6：0.8。"软性"和"刚性"胶结充填料不仅在物理力学特性上有所不同，而且在制备和输送工艺上也有所不同。这两类胶结充填，按照掺入惰性材料的不同进行区分的方法，已开始引起矿业学术界的重视。表 1-4 列出了两种类型充填料的物理力学性能比较。由表可以看出，块石胶结充填料的强度和黏结力较尾砂胶结充填料增加了数倍，而弹性模量竟增加了数十倍之多；单位胶结充填料中水泥用量的增加并不多，当获得的强度相等时，显然块石胶结充填可以节省更多的水泥。

表 1-4   两类胶结充填料的物理力学性能比较

灰砂比	1:5			1:10			1:20		
胶结充填料类型	A	B	B 较 A 增加/%	A	B	B 较 A 增加/%	A	B	B 较 A 增加/%
水泥量/(kg/m³)	288	352	20	156.6	195	21.6	81.6	102	26
水灰比(质量比)	1.47	0.72	−50	2.72	1.22	−55	5.24	2.21	−57
抗压强度/MPa	4.36	13.18	200	0.798	5.796	626	0.476	2.377	399
抗拉强度/MPa	0.66	1.98	200	0.160	0.984	526		0.411	—
黏结力/MPa	0.84	2.55	202	0.180	1.197	576		0.495	—
静弹性模量/MPa	181.2	9206.3	4098	54.1	3906.2	7120		1470.5	—

注：A.惰性材料是尾砂；B.惰性材料由粗粒大理岩(含 60%)和尾砂(含 40%)混合组成。

纵观胶结充填技术的沿革及发展，可将当代胶结充填技术的基本内容及特点归纳如下：

（1）细砂胶结充填及粗砾胶结充填所用新型胶凝材料和活性混合材料的开发研制与应用；充填材料主要物理力学性质及测试方法、胶凝固结机理，充填材料(包括各种添加材料)对充填料浆力学特性、管输特性以及充填体强度的影响等。

（2）在原来低浓度尾砂胶结充填、低强度粗惰性材料混凝土充填以及高浓度细砂胶结充填的基础上，开发出以全尾砂为主体的全尾砂高浓度胶结充填、全尾砂膏体胶结充填、高水速凝尾砂胶结充填和块(碎)石胶结充填。

（3）对充填料的采集加工、贮存、制浆、输送、充填、脱水及排泥等工艺进行合理配置；采用立式砂仓(半球底、锥形底)流态化卸料技术、锥形仓底单管重力放砂技术以及虹吸放砂技术，保证了供料的连续性和放砂浓度；利用立式水泥仓散装水泥风力吹送入库，将砂浆和水泥定量向搅拌桶供料，实现了充填制备系统的自动化。

（4）全尾砂地面脱水工艺流程及设施的配置，制备膏体的深锥浓密机系统，高速高剪力胶体活化搅拌机及搅拌机理，确定和控制影响浆体流变特性的所有物理参数，如温度、溶解的固体含量、悬浮体的真实质量浓度、粒度分布、絮凝剂浓度、pH 值和矿物成分等；切变速率(s^{-1})与剪切应力(kPa)关系的流变特性测量等，以及井下充填料分配系统的优化。

（5）充填料浆的物理力学参数，固体颗粒的运行阻力，沉降及悬浮机理，固液两相流的伯努利方程、流型及管流特征，管流阻力特性及阻力损失计算，浆体管输的水力计算及管输中的不稳定流等。

（6）胶结块石、胶结碎石和含水泥量高的胶结细砂等形成的胶结充填体，用于支护采场围岩时其物理力学性质（如刚度、体积压缩率等）及胶结充填体与胶凝材料的性质、养护特性、制备方式、输送条件的关系等。

总之，随着胶结充填技术的发展，已将地下开采技术推向高新技术领域，使地下采矿方法获得新的技术突破。当代胶结充填工艺将可以更好地满足保护资源、保护环境、提高效益、保证矿山可持续发展的要求。胶结充填在 21 世纪的矿业发展中必将有着更加广泛的应用前景。

1.4　大宗工业固废在矿井充填中应用的发展趋势

随着国家"绿水青山"理念的提出与实践，由粗放式开采引发的环境和安全问题正得到逐步解决。2018 年，自然资源部发布《有色金属行业绿色矿山建设规范》等 9 项行业标准，标志着我国绿色矿山建设进入了"有法可依"的新阶段。2019 年，根据遥感监测数据统计，全国新增矿山恢复治理面积已达到 $4.8 \times 10^4 \, \text{hm}^2$。2020 年，自然资源部将沙溪铜矿等 555 家矿山纳入"全国绿色矿山名录"，全国绿色矿山数量达到 953 家。

金属矿绿色矿山建设的重要内涵是尾矿不入库、废石不出坑、废水不外流，充填采矿法是国家绿色矿山建设和无废矿山建设的重要手段和支撑技术。工信部于 2017 年 1 月已明确指出（工信部原〔2017〕10 号）："十三五"期间，应当重点加强尾渣膏体充填技术的研究工作。2017 年 12 月，环保部公示的《2017 年国家先进污染防治技术目录（固体废物处理处置领域）》中将"矿山采空区尾矿膏体充填技术"列为示范技术，充填技术以"一充治三废，一废治两害"的思路创造性地将矿山固体废弃物高效利用，消除尾矿库并治理采空区，形成了高回收率、低贫化率的采矿方法，在深部地应力控制、环境污染防治方面形成了独特优势，被加拿大矿业协会列为矿业工业领域 100 项重要创新之一。

1.4.1　充填采矿设计理念与技术革新

充填采矿设计理念与技术的革新长期伴随着国家政策调整、经济状况改善、安全意识提高、环保需求提升、工业基础增强和科技水平进步等不断发展。近年来，充填采矿技术得到了极大推广，也进一步倒逼了充填理念、充填理论和充填技术的发展，吴爱祥、周爱民等认为，在理想条件下，充填采矿法可达到回采率高、产废率低、矿区环境损伤微小、无尾矿库和无废石场的目标，当代充填设计理念与技术路线如图 1-8 所示。

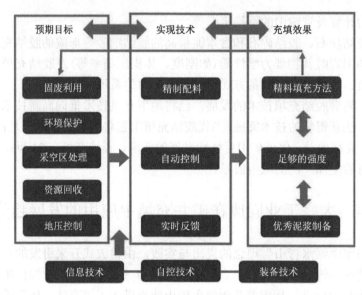

图 1-8　当代充填设计理念与技术路线

在充填采矿方法设计过程中，首先根据工程要求确定合理的预期目标，主要包括固废利用、改善强度、空区处置、资源回收、控制地压等，在充填采矿设计时，一般需要综合考虑一个或多个目标，并建立与经济成本、工程安全、系统效率相关联的综合化方案。固废利用主要指采选冶形成的尾砂、废石、炉渣等固体废弃物的处理利用，近年来多所大型城市正在探索城市垃圾深埋充填的资源化利用。

其次利用信息技术、自控技术和装备技术实现充填材料的精细化配比、充填过程的自动化控制和充填参数的即时化反馈。这一过程伴随着科技的发展在不断调整优化，通过集散控制系统(DCS)、可编程逻辑控制器(PLC)或 DCS+PLC 混合式控制系统，借助自动化设备、仪器、仪表对放砂质量、配比质量、搅拌质量、输送质量和采场充填质量全链条控制、联锁启停，避免人为监测、矫正带来的随机性与滞后效应。

最后在充填效果方面，最终目标是满足充填采矿方法的宏观需求，实现不同工艺下的人机行走、自立支撑、高强护顶等功能，形成安全、连续、高效的回采工序，这对强度的稳定发挥提出了苛刻要求。由于充填料浆在井下受到热-水-力-化多场、多因素综合作用，同时料浆在采场流动、固结过程中存在分层离析等行为，在水平和竖直方向均存在强度分布波动现象，沿深度强度差值可达 11 倍之巨，如图 1-9 所示，充填体强度控制困难。以调控充填质量分数、改善级配结构为主线，综合平衡充填料浆的流动性、稳定性和可塑性，制备优质的充填料浆成为充填设计中最基础、最有效和最关键的技术问题。

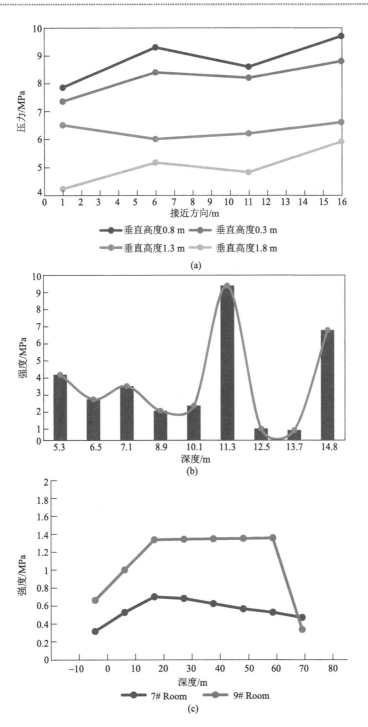

图 1-9　充填采场强度分布不规则性
(a)某进路式；(b)某分段式；(c)某空场嗣后

近年来，随着矿业可持续发展理念的不断深化，新兴的充填理念更迭涌现，朝着高效利用资源、有效保护环境、有序修复生态、减少"三废"排放和安全高效节能的新阶段迈进。较为典型的包括"膏体+多介质协同充填"理念、"同步充填"理念和"功能性充填"理念等。

1. 膏体+多介质协同充填理念

膏体+多介质协同充填是充填采矿法在绿色生态与工程安全综合要求下的理念革新，膏体主要由矿山尾砂、矿山废石、水泥等材料制备，能够形成高强度结构，起到有效承压作用。多介质主要采用廉价的矿山废石、工业固废、城市建筑垃圾等散体材料制备，在采场中具有松散孔隙，可有效吸收采场高应力，起到有效让压作用，具有深部安全适应性和经济成本低廉性，基于该理念提出的高地应力环境低成本采矿方法如图1-10所示。在回采阶段，采用六角形全断面一次性回采；在充填阶段，将六角形断面沿水平半腰线划分为上、下两部分，下部的倒梯形断面中采用多介质充填，上部梯形断面中采用膏体进行充填，六角形采矿进路形成交错布置局面，膏体与多介质呈蜂窝状镶嵌组合结构。该方法在经济、环保、安全等方面形成了综合优势。

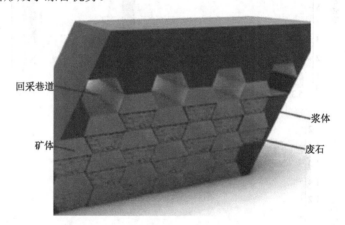

回采巷道

矿体

浆体

废石

图1-10 基于膏体+多介质协同充填的高地应力环境低成本采矿方法

2. 同步充填理念

同步充填的基本理念是在采空区空间尚未全部释放时，将采空区部分空间先行作为转换空间，将充填工序前移至采场出矿工序环节同步实施。该理念深化了协同开采的内涵，激发了采矿工艺的变革发展。基于该理念提出的大量放矿同步充填无顶柱留矿采矿法，能够防止围岩大量片落，控制矿石贫化率和损失率，限制地表沉陷；同时促进了放矿学理论的新发展，如图1-11所示。

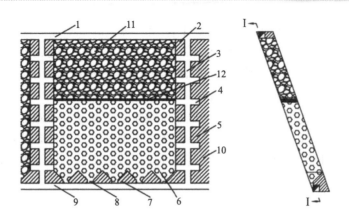

图 1-11 大量放矿同步充填无顶柱留矿采矿法示意
1. 回风巷道；2. 顶部立柱；3. 比例；4. 联络道路；5. 柱间；6. 残留矿石；7. 底部立柱；8. 漏斗；9. 阶段运输漂移；10. 未标明的石头；11. 填充材料；12. 隔离层

3. 功能性充填理念

功能性充填是在满足结构性充填的基础上，具有载冷、蓄热、储能、资源储备、核废弃物堆存等拓展功能的矿山充填技术。根据充填材料实现效能的不同，可将功能性充填划分为载冷/蓄冷功能性充填、蓄热/释热功能性充填以及储库式功能性充填 3 种基本类别，矿山功能性充填以深地矿床-地热协同开采、井下空区再利用等为着眼点，拓展了传统矿山充填功能，为生产矿山或废弃矿山转型升级提供了新路径。

1.4.2 充填材料制备与输送要求

1. 充填材料要求

充填材料一般由惰性材料、活性材料和改性材料 3 大类组成。惰性材料是充填料浆的主体，起到骨架支撑作用，也是形成充填功能的主要成分；活性材料主要起到胶结作用，使惰性材料凝结成具有一定强度的整体；改性材料一般包括絮凝剂、泵送剂、减水剂和早强剂等，主要起到改善沉降性、流动性以及强度等作用。

充填材料选用时一般要满足 6 个方面的技术要求。①材料来源充足，便于采集、加工和运输，保证充填质量的稳定；②有效降低充填成本，实现采矿活动的经济化运行；③固废利用，最大限度利用固体废弃物，实现变废为宝，并符合国家政策要求；④无毒无害，不会对地下水体产生有毒有害的影响；⑤工艺简单，应尽可能减少工艺的复杂程度，生产流程简约化；⑥保证充填体质量，满足采矿工艺需求，实现安全回采。

　　充填材料具有显著的地域特征，其配比一般无固定组成。对于膏体充填，最新颁布的《全尾砂膏体充填技术规范》(GB/T 39489－2020)要求全尾砂粒径组成中小于 20 μm 的尾砂含量应大于 15%；粗骨料粒径范围应在 4.75～20 mm，细骨料粒径范围应在 0.075～4.75 mm。

　　在 20 世纪 70 年代，一般选用普通硅酸盐水泥或复合硅酸盐水泥作为充填胶凝材料；80 年代开发了以铝矾土、石灰、石膏和多种无机原料为主体配制的高水材料；21 世纪面向以低成本、节能环保高效为主题，以粉煤灰、矿渣、冶炼炉渣、磷石膏等具有潜在胶凝活性的材料为基础原料开发了胶固粉、固结粉等新型胶凝材料。

2. 全尾砂深度浓密

　　根据不同的充填工艺，砂浆制备可采用卧式砂仓、立式砂仓、深锥浓密机或压滤机等设备。卧式砂仓一般用于储存废石、尾砂、河沙、山砂、棒磨砂等干料，由电耙、抓斗或水枪出料，经皮带运输机输送。立式砂仓是储存自然沉淀饱和砂的一种筒仓，一般将低浓度全尾砂浆或分级尾砂浆由仓顶输入，通过多次自然沉降、溢流水排出、水力造浆或风力造浆或风水联动造浆等环节将低浓度尾砂浆制备成较高浓度的底流砂浆。单系统立式砂仓一般不具有连续性，生产效能低，多采用立式砂仓组的形式协调实现工艺的连续。压滤机是通过陶瓷等特殊过滤介质将低浓度砂浆中的液体析出，生产出质量分数大于 90%的滤饼状砂体，通过皮带运输机或汽车运送至尾矿库进行干排，但压滤机能耗较高，生产效率低。深锥浓密机通过重力、化学力和耙架剪切力等联合作用，可将低浓度全尾砂浆制备成高浓度底流砂浆，是实现尾砂深度浓密的重要装备，同时可实现连续进料、连续出料的连续性工艺，生产效率高，得到了越来越广泛的应用。

　　随着充填理论与技术的不断提升，对底流砂浆的浓度以及稳定性要求趋于精细化。浓密理论经历了以下 4 个阶段：①1916 年提出了 Coe-Clevenger 模型，简称 C-C 沉降模型，但该模型仅考虑了自由沉降作用；②1951 年提出了 Kynch 模型，该模型能够预测固体通量，但无法有效预测泥层高度；③1978 年提出了 Buscall-White 模型，简称 B-W 模型，该模型提出了脱水表征参数；④2009 年提出了 Usher 剪切浓密模型，充分考虑了耙架剪切对浓密性能的影响，将絮团直径变化程度和絮团直径变化率引入了现代脱水理论，该模型能够有效预测稳态条件下固体通量、泥层高度和底流浓度。

　　近两年，深锥浓密理论与技术在我国也得到了长足发展。结合 C-C 沉降理论和 B-W 脱水理论对全尾砂絮团尺度变化及其压渗性能进行了研究，推导了考虑时效性的全尾砂絮团压缩性和渗透性参数变化关系式，提出了有动力膏体浓密性能分析方法。通过聚焦光束反射测量(FBRM)技术和颗粒录影显微镜(PVM)技术在线原位监测技术研究了全尾砂脱水性能，建立了泥层有效应力表征函数和固体通量密度表征函数。通过构建全尾砂絮凝动力学模型，分析给料井内全尾砂絮凝行为，实现了全尾砂絮凝过程的定量描述，这对高浓度底流砂浆的稳定制备起到了重要指导作用。

3. 多尺度浆体长距离输送

充填料浆在长距离、高落差管道输送过程中，存在压力脉冲扰动剧烈、温度敏感性高、触变性强等一系列影响因素，阻力变化异常复杂。复杂条件下的流变行为和阻力变化不仅与微观絮团间的强力化学键相关，同时还受跨尺度颗粒群间的摩擦作用、颗粒与流体间动态连接机制的影响。同时由于输送压力工况扰动剧烈、管路布设形态复杂，输送阻力波动敏感性高，堵管、爆管等一系列问题严重影响了充填工作的有序开展。

传统的阻力计算模型多是在固-液两相流理论基础上发展的。各模型的发展都是在扩散理论、重力理论和能量理论 3 大理论的基础上建立的。根据重力理论发展的有杜兰德公式、卡杜里斯基公式、金川公式等，根据能量理论发展的有江苏煤炭科学研究院公式、鞍山黑色冶金矿山设计院公式等。重力理论认为固体颗粒的加入不会改变水在流动中的力学性质，固体颗粒的悬浮是由水的紊流产生脉冲引起的，扩散理论则考虑了固体颗粒与水之间的相互作用，能量理论不仅考虑了固体颗粒悬浮所消耗的能量，同时也考虑了颗粒运动所消耗的能量。

根据非牛顿流体力学推导出的主要有白金汉公式等，主要基于对水平圆管层流状态的假设，通过壁面剪切应力与流速、管道半径、压降与流态关系的分析，建立层流条件下的管流阻力计算公式。由于充填料浆成分复杂，流变测试的可重复性、测试样品成分分布的均匀性难以精确控制，单次或有限数量的研究难以获得稳定性较好的结果。

管道阻力特性及输送理论的研究是矿山充填"卡脖子"工程，国内外许多学者在阻力产生机理、实验、计算模型等方面做了大量工作。由于非牛顿流体力学的复杂性，具有较低波动性、较高实操性、较强适用性的输送模型很难建立。通过低频核磁共振和微细观显微分析，研究了浆体中自由水和吸附水的量化关系，提出了基于絮网和液网双骨架结构的流变演化机理，建立了力链结构与流变特征间的定量表征关系。

基于流-固耦合数值分析方法，在流体特征分析和颗粒特征分析方面具有较强优势，很多学者也采用了稠密气固两相流介尺度耦合模型(LBM-DEM)或者计算流体力学与离散单元法双向耦合模型(CFD-DEM)来研究颗粒-非牛顿流体之间的相互作用。有研究者采用 LBM-DEM 耦合算法研究了大直径的球形颗粒在具有非牛顿属性的新拌水泥砂浆中的重力驱动流，与实验有较好吻合度。陈松贵采用 LBM-DEM 耦合的方法研究了自密实混凝土中粗骨料的流动性，采用质量追踪算法来模拟自由表面流动，对于具有颗粒-非牛顿流体相互耦合作用的研究对象有较好适用性。

有研究者在 Fluent 软件基础上借助用户定义函数(UDF)方式调用了宏观颗粒模型，模拟研究了球形颗粒在具有 Herschel-Bulkley 流变模型特性的非牛顿流体中的运动规律，同时证实了物质点法模型(MPM)适应于非牛顿流体流变模型。Andy 等为了更好地追踪流体体积法(VOF)中的颗粒，通过 OpenFOAM 将 VOF 法与欧拉-拉格朗日法耦合，有效地模拟出了颗粒的大小、位置和速度。

1.4.3 充填智能化

1. 充填智能化发展特点

近年来，人工智能、大数据、物联网技术异军突起，得到了各行业的广泛重视。智慧矿山建设是加快实现矿业转型升级的重要途径，越来越多的国家加入了矿山智能化建设。在国外，以瑞典、芬兰等为代表，从国家战略层面，先后出台了 2050 计划、未来矿山计划、IM 计划等，开展了智能化开采技术攻关与推广应用。国内，工信部提出智能制造和两化融合，国家发改委提出互联网+、云计算和大数据，应急管理部提出机械化来减人、自动化和智能化来换人，大力推动深部金属矿开采智能化进程。

矿山充填智能化需要考虑 3 个层面的内容：①充填采矿方法选择与参数设计，通过人工智能方法对矿区开采技术条件、环境地质条件和工程地质条件进行综合分析，从安全、环保、经济、高效 4 个层面推荐最优采矿方法，并进行最优参数设计。②充填材料制备，结合图像分析和人工智能方法对尾砂浓密效果、混合搅拌质量综合判定，以流动性和强度为目标，开展多参数配比优化。③充填体与次生环境匹配关系。分析充填体对大尺度开采扰动阻隔关系，建立时空合理的回采及充填顺序。

2. 智能化算法

随着工业自动化控制技术的不断发展，矿山充填各阶段的控制系统在不断提高，从最初简单的配料、搅拌、泵送的机械装置，到采用自动化技术实现对设备的逻辑控制，再到现在的智能化充填技术。目前矿山自动化控制使用的控制器有可编逻辑控制器(PLC)、集散控制系统(DCS)等，为工业控制系统的自动化、远程化和智能化创造了条件。充填过程中的数学模型很复杂，需通过经验和现场调试来确定控制系统的结构和参数。充填过程一般采用比例、积分和微分控制算法(PID)。有研究者对智能控制等数十种控制算法进行了研究，通过开发智能化仪器仪表，实现了对充填制备过程的检测和控制。

目前在充填领域得到发展使用的算法有人工神经网络(artificial neural network，ANN)、粒子群优化算法(particle swarm optimization，PSO)、决策树(decision tree，DT)、随机森林(random forest，RF)、迭代回归树(gradient boosting regression tree，GBRT)、遗传编程(genetic programming，GP)等。不同算法对不同问题的适用性有较大差异。

随着传统控制理论与模糊逻辑、神经网络、遗传算法等智能算法相结合，充分利用人类的控制知识对复杂系统进行控制，逐渐形成了智能化控制系统的雏形。有研究者基于 PID 传统控制技术和模糊逻辑方法与对充填原材料配料过程误差进行了补偿；最后以工控机和 PLC 为核心，配以高性能的数字模块化组成的一体化计算机形成了多级膏体充填自动控制系统。

ANN 通过模拟人脑神经元构成的神经网络解决问题，由大量节点(神经元)相互连接构成，在处理统计问题、发现复杂模式和检测总体趋势方面具有较好适用性，对于充填料浆这种复杂的非牛顿流体，力学性能和模型受多因素影响呈现非线性变化。ANN 算法对于处理非线性关系和获取各个影响因素之间的相互作用具有较好的性能。利用 PSO 可对 ANN 进行优化。PSO 是一种进化计算技术，利用群体中个体之间的协作和信息共享来寻找最优解。将 ANN 结合 PSO 可实现充填体强度的有效预测，有研究者使用 PSO-ANN 建立了胶结剂含量、养护温度、养护时间及剪切面方向压力到界面抗剪强度的智能预测模型。

DT 是在已知各种情况发生概率的基础上，从训练集中归纳出一组分类规则，或者说是由训练数据集估计条件概率模型。它利用树状图或模型来辅助决策，包括分类树和回归树。GBRT 利用迭代法结合大量单树模型来提高预测性能，比单树模型显示出更好的稳定性和准确性，在处理多个数据集时比其他智能算法有更好的预测性能，如有研究者结合 GBRT 和 PSO 在尾砂絮凝浓密方面进行相关研究，利用 PSO-GBRT 模型建立了充填体单轴抗压强度和坍落度综合分析方法，以全面考察强度性能和流动性能。RF 是利用多棵树对样本进行训练并预测的一种分类器，组成随机森林的基本单元是树模型，利用多个互不相同的决策树模型合集来进行训练。由于矿山充填材料和矿山环境的差异，研究数据集巨大，而 RF 能够非常有效运行在大数据集上，适用于矿山充填研究中大量非线性数据的复杂关系建模。

智能算法的发展有效推动了矿山充填智能化的进程。研究者通过遗传算法对全尾砂絮凝沉降过程进行了研究，分析并建立了供砂浓度、絮凝剂单耗、絮凝剂添加浓度与沉降速度的映射关系。有研究者使用粒子群算法实现了对尾砂沉降效果的有效预测。有研究者利用充填材料的孔隙特征，结合人工智能方法，提出了充填强度预测新方法。充填智能化正逐步由科学研究走向工程应用，也必将成为金属矿山固废充填发展史上的闪耀亮点。

1.4.4 充填智能化发展思路

（1）建立终端数据采集与交流平台。大数据采集是矿山充填智能化的基础，由于不同矿山具有特异性，在数据量、数据完整性、数据采集方式和数据可靠性方面存在巨大差异，完善的数据采集方式及采集标准是进行多矿山数据交互的基础，也是深度学习精准预测的保障。

（2）形成以机为主，人机交互式管理模式。针对充填设计阶段和充填管理阶段开展个性化、模块化设计，建立以智能分析和智能决策为主的管理模式，管理人员对目标结果进行监控，并通过交互式窗口和友好化界面进行顶层干预。

（3）建立膏体充填预测模型。在完善的数据集基础上，提取目标充填材料及工艺的相关特征，结合矿山具体工况进行智能化分析处理，实现对充填输送特性和力学特性较为准确的预测，并实现智能推荐充填设计方案。

1.5 矿山固废充填发展趋势

目前金属矿山固废充填仍面临一系列挑战和难题。首先，充填材料受制于成本制约，一般只能因地制宜，就地取材，外区域的优质惰性材料、活性材料和改性材料难以大量使用，同时惰性充填材料也难以实现深度加工，充填材料的波动性为充填质量的调控引入了巨大的不可靠性。其次，充填过程仍以经验干预为主，充填过程的品质调控具有典型的高延时性和不确定性，装备的自动化、物料调配的自动化以及控制系统的自动化水平仍将是制约充填快速发展和全面推广的核心问题；最后，充填方案的适用性与经济模型的匹配关系表现出了特殊的平衡关系。由于充填采矿方法的复杂性和时效性，确定满足安全回采需求的最优充填方法是充填方案设计的基础和前提，也是经济评价的立足点。建立采矿方法-充填方案-充填效果-经济模型综合评价体系将成为促进矿山固废充填标准化评价的重要支撑。

在金属矿山资源开采蓬勃发展的今天，有效解决安全与环境问题已成为固废充填采矿替代其他采矿方法而存在的最大合理性，未来几年，围绕国家生态建设、资源开发需求，结合行业发展特点，金属矿山固废充填仍将持续性发挥重要作用。在消除深部采矿安全隐患、保护矿山生态环境方面，充填采矿法或将成为深部采矿和绿色采矿未来可期的唯一解决方案，这也对金属矿山固废充填发展质量提出了更高的要求。

1）拓展绿色发展内涵

2006 年，国土资源部首次提出了"坚持科学发展，建设绿色矿业"的口号；2017 年，党的十九大报告明确了"绿水青山就是金山银山"绿色发展理念，矿山固废充填绿色发展应包括：绿色技术、绿色路线、绿色材料、绿色装备、绿色效果等方面。绿色技术侧重于发展超细固废高效利用、选矿废水回收与循环利用、长距离高落差大流量输送、充填强度稳定性控制、充填系统智能化与集约化；绿色路线应以不增加矿山资源回收前"三废"要素，不减少生态要素为指导；绿色材料重点发展对工作环境、对地下水体无毒害，降低有害成分产出的新型材料；绿色装备应以能耗低、充分利用新能源技术为方向；绿色效果应综合实现生态良好、人文和谐、促进矿地经济一体化协同发展。

2）探索模块化、规模化、智能化之路

随着"采、选、冶一体流态化开采"技术的提出，在现代"一键式组装、一键式运营、一键式管理"模式的驱动下，工艺流程既要简约灵活又要能够迅速形成规模化生产力，模块化、规模化的装备及技术需要各工艺环节的有效协同，引入云计算、大数据分析、机器自学习，实现管控可视化、智能化，形成充填智能化管控平台，综合开展大型无轨装备自主化及远程智能化控制、开采全过程三维可视化及数据实时采集智能化处理、矿山生产决策及管控一体化平台研究，推进我国金属矿山开采的智能化之路。

3）形成完备的充填理论与技术

在尾矿浓密方面，通过尾矿停留时间、泥层压力、屈服应力与底流浓度之间的关系等，形成对浓密过程的精细化描述，探索适应不同充填环境的浓密方案。在充填料浆高效制备方面，通过对连续搅拌方式、制备能力、停留时间、搅拌功耗、搅拌均质性与物料特性之间的关联性研究，实现充填专用设备的研发与控制；在充填管道输送方面，以流体力学为基础，描述具有高固相特征的充填料浆流动模式，建立较为准确的增阻与减阻调控技术；在新型充填材料方面，围绕城市垃圾等更为广义的充填固废惰性材料、新型的胶凝材料和专用改性材料开展系列研发；在充填力学特性方面，开展充填料浆采场的凝结性能、强度发育特征以及与围岩作用关系研究，尤其在改善区域地压的作用等方面。在研究手段方面，深入开发能够表征具有多尺度、高浓度特征的充填料浆数值模拟方案，在浓密、搅拌、输送以及强度发展等方面实现原景观测的数值可视化。

4）服务深地开采需求

由于深部原岩应力高、构造应力扰动剧烈，在深部开采活动中地压显现严重，硬岩岩爆、软岩塌方灾害显著。空场法、崩落法等传统采矿方法无法确保深部采矿生产的安全，而充填采矿方法将成为支撑深部资源安全回采的重要内涵。在国家战略层面，深层和复杂矿体采矿技术及无废开采综合技术已列入矿产资源领域的优先主题。膏体充填体能够达到良好的接顶性能及力学性能，可有效吸收转移应力、缓解区域地压，但在深井管道输送、适应深部环境的特殊材料以及深部充填体多场力学性能等方面仍需进一步研究。

参 考 文 献

邓宁. 2011. "三下"采煤技术发展现状及前景展望. 中州煤炭, 12: 56-58, 105.

王洪江, 李辉, 吴爱祥, 等. 2014. 基于全尾砂级配的膏体新定义. 中南大学学报（自然科学版）, 45(2): 557-562.

王洪江, 王勇, 吴爱祥, 等. 2011. 从饱和率和泌水率角度探讨膏体新定义. 武汉理工大学学报, 33(6): 85-89.

王瑞铭. 2007. 采矿业可持续性发展模式研究. 煤炭技术, 26(9): 1-3.

王新民, 肖卫国, 张钦礼. 2005. 深井矿山充填理论与技术. 长沙: 中南大学出版社.

王新民, 张德明, 张钦礼, 等. 2011. 基于 FLOW-3D 软件的深井膏体管道自流输送性能. 中南大学学报（自然科学版）, 7: 2102-2108.

吴爱祥, 孙伟, 王洪江, 等. 2013. 塌陷区全尾砂-废石混合处置体抗剪强度特性试验研究. 岩石力学与工程学报, 32(5): 917-925.

吴爱祥, 杨盛凯, 王洪江, 等. 2011. 超细全尾膏体处置技术现状与趋势. 采矿技术, (3): 4-8.

徐法奎, 李凤明. 2005. 我国"三下"压煤及开采中若干问题浅析. 煤炭经济研究, 5: 26-27.

张宏, 凌建明, 钱劲松. 2011. 可控性低强度材料(CLSM)研究进展. 华东公路, 6: 49-54.

American Concrete Institute. 1999. Controlled Low-Strength Materials(CLSM), ACI 229. Farmington Hills, MI: American Concrete Institute.

American Concrete Institute. 2000. Cement and Concrete Terminology. Farmington Hills, MI: American Concrete Institute: 116.

ASTM D5971-96. 1996. Standard practice for sampling freshly mixed controlled low strength material//Annual Book of ASTM Standards: Soil and Rock. West Conshohocken (PA), 2.

Bawden W F. 1999. The influence of applied rock engineering on underground hard rock mine design impacts from 15 years of research and development. Vail Rocks, the 37th U.S. Symposium on Rock Mechanics(USRMS), 1-10.

Belem T, Fourie A B, Fahey M. 2010. Time-dependent failure criterion for cemented paste backfills. Richard Jewell and Andy Fourie. Proceedings of the 13th International Seminar on Paste and Thickened Tailings. Perth: Australian Centre For Geomechanics, 147-162.

Bhat S T, Lovell C W. 1996. Use of coal combustion residues and foundry sands in flowable fill. ResearchGate, DOI:10.5703/1288284313339.

Bloss M L, Rankine R. 2005. Paste fill operations and research at Cannington mine. The 9th Aus IMM Underground Operators, Conference, 141-150.

Fall M, Celestin J, Sen H F. 2010. Potential use of densified polymer-paste fill mixture as waste containment barrier materials. Waste Management, 30(12): 2570-2578.

Fall M, Nasir O. 2010. Predicting the temperature and strength development within cemented paste backfill structures. Richard Jewell and Andy Fourie. Proceedings of the 13th International Seminar on Paste and Thickened Tailings. Canada: Australian Centre For Geomechanics, 125-136.

Folliard K J, Du L, Trejo D, et al. 2008. Development of a Recommended Practice for Use of Controlled Low-Strength Material in Highway Construction. Washington DC: National Academies Press.

Grabinsky M W. 2010. In situ monitoring for ground truthing paste backfill design//Jewell R, Fourie A. Proceedings of the 13th International Seminar on Paste and Thickened Tailings. Perth: Australian Centre for Geomechanics, 85-98.

第 2 章

矿井充填胶结材料用大宗工业固废的理化性能

2.1 矿井充填胶结材料用固废粉体的理化性能

传统充填材料中所用的胶凝材料一般为普通硅酸盐水泥，其费用占充填成本的 60%~80%。为了降低充填材料的成本，出现了一些水泥代用品，即高炉矿渣、粉煤灰等经过活化后，部分或全部代替水泥熟料所形成的胶结剂。高炉矿渣是冶炼生铁时的副产品，矿渣的活性主要取决于玻璃体组成中的 CaO/SiO_2 值。矿渣中玻璃体含量大，CaO/SiO_2 值越大，玻璃体中的聚合度越低，活性越高。我国大多数矿渣的玻璃体含量达 80%以上，CaO/SiO_2 值为 1.0 左右。许多国家的研究及应用均表明高炉矿渣可替代部分水泥。原苏联的诺里尔斯克矿冶公司、扎波罗热铁矿公司、索科洛夫-萨尔拜采选公司、下塔吉尔冶金公司均采用了高炉矿渣作充填胶结材料，国内矿山如铜绿山铜矿、张马屯铁矿等也逐渐开始应用。

粉煤灰是火力发电厂排出的一种工业废渣，它是原煤中所含不燃的黏土质矿物发生分解、氧化、熔融等变化，在排出炉外时，经急速冷却形成的微细球形颗粒。粉煤灰中大部分是玻璃体，还有少量未燃炭和部分晶体矿物，晶体矿物主要为石英和莫来石。粉煤灰在国内外矿山充填中应用较为广泛，一方面是由于其火山灰活性可以代替部分水泥，另一方面是由于其微集料效应可以改善浆体的流动性能。

长期以来，关于水泥替代品的研究一直没有间断过。除了将高炉矿渣、粉煤灰用于充填替代部分水泥外，还进行了其他的探索，并取得了一定成效。如陈云嫩等将烟气脱硫石膏(用液体吸收剂洗涤含 SO_2 的烟道废气所产生的副产物)加入添加剂替代部分水泥；饶运章等将炉渣、石灰、黄土作为主要原材料，加入改性剂，从而制备出具有胶凝性能的材料。采用矿渣、粉煤灰替代水泥作为充填胶凝材料，不仅能大幅降低充填成本，而且可以减少水泥生产过程中的能源消耗，因此新型矿井充填胶结材料具有非常广阔的应用前景。

2.1.1 粉煤灰

粉煤灰是煤粉经高温燃烧后形成的一种类似火山灰质的混合材料，主要是燃煤电厂、冶炼和化工等行业排放的固体废物。在我国，粉煤灰主要产自火电厂的煤粉发电锅炉以及城市集中供热的粉煤锅炉。

1. 粉煤灰的排放方式

约 90% 的粉煤灰采用湿排方式排放，不仅消耗大量水资源，而且占用大量土地，更严重的是影响生态环境。同时，由于湿排粉煤灰活性差、颗粒粗，其利用率非常低。因此，若成功解决湿灰排放处理问题，将会产生很好的社会效益和经济效益。干排粉煤灰简称干排灰，是指磨细煤粉燃烧后从电厂烟道排出、经收尘器收集的物质。

2. 粉煤灰的分类

粉煤灰的形成受很多因素影响，不同粉煤灰性质差别很大，因此有必要对粉煤灰进行分类，目前粉煤灰分类方法比较多，主要从以下几个角度进行分类。

1）粉煤灰的细度和烧失量

由于粉煤灰的形成受多种因素的影响，不同的粉煤灰的性质也有较大的差异。对于粉煤灰的分类，国内外学者已做了大量研究，并形成了不同的分类标准和方法。我国国家标准《用于水泥和混凝土中的粉煤灰》（GB/T 1596－2017），根据粉煤灰的细度和烧失量，将用于混凝土和砂浆掺和料的粉煤灰分为 3 个等级：Ⅰ级粉煤灰为 0.045 mm 方孔筛筛余量小于 12%，同时烧失量小于 5%；Ⅱ级粉煤灰为 0.045 mm 方孔筛筛余量小于 20%，同时烧失量小于 8%；Ⅲ级粉煤灰为 0.045 mm 方孔筛筛余量小于 45%，同时烧失量小于 15%。在煤矸石膏体充填材料中，粉煤灰的等级不能低于Ⅲ级。具体见表 2-1。

表 2-1　粉煤灰的分类

等级	0.045 mm 方孔筛筛余量/%	烧失量/%
Ⅰ级粉煤灰	<12	<5
Ⅱ级粉煤灰	<20	<8
Ⅲ级粉煤灰	<45	<15

2）粉煤灰中 CaO 的含量

ASTM 标准根据粉煤灰中 CaO 的含量将粉煤灰分为高钙 C 类粉煤灰和低钙 F 类粉煤灰。C 类粉煤灰中 $SiO_2+Al_2O_3+Fe_2O_3$ 质量含量不小于 50%，F 类粉煤灰中 $SiO_2+Al_2O_3+Fe_2O_3$ 质量含量不小于 70%。此外，还可根据粉煤灰的 pH 值、粉煤灰的形态、收集方式、化学性质等方面进行分类。

3. 粉煤灰的颗粒组成

扫描电子显微镜(SEM)显示，粉煤灰由多种粒子组成，如图 2-1 所示。其中球形颗粒占总量的 60%以上，粉煤灰的颗粒组成常与煤种、燃烧程度、收集方式等因素有关。经研究，粉煤灰颗粒主要有以下几种形式：①空心微珠(漂珠)；②厚壁实心微珠；③铁珠(磁珠)；④碳粒；⑤不规则玻璃体和多孔玻璃体。

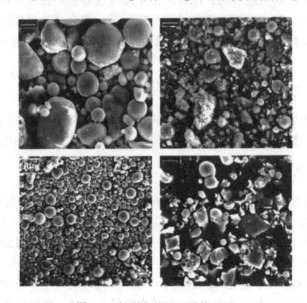

图 2-1　粉煤灰的微观结构形貌

4. 粉煤灰的料级分析

粉煤灰中的颗粒具有不同的组成结构和形态，实际的粉煤灰是各种颗粒的混合粒群，因此粉煤灰的性能在很大程度上取决于这些颗粒的组成。从形貌上，可将粉煤灰中的颗粒粗略地分为 5 种，即珠状颗粒、渣状颗粒、钝角颗粒、碎屑、黏聚颗粒。其中，珠状颗粒和渣状颗粒含量最大，其含量可达 80%以上。

5. 粉煤灰的物理化学性质

1) 化学性质

煤炭作为矿产资源，含有氧化硅、硫酸盐、黄铁矿、磷酸盐、碳酸盐、氯化物、磁铁矿、赤铁矿以及铝硅酸盐矿物等。粉煤灰是由煤粉高温燃烧而产生的，高温燃烧过程中原煤中含有的物质也随之发生复杂的化学反应，经冷却最终产生粉煤灰中的各种矿物及玻璃体。

粉煤灰化学成分：经粉煤灰样品能谱分析可知，⑤号粉煤灰样品主要由 Si、Al、Ca、Fe、Ti、S、K 等元素组成。

由表 2-2 可知，⑤号粉煤灰样品 80%以上由 SiO_2 和 Al_2O_3 组成，另外含有少量的 Fe_2O_3、TiO_2、CaO、K_2O、S。

表 2-2　粉煤灰能谱半定量分析结果

化学成分	Al_2O_3	SiO_2	S	K_2O	CaO	TiO_2	Fe_2O_3	总计
质量百分比/%	31.89	56.89	0.66	1.39	1.84	1.95	5.38	100

注：该能谱半定量分析结果未分析碳和水。如果分析碳和水，其他元素的分析数值要相应降低。

由表 2-3、表 2-4 可知，粉煤灰的化学活性取决于火山灰反应所生成的水化产物的数量和种类，而反应所需的 SiO_2、Al_2O_3 是存在于粉煤灰玻璃相中的可溶性的 SiO_2、Al_2O_3。但粉煤灰中可溶性 SiO_2、Al_2O_3 的含量很低，且可溶性 SiO_2、Al_2O_3 分别在 SiO_2、Al_2O_3 总量中所占比例较低，所以在反应初期，SiO_2、Al_2O_3 能参加反应的量很少，火山灰反应的程度也就不高。

表 2-3　我国粉煤灰化学成分的波动范围及其平均值(%)

化学成分	SiO_2	Al_2O_3	Fe_2O_3	CaO	MgO	K_2O+Na_2O	SO_2
波动范围	35~60	16~36	3~14	1.4~7.5	0.4~2.5	0.6~2.8	0.2~1.9
平均值	49.5	25.3	6.9	3.6	1.1	1.6	0.7

表 2-4　我国粉煤灰主要矿物相组成的波动范围及其平均值

矿物相组成	无定形相		结晶相		
	玻璃体	未燃碳	石英	莫来石	铁化合物
波动范围	42~70	1~24	1.1~16	11~29	0.04~21
平均值	59.8	8.2	6.4	20.4	5.2

2）物理性质

粉煤灰是灰白色或灰色的粉末状物质，含碳量越高，颜色越深，粒径越大，质量越差。粉煤灰的密度与其化学组成紧密相关。低钙粉煤灰的密度一般介于 1800~2800 kg/m^3，而高钙粉煤灰的密度达 2500~2800 kg/m^3。粉煤灰的疏松干密度在 600~1000 kg/m^3 之间，压实之后的粉煤灰密度为 1300~1600 kg/m^3，湿式粉煤灰的压实密度随着含水率增大而增大。粉煤灰粒径在 0.5~300 μm 之间，细度为 4900 孔方孔筛，其筛余量介于 10%~20%之间，比表面积在 2000~4000 cm^2/g 的范围内。

6. 粉煤灰活性

影响粉煤灰活性的因素较多，但粉煤灰的物理性质和化学性质是决定粉煤灰活性的主要因素。

粉煤灰的活性是以火山灰的活性来表示的，它主要取决于化学成分、剥离相的含量、颗粒形状及表面状态等。按化学成分衡量粉煤灰活性的活性率与碱性率计算公式分别见式(2-1)和式(2-2)：

$$M_a = \frac{Al_2O_3\%}{SiO_2\%} \tag{2-1}$$

$$M_o = \frac{CaO\% + MgO\%}{SiO_2\% + Al_2O_3\%} \tag{2-2}$$

质量系数计算公式如式(2-3)和式(2-4)所示：

当 MgO 含量小于 10%时，

$$K = \frac{CaO\% + MgO\% + Al_2O_3\%}{SiO_2\% + TiO_2\%} \tag{2-3}$$

当 MgO 含量大于或等于 10%时，

$$K = \frac{CaO\% + Al_2O_3\% + 10\%}{SiO_2\% + TiO_2\% + MgO\%} \tag{2-4}$$

当碱性率 $M_o > 1$ 时，属碱性；$M_o < 1$ 时，属酸性；$M_o = 1$ 时，属中性。用于胶结充填的活性材料，应达到活性率 M_a 介于 0.17～0.25，碱性率 $M_o = 0.65$，质量系数 $K \geq 1.6$。

CaO 含量低是粉煤灰早期火山灰活性低的原因之一，另外，火山灰质材料活性的高低除与其主要氧化物的含量有关外，还与氧化物之间的比值密切相关。经研究表明，粉煤灰中 CaO/SiO_2、CaO/Al_2O_3 和 SiO_2/Al_2O_3 的比值均比高炉矿渣和硅酸盐水泥要低，尤其是 CaO/SiO_2、CaO/Al_2O_3 的比值更是相差甚远。另外，粉煤灰中可溶性 SiO_2、Al_2O_3 与 SiO_2、Al_2O_3 总量之比更低。

7. 粉煤灰的胶结原理

粉煤灰的火山灰质特性，具有一定的钙质活性。在胶结充填料中加入一定量的粉煤灰，可以提高充填体的强度，特别是后期强度。但加入粉煤灰也会增大料浆的黏度，从而增大了料浆的屈服应力和管道摩擦阻力。因此，对于料浆的配制，在满足充填料细粒级含量的基本条件下，若要通过添加粉煤灰来提高充填体的强度，粉煤灰代替水泥的量不宜超过水泥用量的 30%～50%。

1）胶结机理

粉煤灰只具备潜在活性，除高钙灰外，在没有外加剂的情况下，粉煤灰一般不会产生自结现象。但粉煤灰中活性 SiO_2、Al_2O_3 与水泥熟料矿物水化所释放的 $Ca(OH)_2$ 发生反应。因而，粉煤灰在水泥浆料中具有如下反应过程：①水泥水化产生 $Ca(OH)_2$（简称 CH），粉煤灰表面形成水膜；②CH 在粉煤灰表面上结晶发育，形成碱性薄膜溶液；③粉煤灰表面被碱性薄膜溶液腐蚀，发生火山灰反应；④随着养护龄期的增长，水分的不断供给，碱性薄膜溶液在粉煤灰表面继续存在，并透过水化物间隙进一步对粉煤灰腐蚀，直到粉煤灰中活性矿物成分完全水化。

粉煤灰在胶结充填料中与水泥、集料体系共同作用的水化反应，是一个分阶段、多层次的水化反应过程。

a. 钙化期

当以水泥作为胶凝材料的胶结充填混合料在加水以后，水泥中的活性成分会与水反应生成 $Ca(OH)_2$ 进入液相。随着水泥中 Ca^{2+} 成分不断地水化和转化，使粉煤灰粒子发生浸润，在粉煤灰颗粒周围形成碱性包裹层。此时胶结充填料浆体的 pH 值很高。当水泥中 Ca^{2+} 离子成分基本上转化为 $Ca(OH)_2$ 并达到平衡后，浆体失去流动性，浆体处于终凝阶段。这一水化期约 2～3 天。

b. 水硬期

水硬期包括硅化期和扩散期，时间大约为 14～90 天。硅化期是指粉煤灰颗粒受碱性包裹层的侵蚀，其中的硅酸根负离子团和 Ca^{2+} 开始结合，在颗粒表层生成 C·S·H 凝胶。扩散期是指在粉煤灰颗粒表面上形成的 C·S·H 凝胶中的 Ca^{2+} 向粉煤灰颗粒内部扩散，形成一定的 C·S·H 过渡层。

c. 强度期

强度期包括胶化期和稳定期。胶化期是指 90 天到一年左右的时期，这是 C·S·H 形成的主要阶段，强度增加较大。稳定期是指一年以后的时期，此时强度增加较慢，反映的特征主要是各种水化物之间的相互影响和转化。

2）强度作用

掺有粉煤灰的胶结充填料的水化作用机理表明，粉煤灰在初期阶段（14 天以前）几乎不发生作用；其主要作用是提高充填体的后期强度。因此，掺入粉煤灰适合于对早期强度要求不高的嗣后胶结充填。

在粉煤灰产量较大的地区，若要求提高粉煤灰用量以进一步降低充填成本，其有效途径是在料浆中按比例添加石灰。

8. 粉煤灰的综合利用现状

1）粉煤灰的用途

根据粉煤灰的物理和化学特性，粉煤灰有以下几种用途。

（1）在混凝土中掺加粉煤灰代替部分水泥或者细骨料。混凝土中掺加粉煤灰可降低成本，增强混凝土的可泵性；提高混凝土的和易性，提高不透水、不透气性，抗酸碱性能和耐化学侵蚀性能；降低水化热，改善混凝土的耐高温性能，减轻颗粒分离和析水现象；减少混凝土的收缩和开裂，以及抑制杂散电流对混凝土中钢筋的腐蚀，增强混凝土的修饰性。也可用作粉煤灰砖、粉煤灰硅酸盐砌块、粉煤灰加气混凝土及其他建筑材料。

（2）代替黏土原料生产水泥。

（3）可用作土壤改良剂和农业肥料。

（4）用作环保材料。

（5）回收煤炭资源和工业原料。

2）粉煤灰利用现状

我国"富煤、缺油、少气"的资源现状导致煤电长期以来一直占据我国电源结构的核心地位。据统计，2020 年全国全口径发电量 7.42 万亿 kW·h，其中火力发电量 5.28 万亿 kW·h，煤电发电量 4.61 万亿 kW·h。2020 年粉煤灰产生量约 6.5 亿 t，近几年我国燃煤电厂粉煤灰产生量持续增加。随着我国大宗工业固废综合利用产业技术的发展，粉煤灰综合利用成熟技术已有百余项。2020 年，我国粉煤灰综合利用量约 5.07 亿 t，综合利用率为 78%。从我国粉煤灰利用途径来看，2019 年水泥、混凝土和建材生产 3 个方面仍然是粉煤灰利用的主体，但是占比有所下降，三者合计占比在 78%，相对于 2013 年降低了 10%，主要是水泥生产利用的占比下降（降低了 8%），其他利用方式显著增加，说明粉煤灰的利用方式正在朝向多元化的方式转变。

2.1.2　矿渣

矿渣又称矿粉或水淬渣，是在冶炼生铁时，从高炉中排出的一种以硅酸盐和硅铝酸盐为主要成分的废渣。在高炉冶炼生铁时，从高炉加入的原料，除铁矿石和燃料(焦炭)外，还要加入助熔剂。当炉温达到 1400～1600℃时，助熔剂与铁矿石发生高温反应生成生铁和矿渣。高炉矿渣是由脉石、灰分、助熔剂和其他不能进入生铁中的杂质组成的，是一种易熔混合物。从化学成分来看，高炉矿渣属于硅酸盐质材料。每生产 1 t 生铁时高炉矿渣的排放量随着矿石品位和冶炼方法的不同而变化。例如，采用贫铁矿炼铁时，生产 1 t 生铁产出 1.0～1.2 t 高炉矿渣；用富铁矿炼铁时，生产 1 t 生铁只产出 0.25 t 高炉矿渣。由于近代选矿和炼铁技术的提高，每吨生铁产生的高炉矿渣量已经大大下降。

矿渣的化学成分主要为：CaO 38%～46%；SiO$_2$ 26%～42%；Al$_2$O$_3$ 7%～30%；MgO 4%～13%。慢冷的矿渣结晶良好，基本上不具备水硬活性，而急冷的矿渣（水渣）则主要由玻璃体组成，其中有硅酸二钙（C$_2$S）、硅铝酸二钙（C$_2$AS）等潜在水硬性矿物。

1. 矿渣的分类

由于炼铁原料品种和成分的变化以及操作等工艺因素的影响，高炉矿渣的组成和性质也不同。高炉矿渣的分类主要有两种方法。

1）按照冶炼生铁的品种分类

高炉矿渣按冶炼生铁的品种可分为以下几类：铸造生铁矿渣、冶炼铸造生铁时排出的矿渣；炼钢生铁矿渣、冶炼供炼钢用生铁时排出的矿渣；特种生铁矿渣、用含有其他金属的铁矿石熔炼生铁时排出的矿渣。

2）按矿渣的碱度分类

高炉矿渣的化学成分中的碱性氧化物之和与酸性氧化物之和的比值称为高炉矿渣的碱度或碱性率（以 M_o 表示），即

$$M_o = \frac{\omega(MgO + CaO)}{\omega(SiO_2 + Al_2O_3)}$$

按照高炉矿渣的碱性率（M_o），可把矿渣分为以下 3 类：碱性矿渣，碱性率 $M_o > 1$ 的矿渣；中性矿渣，碱性率 $M_o = 1$ 的矿渣；酸性矿渣，碱性率 $M_o < 1$ 的矿渣。

2. 高炉矿渣的组成

高炉矿渣中主要的化学成分是 SiO$_2$、Al$_2$O$_3$、CaO、MgO、MnO、FeO、S 等。此外，有些矿渣还含有微量的 TiO$_2$、V$_2$O$_5$、Na$_2$O、BaO、P$_2$O$_5$、Cr$_2$O$_3$ 等。在高炉矿渣中 CaO、SiO$_2$、Al$_2$O$_3$ 占质量的 90%以上，几种高炉矿渣的化学成分见表 2-5。

表 2-5　高炉矿渣的化学成分（%）

矿渣种类	化学成分								
	CaO	SiO$_2$	Al$_2$O$_3$	MgO	MnO	FeO	S	TiO$_2$	V$_2$O$_5$
普通矿渣	31～50	31～44	6～18	1～16	0.05～2.6	0.2～1.5	0.2～2		
锰铁矿渣	28～47	22～35	7～22	1～9	3～24	1.2～1.7	0.17～2		
钒钛矿渣	20～30	19～32	13～17	7～9	0.3～1.2	1.2～1.9	0.2～0.9	6～31	0.06～1

高炉矿渣中的各种氧化物成分以各种形式的硅酸盐矿物形式存在，碱性高炉矿渣中最常见的矿物有黄长石、硅酸二钙、橄榄石、硅钙石、硅灰石和尖晶石。酸性高炉矿渣由于其冷却的速度不同形成的矿物也不一样，当快速冷却时全部凝结成玻璃体；缓慢冷却时（特别是弱酸性的高炉渣），往往出现结晶的矿物相，如黄长石、假硅灰石、辉石和斜长石等。高钛高炉矿渣矿物成分中几乎都含有钛，锰铁矿渣中存在着锰橄榄石（$2MnO \cdot SiO_2$）矿物，高铝矿渣中存在着大量的铝酸一钙（$CaO \cdot Al_2O_3$）、三铝酸五钙（$5CaO \cdot 3Al_2O_3$）、二铝酸一钙（$CaO \cdot 2Al_2O_3$）等。

3. 高炉矿渣的活性

慢冷的矿渣结晶良好，基本上不具备水硬活性。而急冷的矿渣（水渣）则主要由玻璃体组成，其中有硅酸二钙（C_2S）、硅铝酸二钙（C_2AS）等潜在水硬性矿物。在矿渣中添加硅酸盐水泥熟料、石灰、石膏、普通水泥等多种活性激化剂，可发生水化反应，从而可加工成矿渣胶结材料。矿胶结材料的水化过程可简化描述如下：矿渣胶结材料调水后，首先是熟料矿物发生水化反应而生成水化硅酸盐、水化铝酸钙、氢氧化钙等。其中氢氧化钙又是矿渣中潜在水硬活性矿物（β-C_2S）等的碱性激化剂，它可解离矿渣玻璃体的结构，使玻璃体中的各类离子进入溶液，从而生成新的水化物，如水化硅酸钙、水化铝酸钙、水化硅铝酸钙（C_2ASH_8）及水化石榴子石等。当有石膏存在的条件下，还可以生成钙矾石。这些水化产物的生成，使矿渣亦参与水化反应，共同使凝胶结构物产生凝胶硬化。

4. 矿渣胶结强度

高炉水淬渣是指金属矿的冶炼废渣，具有一定的潜在胶结性能。将其利用作为胶凝材料不但可以消除废物对环境的污染，而且可以节约成本，实现固体废物的高效资源化。

1）胶结性能

采用高炉水淬渣为主要基料，通过激化可使矿渣获得很好的胶凝性能。选用合理的激化剂及其配比，可以配制成用于矿山胶结充填的胶凝材料[①]。

2）矿渣全尾砂胶结性能

矿渣胶凝材料与全尾砂的胶结性能优良，其胶结料试块的单轴抗压强度只稍低于矿渣分级尾砂的强度（表 2-6），能够满足矿山充填采矿工艺的要求。

---

① 激化剂掺料为基料的 17.5%。

表 2-6　矿渣全尾砂胶结充填料特性

矿渣试样	灰砂比	充填料质量分数 w/%	试块体积密度/(g/cm³)	单轴抗压强度/MPa			
				3d	7d	28d	60d
C1	1:4	68	1.87	0.57	1.21	2.01	2.30
		72	1.95	0.57	1.32	2.32	2.59
	1:8	68	1.89	0.40	0.73	1.22	1.49
		72	1.98	0.45	1.28	1.39	1.50

5. 高炉矿渣的综合利用现状

1)水渣的用途

(1)生产矿渣水泥。水渣具有潜在的水硬胶凝性能,在水泥熟料、石灰、石膏等激发剂作用下,可显示出水硬胶结性能,是优质的水泥原料。水渣既可以作为水泥混合料使用,也可以制成无熟料水泥。矿渣硅酸盐水泥是用硅酸盐水泥熟料与粒化高炉矿渣再加入 3%~5%的石膏混合磨细或者分别磨后再加以混合均匀而制成的。矿渣硅酸盐水泥简称为矿渣水泥。

(2)生产矿渣砖和湿碾矿渣混凝土制品。矿渣砖是指用水渣加入一定量的水泥等胶凝材料,经过搅拌、成型和蒸汽养护而成的砖。

湿碾矿渣混凝土,是以水渣为主要原料制成的一种混凝土。它的制造方法是将水渣和激发剂(水泥、石灰和石膏)放在轮碾机上加水碾磨制成砂浆后,与粗骨料拌和而成。湿碾矿渣混凝土配合比见表 2-7。

表 2-7　湿碾矿渣混凝土配合比

项目	不同标号混凝土的配合比			
	C15	C20	C30	C40
水泥(42.5)	—	—	≤15	≤20
石灰	5~10	5~10	≤15	≤5
石膏	1~3	1~3	1~3	0.3
水	17~20	16~18	15~17	15~17
水灰比	0.5~0.6	0.45~0.55	0.35~0.45	0.35~0.4
m(浆):m(矿渣)(质量比)	1:1~1:1.2	1:0.75~1:1	1:0.75~1:1	1:0.5~1:1

湿碾矿渣混凝土的各种物理力学性能,如抗拉强度、弹性模量、耐疲劳性能和钢筋的黏结力均与普通混凝土相似,而其主要优点在于具有良好的抗水渗透性

能，可以制成不透水性能很好的防水混凝土；具有很好的耐热性能，可以用于工作温度在 600℃以下的热工工程中，能制成强度达 50 MPa 的混凝土。此种混凝土适宜在小型混凝土预制厂生产混凝土构件，但不适宜在施工现场浇筑使用。

2）矿渣碎石的用途

矿渣碎石的作用很广，用量也很大，主要用于公路、机场、地基工程、铁路道砟、混凝土骨料和沥青路面等。矿渣碎石混凝土的抗压强度随矿渣容量的增加而增高，配制不同标号混凝土所需矿渣碎石的松散密度见表 2-8。

表 2-8　不同标号的混凝土所需矿渣碎石松散密度

混凝土	C40	C30～C20	C15
矿渣碎石松散密度/(kg/m³)	1300	1200	1100

矿渣混凝土的使用在我国已有 50 多年历史，许多重大建筑工程中都采用了矿渣混凝土，实际效果良好。

（1）矿渣碎石在地基工程中的应用。重矿渣用于处理软弱地基在我国已有几十年的历史，由于矿渣块体强度一般都超过 50 MPa，相当或超过一般质量的天然岩石，因此组成矿渣垫层的颗粒强度完全能够满足地基的要求。一些大型设备基础的混凝土，如高炉基础、轧钢机基础、桩基础等，都可用矿渣碎石作骨料。

（2）矿渣碎石在道路工程中的应用。矿渣碎石具有缓慢的水硬性，这个特点在修筑公路时可以利用。

（3）矿渣碎石在铁路道砟上的应用。用矿渣碎石作铁路道砟称为矿渣道砟。我国铁道线上采用矿渣道砟的历史较久，但大量利用是中华人民共和国成立后才开始的。

3）膨胀矿渣及膨珠的用途

膨胀矿渣主要用作混凝土轻骨料，也可用作防火隔热材料。用膨胀矿渣制成的轻质混凝土，不仅可以用于建筑物的围护结构，而且可以用于承重结构。

4）高炉矿渣的其他用途

高炉矿渣还可以用来生产一些用量不大而产品价值高，又有特殊性能的高炉渣产品，如矿渣棉及其制品、热铸矿渣、矿渣铸石及微晶玻璃、硅钙渣肥等。

生产矿渣棉的方法有喷吹法和离心法两种。原料在熔炉中熔化后流出，即用蒸汽或压缩空气喷吹成矿渣棉的方法叫作喷吹法。

微晶玻璃是近几十年来发展起来的一种用途很广的新型无机材料。微晶玻璃的原料极为丰富，除采用岩石外还可采用高炉矿渣。

5）高炉矿渣的利用现状

随着我国钢铁工业的发展，高炉矿渣排量日益增多，历年来已经堆积矿渣近亿吨，占地约 1000 km²。为了处理这些废渣，国家每年花费巨额资金修筑排渣场和铁路线，浪费大量人力物力。国外高炉矿渣的综合利用是在 20 世纪中期开始发展起来的。目前欧美一些发达国家和地区已做到当年排渣，当年用完，全部实现了资源化。我国高炉矿渣的利用率在 85% 以上。

2.1.3　钢渣

1. 钢渣的产生

钢和铁的主要组成都是铁碳合金，两者的主要区别在于碳和杂质含量的多少。其中生铁的含碳量 >1.7%；钢的含碳量 <1.7%，并含有锰、硅等元素。转炉炼钢原理就是在高温条件下，通过吹氧把生铁中过量的碳和其他杂质除去，氧化还原出满足要求的铁碳合金。钢渣是由生铁中杂质的氧化和造渣材料熔化产生的，炼钢完成后，炉渣经过不同工艺流程结晶成为钢渣。工艺流程图见图 2-2。

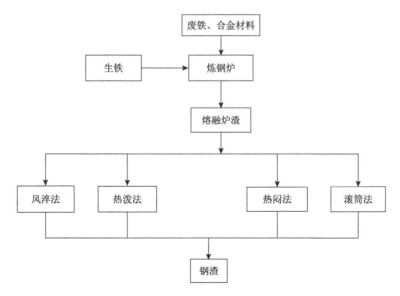

图 2-2　钢渣的生成工艺流程图

2. 钢渣的主要处理工艺

不同的钢渣工艺流程，对钢渣性质有巨大影响，造成钢渣成分波动以及活性大小的差异，而成渣工艺对钢渣性质的影响，很难通过二次处理改良，这便会给钢渣的大规模利用带来一系列难题，极大地制约了钢渣的利用和推广。目前所采用的工艺主要有：热闷法、风淬法、滚筒法、热泼法等。

1）热闷法

热闷法是指将钢渣在带蒸汽及压力的条件下于相应容器中进行热闷处理。工艺流程图见图 2-3。

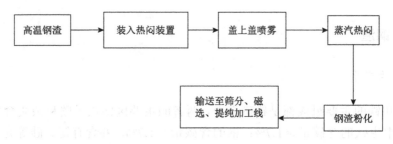

图 2-3　钢渣热闷工艺流程图

2）风淬法

风淬法的冷却介质为空气，利用带压空气对液态钢渣进行冲击，实现钢渣的急冷、粒化（图 2-4）。

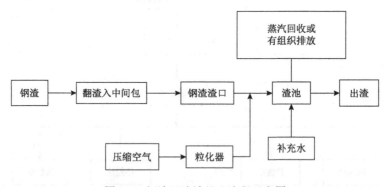

图 2-4　钢渣风淬法处理流程示意图

3）滚筒法

滚筒法是指直接对高温液态渣进行处理，在液态渣进入滚筒中后，立即向筒内喷水，在钢球的压力及自身应力变化的条件下，钢渣被挤压破裂、细化（图 2-5）。

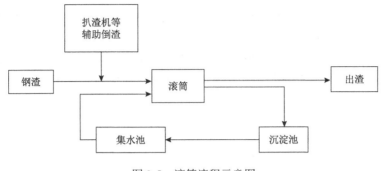

图 2-5　滚筒流程示意图

3. 钢渣的基本性质

1）钢渣的分类

钢渣根据不同的研究方向可以选择不同的分类方法。按不同生产阶段，钢渣可分为炼钢渣、浇铸渣和喷溅渣；按冶炼过程不同可分为：初期渣和末期渣(包括精炼渣、出钢渣和浇钢余渣)；按照炼钢炉型不同可分为：转炉渣、电炉渣、平炉渣等。

按照钢渣矿物组分和二元碱度值(M)(二元碱度是指钢渣化学组成中的 CaO 与 SiO_2 含量的比值)的分类办法，钢渣可分为四类，详见表 2-9。

表 2-9　钢渣分类

钢渣类别	二元碱度	主要矿物组成
镁橄榄石渣	0.9～1.4	橄榄石、RO 相和钙镁蔷薇辉石
钙镁蔷薇辉石渣	1.4～1.6	钙镁蔷薇辉石、C_2S 和 RO 相
硅酸二钙渣	1.6～2.4	C_2S 和 RO 相
硅酸三钙渣	>2.4	C_2S、C_3S、C_4AF、C_2F 和 RO 相

2）钢渣的化学及矿物组成

由于原材料成分波动及炼钢厂冶炼工艺不同，不同钢厂、不同时期的转炉钢渣均会有一定的波动，但其主要化学成分不变，为 CaO、SiO_2、Al_2O_3、Fe_2O_3、FeO、MgO 和 P_2O_5。按化学组成分析，钢渣与硅酸盐水泥熟料相似，但铁和磷含量偏高，硅和钙含量偏低。钢渣主要矿物组成为 C_3A、C_2A、RO 相、C_4AF、$Ca_2Al_2Si_3O_{12}$、$C_{12}A_7$、C_2F、Fe_3O_4 和 f-CaO。

4. 钢渣的粉磨特性

随着粉磨时间延长，钢渣比表面积不断增大，且呈现先快后慢的增长趋势，在前 180 min 内钢渣粉的比表面积随着粉磨时间的延长增加较为显著，其中，至

180 min 时，钢渣的比表面积达到 532 m²/kg，与粉磨 15 min 比表面积 142 m²/kg 相比，增长了 274.6%。

粒径范围在 4.62～31.39 μm 的钢渣颗粒，对钢渣活性影响较大。综合考虑粉磨效率及机械能耗，选用粉磨时间为 180 min 比表面积为 532 m²/kg 的钢渣粉。

5. 钢渣微粉 XRD 分析

钢渣中主要矿物组成有石英、方解石、硅酸三钙(C_3S)、硅酸二钙(C_2S)、RO 相、游离氧化钙(f-CaO)、$Ca(OH)_2$、铝酸三钙(C_3A)等。与水泥相比，钢渣中的 C_3S、C_2S 等有效胶凝成分偏小，且钢渣中 C_3S、C_2S 经过 1750℃高温形成，极冷成渣时被大量的玻璃体包裹，晶格发育完善、胶凝活性低。水泥中也含有一定量的 f-CaO，但水泥的安定性并不受其影响。这主要是因为水泥中 f-CaO 活性高，在水泥水化初期，也随之发生反应，所以没有给安定性造成影响。

6. 钢渣、矿渣利用现状

进入 21 世纪，我国跃居成为世界第二大经济体，国民经济得到迅猛发展，其中钢铁行业的贡献巨大，但钢铁行业飞速发展的同时也带来了严重问题，大量的冶金固体废弃物的堆积造成了严重的环境污染。据统计，2019 年我国粗钢总产量为 9.28 亿吨。新生钢渣接近 2 亿吨，与钢渣巨大的排放量相比，其利用率仅为 22% 左右。废弃的钢渣大量堆放，不仅占用土地，而且造成资源错置与环境污染。

国外发达国家于 20 世纪初就开始对钢渣的处理及利用进行研究，并且规范钢厂炼钢工艺，对工业废渣有着相对完善的管理办法和法律规定，钢渣的综合利用技术较为成熟。其中，美国、德国、日本等国家在钢渣利用方面居世界领先地位。美国的钢渣利用率达到 98%，主要用于回收废钢、配入烧结和高炉再利用、筑路工程、工程回填料和配制沥青混凝土集料；德国通过将钢渣资源化并应用于水泥工业等领域，约 97% 的钢渣作为集料应用于公路、民用建筑工程，有效地降低了钢渣的存余量；据《日本钢铁环境公报》统计，日本的钢渣利用率接近 100%，大部分采用蒸汽陈化处理，而后用于铺路、水泥熟料和肥料，其中利用钢渣修复海底水质是日本在改善海洋环境方面的一项创新。

7. 钢渣应用中出现的问题

1）钢渣易磨性差

钢渣中含有较多的单质铁及铁的化合物，其中绝大多数 Fe 会在出厂前经破碎磁选后分离回收，但由于钢渣成渣工艺影响，部分 Fe 会与渣体结构交织，形成"渣包铁、铁包渣"现象。除此之外，钢渣中存在少量的 RO 相，这些均导致钢渣的易磨性差。将粉磨后的钢渣分为 7 种不同粒径试样，采用扫描电子显微镜及 X 射线能谱仪，以矿渣为对比样，发现铁铝酸钙[$Ca_2(Al,Fe)_2O_5$]和 RO 相是影响钢渣易磨性的关键，进行试验对比研究，设标准砂粉磨指数为 1，试验得高炉矿渣粉磨指数为 1.04，钢渣粉磨指数为 1.43，说明钢渣粉磨难度远高于矿渣。此外，由于钢渣在 1750℃ 的高温环境下生成，其中 C_3S 和 C_2S 等矿物相晶体粗大、缺陷较少，且被大量玻璃体包裹，也增加了钢渣的难磨程度。

2）钢渣安定性不良

钢渣存在安定性问题主要是因为其组分中含有少量的 f-CaO 和 f-MgO，相较于水泥，钢渣中 f-CaO 和 f-MgO 活性低，而水泥中的 CaO 在水泥水化中会同步完成水化，钢渣的 f-CaO 水化将会持续至整个浆体硬化成型后，继续水化。f-CaO、f-MgO 水化产物分别为 $Ca(OH)_2$、$Mg(OH)_2$，水化产生的体积膨胀分别为 97.8%、148%。在硬化浆体内部膨胀，使钢渣或钢渣制品内部产生膨胀应力，导致已经硬化的钢渣及钢渣制品出现裂缝，甚至直接破碎。引起钢渣体积安定性不良的因素还有，钢渣中含有微量的 FeS 和 MnS，水化反应分别生成 $Fe(OH)_2$ 和 $Mn(OH)_2$，但其在钢渣中含量较少。钢渣的安定性差是钢渣的资源化利用中亟需解决的难题。

3）钢渣的胶凝活性低

钢渣中含有一定具有水化活性的矿物相 C_3S、C_2S 和 C_4AF、C_2F，因此具有一定的胶凝活性。但其中有效矿物含量远低于水泥熟料中含量，且其水化活性远低于矿渣。1750℃ 的成渣环境，使得 C_3S 和 C_2S 等矿物相的晶体发育完整，晶粒尺寸大而缺陷少，极冷处理形成大量的玻璃体，影响了水化活性。钢渣中几乎没有 C_3A，且水化活性较高的 C_3S 含量低，而非活性的铁相 Fe_2O_3、MgO 等惰性矿物含量多，有效活性胶凝矿物的含量较少。

8. 钢渣应用改善措施

钢渣在用作胶凝材料应用于水泥行业时，在化学组分及矿物相方面具备应用潜能，但也存在着胶凝活性低、早期水化活性差和安定性不良等诸多问题。目前，提高钢渣早期强度的方法有很多，即钢渣的二次处理，已在实际生产中得到研究和应用，其中包括物理激发、化学激发、热激发等手段，而物理激发与化学激发是较为常见的手段。

1）物理激发

钢渣活性的物理激发又被称为机械激发，即采用机械粉磨的方式，增大钢渣比表面积、优化粒径分布来激发钢渣的胶凝活性。

2）化学激发

化学激发也是一种比较常见的活性激发方式，即通过添加化学活性药剂来激发钢渣粉的早期水化活性，提高早期强度。钢渣的主要化学激发药剂包括酸、碱、硫酸盐等。

2.1.4 煤气化渣

1. 煤气化渣的产生

煤气化渣是煤在气化过程中产生合成气时的副产物，由于煤气化的主要控制因素，如给料本身的反应性、所产生的气体用途和气化的工艺类型等的不同，所产生的气化渣在形态、残碳含量、矿相及化学组分等理化性质方面存在差异。以气流床粉煤加压 Shell 煤气化工艺为例，说明 Shell 炉的工艺特点（见表 2-10）和气化渣的产生过程（图 2-6）：将粉磨和干燥后的粉煤原料（90%＜100 μm）经高压氮气从气化炉喷嘴口输入到反应炉中，同时向气化炉中加压通入加热后的气化剂（氧气或含氧空气及加压蒸汽）。

表 2-10　气流床 Shell 煤气化工艺特点

炉型结构	进料	气化剂	流动方向炉膛壁面	热量回收	不足
一段	粉煤	氧气	水冷壁	废热锅炉	全系统投资高

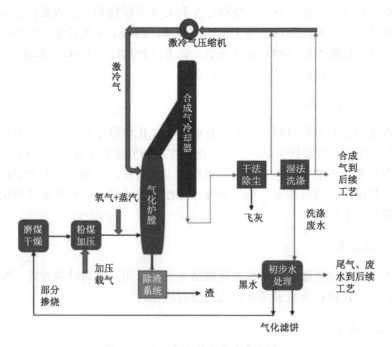

图 2-6　Shell 气化炉气化渣产生过程

2. 煤气化渣的利用现状

目前，对煤气化渣的种类没有统一的划分标准，但依据煤气化渣的产生和收集过程，普遍将煤气化副产物中的气化渣归类为粗渣，气化灰和气化滤饼归类为细渣。

随着煤气化技术的推广，尤其是煤制油、制气项目的逐渐增加，气化渣的产生量日渐增多，预估全国煤气化渣产量超过 $5000×10^4$ t/a。当前，国内外针对气化渣应用的研究主要集中于以下几个方面：掺烧热利用，建工建材利用，土壤、水体修复，高附加值材料制备。

（1）掺烧热利用方面。对气化渣的掺烧利用途径主要有两个方面：一是对残碳含量高的气化细渣直接与不同等级的原煤进行配比掺混后用于再燃烧；将煤气化滤饼与原煤进行掺混成型，再经烘干后用于循环流化床锅炉燃烧；基于减少高含碳煤气化细灰进入填埋场而造成资源浪费的状况，将煤气化灰分(CGFA)与无烟煤在煤粉加热炉中共燃。二是对具有一定残碳含量基础的灰渣进行分选加工，收集到碳含量较高、热值较好的碳粉，再用于炉内燃烧、调配水煤浆等。

（2）建工建材利用方面。随着建材成本的增加和需求的扩大，煤气化粗渣作为一种性能较好的骨料和胶凝原料，被更多地用于建工建材的生产，如墙体材料、胶凝材料、免烧砖等。

（3）土壤、水体修复。目前许多学者尝试将气化渣用作土壤改良剂，在土壤中添加一定量的煤气化细渣后，发现碱沙地土壤的一些理化性质得到了有效改善。

（4）高附加值材料制备。有诸多学者对气化渣的高值化利用(如催化剂载体、陶瓷材料、硅基材料等)进行了探索研究。通过简单的 HCl 浸出工艺，充分利用气化细渣中石英玻璃微珠和残碳，成功地制备出碳-硅介孔硅基材料。

3. 煤气化渣的物化特性

不同气化工艺和炉型产生的煤气化渣的理化性质和结构特点存在很大差异，即使在同一气化炉内，进料煤样的历程不同，形成的灰渣也会表现出不同的特性。

1）煤气化渣的物理性质

（1）形貌特征。不同气化工艺和炉型所产生的煤气化渣颗粒形貌不一。煤气化渣宏观表现为不规则块状、粉末状和小部分细丝纤维状等多种形态；微观形貌为颗粒状或片状，表面密实光滑或为多孔絮状；煤气化渣色泽为较深的褐色、灰白色和黑色等。此外，煤气化渣的形态特征在一定程度上也可以反映出灰渣中一些物质含量的差异。

（2）粒径分布。粒径是煤气化渣特性的一个重要因素，也反映出残碳的分布特点。对 Texaco 水煤浆气化炉产生的粗细渣进行筛分实验：结果表明粗渣随着粒度的减小，相应粒度的产率占比随之降低。对神华德士古气化炉产生的三份炉进行渣粒度分布分析，发现气化渣的粒径分布差异较大。煤气化渣的粒径不同，其含碳量也存在较大差异，不同粒径煤气化渣含碳量反映了原料的燃尽特性和稳燃特性。对不同粒径灰渣的产生过程，气化炉内颗粒物在不同温度区域内的聚并与破碎是造成气化渣粒径差异的原因之一。

（3）比表面积和孔隙。比表面积和孔结构特征是判断物质是否可作孔材料和吸附材料的依据，对煤气化渣向高值化方面应用具有重要指导意义。

（4）黏结与熔融特性。灰渣的黏附特性和熔融特性与其理化性质密切相关；煤气化过程中灰渣的熔融特性会影响其结渣过程，进而影响炉内的传热，改变气化炉的性能和效率；因此，理解灰渣的熔融特性对实际煤气化系统的操作及稳定运行具有非常重要的指导意义。

总之，煤气化渣黏结性和熔融特性差异是由 Al_2O_3、SiO_2 和碱金属含量不同造成的，而气化炉的运行也会因此受到影响；研究煤气化渣的熔融特性需进一步对其化学组分进行分析。

2）煤气化渣的化学性质

（1）工业成分。通过煤气化渣的工业分析，可以简单判断灰渣的反应活性和掺烧利用的可行性。表 2-11 是部分煤气化渣样品的工业分析。

表 2-11　煤气化渣样品的工业分析

类别	质量分数/%			
	M_{ad}	A_{ad}	V_{ad}	FC_{ad}
F_{zd}	4.15	20.44	7.82	67.59
F_{sj}	—	72.71	7.75	29.54
Z_{sj}	—	78.39	4.61	17.00
Z_{xi}	13.06	74.48	13.70	22.03
Z_{cu}	1.33	90.40	82.60	1.70
F_{hrj}	1.56	70.29	4.94	23.21

（2）矿物组成。气化渣主要由矿物质和少量未燃碳颗粒组成。研究灰渣的矿物质组成对理解气化炉中原煤的转化和灰渣的形成具有重要意义。不同煤气化工艺炉型产生灰渣的矿物质种类有很大差异（见表 2-12）。

表 2-12　不同煤气化工艺炉型产生渣的矿物质种类

工艺/炉型	灰渣类型	矿物质种类
气流床 Shell 气化炉	灰渣	无明显衍射峰，可能有微量的莫来石、石英和铁相但被包裹
气流床航天炉	粗渣	玻璃相和部分残碳，未检测出晶相物质
气流床单喷嘴干煤粉	粗渣	主要是无定形玻璃态，少量石英和方解石
气化炉	滤饼	主要是无定形玻璃态，少量石英、高岭石、方解石和 FeS
气流床 Texaco 气化炉	底渣	透辉石[Ca(Mg, Al)(Si, Al)$_2$O$_6$]、钙铝黄长石(Ca$_2$Al$_2$SiO$_y$)、硫酸钙 (CaSO$_4$)、钙铁辉石[CaFe(Si$_2$O$_6$)]、氧化铁(Fe$_2$O$_3$)、钠芒硝[K$_3$Na(SO$_4$)$_2$]、镁铝榴石[Mg$_3$Al$_2$(SiO$_4$)$_3$]和正辉石[Ca(Fe, Mg)Si$_2$O$_6$]
气流床多喷嘴对置式	飞灰	石英、方解石、硫化亚铁、莫来石、钙黄长石、钙长石
水煤浆气化炉	炉渣	氧化钙、硬石膏

　　煤气化渣中的矿物质和非晶态物质并不仅仅是因煤焦燃烧后剩下，而是经历了复杂的物理化学反应；煤中矿物质的差异和气化处理工艺(如温度、进料方式)的不同，最后产生的气化渣的矿物组成也不尽相同。

4. 煤气化渣的结构特征

　　通过分析煤气化渣中碳、硅和铝等物质的存在形态，可以充分理解和认识煤气化过程中一些矿物质的演化过程，并且对其中一些物质或元素的提取利用提供基础。

　　气化渣中未燃碳的存在形态有絮团状碳、不规则片状碳和无定形碳三种类型。气化渣中残碳的反应活性，一般认为粗渣残碳气化反应活性高于细渣。

5. 煤气化渣的环境影响

1) 煤气化渣堆存的环境危害

　　随着煤气化技术的广泛应用，气化渣的排放量也日益增加。目前，煤气化渣的综合利用率较低，主要处理方式仍为堆存和填埋；长期的堆存及填埋会占用大量土地资源，研究表明固体废弃物每增加 1 亿吨，占用土地面积约 0.5 万亩，据此推算每年处理气化渣将需要占用 1000 多亩的土地资源；而煤气化渣中较细的颗粒，容易在堆存和运输过程中受到风力作用产生扬尘。煤气化渣中还含有部分未反应完的残余碳和不完全燃烧产生的挥发性有机污染物，具有一定潜在风险；由于原煤经过气化后一些重金属元素富集在煤气化渣中，而在处置和资源化的过程中重金属元素可能进入土壤、地表水和地下水，对人类健康构成威胁。

2）煤气化渣中有毒有害元素

原煤经煤气化过程会造成一些有毒有害重金属元素从原煤富集于气化渣中，在堆积储存和利用过程中可能会对生物和环境造成一定程度的毒害作用。

综上可知，气化渣中微量有害重金属元素的富集程度和存在形态对气化渣的浸出含量有很大影响，不同金属之间的溶出也会相互影响，其次，溶液的 pH 值以及实验过程中的固液比也会影响重金属元素的浸出含量；煤气化渣在实验环境以及自然环境下堆存过程中受到浸淋和降雨，也会造成一些常量和微量元素的浸出，短时期其浸出浓度有限，但是关于长期降雨对灰渣中元素溶出状况的研究较少，因此煤气化渣在长期浸淋下对环境的影响依旧需要进一步的探索研究。

2.1.5　赤泥

赤泥是从铝土矿中提取氧化铝之后产生的废渣，因多呈红色，故被称为赤泥。赤泥为强碱性有害残渣，含水率高，密度 2.7～2.9 g/cm^3，比表面积 0.5～0.8 m^2/g，组成和性质复杂，并随铝土矿成分、生产工艺(烧结法、混联法或拜耳法)及脱水方式、陈化程度有所变化。在烧结法工艺流程中，根据铝土矿铝硅比的不同，每生产 1 t 氧化铝产生 1.5～1.8 t 赤泥。

1. 赤泥的分类

因氧化铝生产方法不同，可分为拜耳法、烧结法、混联法赤泥。具体来说，国外主要采用拜耳法工艺生产赤泥，而我国主要采用的是烧结法和混联法，但近年来新建的氧化铝厂多采用了拜耳法工艺。一般认为拜耳法赤泥是一种纯粹的废弃物，只有很少部分的烧结法赤泥和混联法赤泥可以用于水泥的烧制工艺中。

1）拜耳法赤泥

拜耳法冶炼氧化铝采用强碱(NaOH)溶出高铝、高铁、一水软铝石型和三水铝石型铝土矿，这个过程中，作为主要原料的铝矾土越过高温煅烧环节被直接用来溶解、分离、结晶、焙烧等工序得到氧化铝，溶解后分离出的浆状废渣是拜耳法赤泥。采用拜耳法冶炼氧化铝，赤泥外排量平均为 1～1.1 t/t 氧化铝。

2）烧结法赤泥

烧结法冶炼氧化铝时，首先必须在原料铝矾土中配合一定量的碳酸钠，然后在回转窑内经高温煅烧制成以铝酸钠为主要矿物的中间产品，即铝酸钠熟料，再经溶解、结晶、焙烧等工序制取氧化铝，溶解后分离出的浆状废渣便是烧结法赤泥。采用烧结法冶炼氧化铝，赤泥外排量平均为 0.7～0.8 t/t 氧化铝。

烧结法赤泥中主要化学成分为 SiO_2、CaO、Al_2O_3 及 Fe_2O_3，经对烧结法赤泥样品进行分析，这四种成分的总含量达 80% 以上，如表 2-13 所示。

表 2-13　烧结法赤泥主要化学成分（%）

化学组分		SiO_2	Al_2O_3	$CaO+MgO$	Fe_2O_3	Na_2O	K_2O	烧失量
新鲜赤泥	1 号	19.32	6.35	45.2	9.06	3.2	0.35	
	2 号	19.11	7.13	44.9	7.71	3.3	0.37	8.81
	3 号	17.40	5.93	43.95	10.24	2.76	0.32	
8 年赤泥		16.97	5.00	35.86	8.15	2.08	0.20	26.25

3）混联法赤泥

混联法是拜耳法和烧结法的联合使用，所用的原料是拜耳法排出的赤泥，然后采用烧结法再制取氧化铝，最后排出的赤泥为烧结法赤泥。

2. 赤泥的物理化学性质

赤泥是呈灰色和暗红色粉状物，颜色会随含铁量的不同发生变化，具有较大内表面积和多孔结构，相对密度为 2.84～2.87。赤泥的含水量为 86.01%～89.97%，饱和度为 94.4%～99.1%，持水量为 79.03%～93.23%，塑性指数为 17.0～30.0。粒径 d=0.005～0.075 mm 的粒组含量在 90% 左右，比表面积为 64.09～186.9 m^2/g，孔隙比为 2.53～2.95。

3. 赤泥的粒度组成

赤泥物理性能的最大特点是颗粒细小（表 2-14、表 2-15），其主要物理性能特性指标为比表面积达 5000～7000 cm^2/g，为普通硅酸盐水泥的 2 倍左右，体积密度仅为 0.7～0.9 g/cm^3，孔隙率达 65%～70%。

表 2-14　RO 样品赤泥的粒级组成

粒径/mm	0.091	0.056	0.042	0.03	0.01	0.005	0.001	−0.001
产率/%	22.93	3.98	2.59	5.76	29.36	14.88	12.94	7.56
累计/%	100.0	77.07	73.09	70.50	64.74	35.38	20.50	7.56

表 2-15　RO 样品赤泥的物理性能参数

参数名称	密度/(g/cm^3)	体积密度/(g/cm^3)	孔隙率/%	比表面积/(cm^2/g)	液限含水率/%	塑限含水率/%
指标	2.5～2.7	0.7～0.9	65～70	5000～7000	62	45.5

　　赤泥的另外两个重要物理特性是液限、塑限含水率大。这两个物理特性使得赤泥的水分蒸发困难，烘干热耗大、成本高、效率低。这种特性主要是由于浸出过程中 $Na_2O \cdot Al_2O_3$ 溶解后，在赤泥颗粒内部产生网孔状毛细结构所致。赤泥的体积密度、料浆浓度和液固比见表 2-16。

表 2-16　赤泥的相关物理参数

体积密度/(g/cm³)	1.36	1.38	1.40	1.42	1.44	1.46	1.48	1.50	1.52	1.54	1.56	1.58
料浆浓度/%	40.2	41.8	43.4	44.9	46.4	47.8	49.2	50.6	51.9	53.2	54.5	55.7
液固比	1.49	1.39	1.31	1.23	1.16	1.09	1.03	0.98	0.93	0.88	0.83	0.79

4. 赤泥的潜在活性

　　由于烧结法特殊的生产过程，从而使赤泥在化学成分、颗粒级配及物理力学等方面具有特性。其中最具重要利用价值的特性之一，就是赤泥的潜在水硬活性。

　　赤泥的活性来自氧化铝生产过程中的烧结过程。铝土矿、石灰石及碱粉在回转窑中加温至 1200～1300℃时，主要发生以下化学反应：

$$Al_2O_3 + Na_2CO_3 \longrightarrow Na_2O \cdot Al_2O_3 + CO_2 \uparrow$$

$$Fe_2O_3 + Na_2CO_3 \longrightarrow Na_2O \cdot Fe_2O_3 + CO_2 \uparrow$$

$$SiO_2 + 2CaO \longrightarrow 2CaO \cdot SiO_2$$

　　同时还生成部分铝酸三钙、铁铝酸四钙等矿物。这些矿物在熟料磨细浸出过程中，$Na_2O \cdot Al_2O_3$ 以及 $Na_2O \cdot Fe_2O_3$ 均溶于溶液。而 $2CaO \cdot SiO_2$（简写 C_2S，即硅酸二钙）则以 β 相进入赤泥，成为赤泥中重要的水硬性产物。与硅酸盐水泥相同，硅酸二钙（C_2S）、铝酸三钙（C_3A）、铁铝酸四钙（C_4AF）均属于水硬性胶凝产物。但由于铝氧熟料磨细后，赤泥即以固液混合态存在。固液间已发生一系列接触反应，形成部分硅酸钙凝胶及水化铝酸钙，从而使赤泥的外在属性与火山灰质材料相似，具有微弱的水化活性。自然状态下的赤泥可以在 1～2 个月内保持浆状而不凝固，经 3～6 个月后才凝固硬化。

5. 赤泥胶结理论

　　赤泥的胶结性能归功于赤泥中含有大量的 β-C_2S 及 C_3AH_6 等水硬性矿物。β-C_2S 在没有激化剂存在时是较难水解的，但添加活性激化剂后，即可加速 β-C_2S 的水化反应，使之生成硅酸钙凝胶及钙矾石等。赤泥的胶结机理就是其水解水化过程。下面结合不同配比与龄期的赤泥胶结料试块的 X 射线衍射分析、扫描电镜分析及差热分析,阐述赤泥的胶结机理。

1) 普强赤泥胶结机理

赤泥经烘干、磨细,石灰全钙为 95%,活性钙为 87%。按赤泥:石灰=4:1、水灰比为 1 制成普强赤泥胶结料试块。

试块分别在 1 天、3 天、7 天、28 天、60 天和 1 年的养护龄期进行强度试验(表 2-17)。强度试验后除去试块表面的碳化层,并立即用无水乙醇及丙酮洗涤 3 次以上,以中止其水化,烘干后进行胶结机理的测试分析。

表 2-17　普强赤泥受测试样各龄期单轴抗压强度

养护龄期/d	1	3	7	28	90	365
单轴抗压强度/MPa	1.86	2.80	4.34	7.50	8.00	8.95

a. X 射线衍射分析

(1) 水化 1 天,生成大量的 C·S·H 凝胶,同时存在未水化的 β-C_2S、$CaCO_3$ 等。

(2) 水化 7 天,出现大量的 C·S·H 凝胶,以及 $CaCO_3$、C_3AH_6 和少量 $Ca(OH)_2$,未水化的 β-C_2S 仍然存在,但数量已减少。

(3) 水化 28 天,C·S·H 凝胶已转化为托勃莫来石结晶,C_3AH_4 增加,$Ca(OH)_2$ 已有六方晶型;未见有水化的 C_3A,有少量的 β-C_2S 未水化,另有 $CaCO_3$ 等。

b. 扫描电镜分析

将电镜片放大至 15000 倍,其结构更清晰可见,桥状和柱状结构更明显。由扫描电镜分析表明,花朵状结构以及连续不断的桥状结构是 C_3S 和 β-C_2S 水化产物的重要特征。当 C_3S 和 β-C_2S 水化后,所形成的花朵状结构就是以石灰作为激化剂的赤泥胶结料的结构。经过一段时间后,在花朵状水化颗粒之间开始形成纤维晶体,进而生成桥状结晶。从水化产物形态变化的观点看,当桥状结晶形成一片凝胶时,水化过程即基本结束。花朵状粒子以及桥状结晶的形成与赤泥胶结料强度的增长具有密切的关系。

c. 差热分析

(1) 水化 1 天,试样在 80℃、170℃、305℃、480℃及 750℃分别有吸热峰存在。这些吸热峰分别表示:80℃时脱去吸附水,170℃时 C·S·H 脱去结晶水,305℃时 C_3AH_6 脱水,480℃为 $Ca(OH)_2$ 分解,750℃为 $CaCO_3$ 分解。

(2) 水化 7 天,差热曲线与水化 1 天基本相同,只是吸热峰的面积有所变化。

（3）水化 28 天，170℃吸热峰面积有明显加大，水化产物主要由 C·S·H 凝胶组成；305℃吸热峰基本消失，C_3A 已水化完全。

（4）水化 1 年，170℃吸热峰面积仍有增大，480℃时 $Ca(OH)_2$ 的分解吸热峰减弱，$CaCO_3$ 分解峰没有变化。1 年内水化反应仍在缓慢进行，C·S·H 凝胶继续增加，试块强度仍有增长。而 $CaCO_3$ 吸热峰保持稳定，未参与水化反应。

2）高强赤泥胶结机理

赤泥经烘干、磨细，石灰全钙为 95%，活性钙为 87%，石膏为二水石膏。胶结料试块配比为赤泥：石膏：石灰为 0.82：0.15：0.03，水灰比为 0.8。

试块分别在 1 天、3 天、7 天、28 天、60 天的养护龄期进行强度试验（表 2-18）。强度试验后对试块表面进行处理和烘干，然后进行胶结机理的测试分析。

表 2-18　高强赤泥试块单轴抗压强度

养护龄期/d	1	3	7	28	60
单轴抗压强度/MPa	0.70	3.65	6.32	9.85	11.06

X 射线衍射分析结果如下：

（1）水化 1 天的主要水化产物是 C·S·H 凝胶及钙矾石，衍射谱线上有未水化的 β-C_2S、C_3S 以及 $CaCO_3$、$CaSO_4·2H_2O$ 等。

（2）水化 7 天，有少量的钙矾石，但大部分已转化为单硫型铝酸钙，C·S·H 仍然是主要的水化产物，可见未水化的 β-C_2S、C_3A，依然存在 $CaCO_3$ 和 $CaSO_4·2H_2O$ 特征谱线，只是 $CaSO_4·2H_2O$ 较 1 天明显减少。

（3）水化 28 天，钙矾石消失，不再存在 $CaSO_4·2H_2O$ 的特征谱线，主要水化产物为 C·S·H 和单硫型硫铝酸钙，仍有 β-C_2S、$CaCO_3$ 存在。

6. 赤泥的主要危害

赤泥对环境的影响主要表现在如下几方面：①土地和农田的占用；②空气污染；③对建筑物表面、土壤的影响；④地下水污染；⑤赤泥的放射性。

7. 赤泥的综合化利用

1）赤泥的用途

（1）赤泥作矿物材料整体加以利用：①利用赤泥生产水泥。烧结法赤泥含有硅酸盐水泥所必需的 SiO_2、Fe_2O_3、Al_2O_3、CaO 等组分，有用成分占总量的 75%

以上，从 SiO_2-Al_2O_3-CaO 三元系相图看，接近水泥熟料的组成范围，中铝公司某企业于 20 世纪 60 年代开始，利用赤泥的亚黏土特性，以赤泥代替黏土等工业原料采用湿法工艺生产普通硅酸盐水泥，成功实现工业应用，主要产品有 32.5R 和 42.5R 普通硅酸盐水泥、API 系列油井水泥等。②赤泥路基材料的研究开发。赤泥作道路材料是另一种赤泥消耗量较大的应用方式。③利用赤泥生产新型墙材。赤泥粉煤灰烧结砖研究开发作为国家"九五"科技攻关项目，1997 年开展了赤泥作新型墙材的研究，研制成功并工业生产出赤泥粉煤灰烧结砖。④赤泥微孔硅酸钙绝热制品的开发。赤泥微孔硅酸钙保温材料是用赤泥、粉状二氧化硅材料、石灰、纤维增强材料等，经搅拌、凝胶化、成型、蒸压和干燥过程制成的一种新型保温材料。

（2）提取赤泥中的有价金属：赤泥中富含铁、铝、钙、硅，还含有钛、钪、铌、钽、锆和铀等稀有金属元素，从赤泥中提取有价金属元素的研究一直在进行。①拜耳法赤泥选铁技术研究。拜耳法赤泥中 Fe_2O_3 含量在 20%~40%之间，目前回收铁的方法大体上有冶金方法和物理选矿方法两大类。②赤泥中提取钪。赤泥中含有微量稀有金属，尤其是钪。据报道，世界钪资源储量中的 75%~80%伴生在铝土矿中，在生产氧化铝时铝土矿中 98%以上的钪富集于赤泥里，赤泥中氧化钪占 0.025%，以金属钪按 10 万~15 万元/kg 计，其潜在的经济价值相当可观。

赤泥无害化处理。赤泥中含有大量结合碱，是赤泥筑坝堆存的主要环境污染因素，而且多年来赤泥综合利用的经验教训表明：以含碱赤泥为原料，无论是作无机填料，抑或是生产水泥、砖材等建筑材料，碱都是有害组分，直接影响着产品的质量和使用范围，严重制约着赤泥综合利用率的提高。

（3）其他应用：①赤泥生产土壤调理剂(赤泥硅肥)；②赤泥充填高效胶结剂的研究与开发；③利用赤泥生产陶瓷滤料；④赤泥复配型阻燃剂研制及其在聚乙烯中的阻燃应用研究；⑤赤泥制备环境修复材料研究；⑥赤泥作循环流化床锅炉脱硫剂；⑦赤泥生产炼钢保护渣。

2）赤泥的利用现状

赤泥的产出量因矿石品位、生产方法、技术水平而异，据估计全世界氧化铝工业每年产生的赤泥超过 6×10^7 t。近年来，我国各地氧化铝产业急速发展，2007 年氧化铝产量约 20 Mt，2010 年达到 30 Mt，而每生产 1 t 氧化铝附带产生 0.8~1.5 t 赤泥。2007 年我国赤泥排放量达 40 Mt，2010 年达 50 Mt。到 2015 年，累计堆存量达 350 Mt，为世界之最。目前，世界上赤泥的利用率为 15%左右，而我国利用率远低于这个水平，仅为 4%。

2.1.6　建筑固废再生微粉

目前，发达国家的建筑垃圾回收利用水平较高，如日本等国家相关利用率甚至接近100%。而发展中国家资源化利用率较低，有些国家甚至没有进行利用，各国建筑垃圾资源化程度在世界范围内差距明显。国外主要使用建筑垃圾生产再生骨料用于道路工程，少量再生骨料用于配制混凝土。如今我国在建筑垃圾回收再利用方面已有一定的技术条件。建筑垃圾中大多是废混凝土块、废砖、废砂浆，现阶段主要的回收再利用途径就是生产再生骨料，其应用范围有坑洞的回填和制备道路工程中路面基层及底基层；制备再生骨料制品，如再生骨料地面砖、透水砖，以及配合水泥等胶凝材料制成的非烧结实心砖；制备再生混凝土和砂浆等。由再生骨料生产的C30等低强度再生混凝土已通过实际工程验证，完全可以满足一般的结构工程需求。

目前我国已经出台的相关标准也多是以再生骨料为主，如GB/T 25177－2010《混凝土用再生粗骨料》、GB/T 25176－2010《混凝土和砂浆用再生细骨料》、JGJ/T 240－2011《再生骨料应用技术规程》、JC/T 2281－2014《道路用建筑垃圾再生骨料无机混合料》等。尽管如此，我国对建筑垃圾的处理产业链仍不完备，将其资源化利用的城市很少，可参考借鉴的实际经验更是少之又少。因此如何从建筑垃圾源头把控，进行建筑垃圾全产业链的资源化利用，是未来处置企业和生态环境部门需要共同面临的重大难题。

1. 再生微粉的来源及性能

再生微粉的制备一般分为以下各步骤：首先大块的建筑垃圾先经大型破碎机进行初级破碎至较小的块体，之后经过风选、磁选等方式对建筑垃圾碎块中的钢筋、木块、塑料等杂质进行初步剔除，接着通过人工筛选对初筛后的建筑垃圾碎块中的杂质进行二次分选，并通过水洗等工艺去除碎块表面余泥；经过洁净化处理的建筑垃圾碎块进入二级破碎机进行二次破碎，并通过筛分系统筛选出不同粒径的粗细骨料，将筛分后的骨料利用专用粉磨设备粉磨至粉状，制得建筑垃圾再生微粉。而作为再生骨料生产中的副产品，一部分再生微粉是在再生骨料的化学强化和物理强化过程中收集得到的。化学强化方法主要有强化附着水泥浆的聚合物乳液浸泡法、火山灰浆液浸泡法等，在这个过程中产生了极少的再生微粉。物理强化方法有颗粒整形法和内研磨法等，再生微粉在引风机的作用下随气流进入除尘器并被收集起来。

由于建筑垃圾来源组成的多样性和复杂性，再生微粉有别于粉煤灰、矿渣粉等矿物掺合料，成分相对复杂。一般建筑垃圾再生微粉的化学成分以SiO_2、CaO、Al_2O_3等为主，砖再生微粉中的CaO含量偏低，SiO_2含量偏高；混凝土再生微粉与之相反。这是由于水泥的主要原料为石灰质原料，为混凝土微粉提供 CaO，而砖骨料中的黏土质原料则为砖微粉提供了 SiO_2 和 Al_2O_3，废弃混凝土微粉中也含有一定量的 SiO_2，主要来自废弃混凝土中的天然砂石骨料。由此可见，原材料种类对微粉化学成分含量影响很大。

尽管再生微粉大多由废混凝土块和废砖瓦块磨细制得，但其他各项物理性能指标由于制备工艺、测试方式和标准的不同而存在较大差异。优良的设备和完善的工艺流程对生产的再生微粉的质量稳定性尤为重要。一般再生微粉的密度在 2600 kg/m^3 左右，比表面积一般在 300～800 m^2/kg 之间，较常用水泥的比表面积（300 m^2/kg）大。再生微粉颗粒粒度一般分布在 30～50 μm 之间，研磨后的再生微粉颗粒细度可以接近甚至高于 P·O42.5 级水泥以及 1 级粉煤灰的颗粒细度。由于再生微粉经过多层破碎和粉磨，再生微粉颗粒的微观形貌并不规则，多为棱角状和碎屑状，有少量的极小颗粒附着于大尺寸颗粒表面。这种微结构相比于粉煤灰类圆珠形的形貌，会降低工作性，保水性也较差。根据各种物理指标，再生细粉的粒径细小，有利于其微集料填充效应的发挥；比表面积和颗粒细度大于常用水泥，有利于再生微粉活性的激发，但需水量也会因其不规则的微观结构和较大的比表面积有所增加。

2. 再生微粉的研究现状及意义

再生微粉是建筑垃圾资源化利用过程中产生的粒径小于 0.16 mm（占原料质量 15%左右）的细小微粒。目前，国内再生微粉的原料来源主要是拆除废弃建筑物产生的建筑垃圾。这类微粉原料的来源广泛，种类复杂，其自身矿物组成和化学成分千差万别，致使制备的微粉基本性能数据离散度大，规律性较差。

1）国内外研究现状

我国对于再生微粉的研究起步晚于世界发达国家，对再生微粉的制备工艺及相关材料，微粉活性激发及再生制品工作性能、强度指数和耐久性等方面的研究较为集中。

对再生微粉的制备工艺进行研究，再生粗骨料整形过程中，利用摩擦力将附着于骨料表面的硬化水泥砂浆磨掉并与骨料分离，之后利用风力系统将微粉吹入收尘器中收集。采用热处理法与机械粉碎相结合的方式将废弃混凝土中的砂石与浆体分离。由于再生骨料与其中附着的水泥石热膨胀系数不同，利用这一特点，将再生粗骨料升温至 300℃后迅速风冷降温，使其界面过渡区由于激烈的温度变化产生裂纹之后放入回转滚轮中，使碎块互相摩擦，从缝隙中得到砂浆碎粒，然后置于球磨机中进行球磨分离水泥浆和砂，从而实现粗、细骨料和水泥石的高效分离。

对于再生微粉的活性激发方面，对再生微粉进行化学组成分析。由于再生微粉大多由水化的水泥石和砂石碎屑磨细而成，通过 X 射线荧光和 X 射线衍射分析，研究表明其 SiO_2 的含量高于普通硅酸盐水泥，矿物组成中最主要的晶相为 SiO_2。再生微粉作为掺合料时，混凝土的抗冻性能高于矿粉，但与粉煤灰相比仍有差距，其活性指数可达 70%以上。一定温度范围内的热处理可提高再生微粉活性，再生微粉活性在 600℃时达到最高，温度持续上升后其活性呈下降趋势。碱激发可以提高再生微粉活性，可使用生石灰激发再生微粉的活性。再生微粉用物理激发的方法，可使研磨细化后的再生微粉在一定掺量下有一定活性的提升。当再生微粉掺量在 30%，温度从 600℃升到 750℃的过程中，产物有所不同，在 750℃加热条件下，CaO 含量明显增多，在此温度下，原粉末中的凝胶及 $Ca(OH)_2$ 分解更为彻底，β-C_2S 的特征峰增强；$CaCO_3$ 特征峰并未出现表明在 750℃下，不稳定状态的 $CaCO_3$ 已经完全分解。

对再生微粉的研究，国外建筑垃圾资源化利用起步较早，但研究对象相对集中于废弃的混凝土块、砖块和砂浆等再生粗骨料的利用，对再生微粉的研究相对较少，主要集中于再生水泥的制备。国内建筑垃圾资源化利用起步较晚，再生微粉的研究主要集中于再生微粉的制备工艺，再生微粉活性激发，再生微粉制品工作性能、力学性能、体积稳定性和耐久性等方面。然而目前研究所选取的再生微粉基本为再生废混凝土粉，对再生废砖粉的利用研究相对较少，再生微粉研究种类相对单一。且由于再生微粉来源广泛，种类复杂，自身矿物组成和化学成分千差万别，制备工艺相差较大，其颗粒细度难以控制统一。目前尚无统一适用的再生微粉选用标准和与相关测试指标配套的试验方法，因此各研究结果难以横向对比，试验数据离散度大，规律性不强，难以作为再生微粉的实际资源化利用的参考标准。

2）研究目的及意义

建筑垃圾作为城市更新中的必然产物，将在今后相当一段时间内持续且大量的排放产生。如此大量的建筑垃圾如果不进行合理的资源化利用，将对我国的自然和社会环境产生灾难性的后果。当前以粉煤灰和矿渣粉为代表的矿物掺合料已经成为配制混凝土和砂浆的必要组分。然而由于基础建设及城市化进程的迅速发展，粉煤灰等掺合料需求量明显增多，部分地区甚至出现因粉煤灰脱销而无法满足供应的情况。另一方面我国基础建设工程浩大，很多工程的混凝土方量都以百万方记甚至更多(如三峡工程)，对粉煤灰等掺合料的需求量极高，而由外地远距离购入又将明显提高混凝土施工成本。因此，寻找价廉质优的新型掺合料弥补对粉煤灰等的大量需求已成为当前研究的热点。再生微粉中 SiO_2 和 CaO 含量相对较高，从其化学成分上推断可能存在潜在活性。同时在其细度及粒径分布满足一定要求时，可以在制备混凝土和砂浆时发挥正面的填充效应和微集料效应。再生微粉来源丰富，价格低廉，具有开发利用的可能来增加其应用价值。当前我国对建筑垃圾回收利用的研究主要在于再生粗、细骨料，对于再生微粉基本性能及其在水泥和混凝土中的应用研究很少。本书笔者课题组重点研究再生微粉的基本材性及其在水泥和混凝土中的应用，探索再生微粉作为替代粉煤灰等的新型掺合料的可行性，同时根据其自身特点和应用规律，为针对建筑垃圾再生微粉的相关行业标准提供相应的技术指标基础。

2.1.7　其他粉体材料

1. 高水材料

高水材料是以高铝水泥为主料，配以膨润土等多种无机原料和外加剂，像制造水泥那样经磨细、均化等工艺，而制成的甲、乙两种固体粉末，使用时加水制成甲、乙两种浆液。美国曾采用具有该种性能的材料与水混合用于煤矿支护，目前推广应用的"特克派克"高水材料，由"特克本"和"特克西姆"两种材料组成，但是美国所用的材料相对来说价格昂贵，配料中某些材料在我国也难以找到。对此，结合我国资源情况，国内学者对其进行了深入研究，中国建筑材料科学研究总院、中国矿业大学、西北矿冶研究院等单位先后研制成功了具有自主知识产权的高水材料。

1）高水材料的组成

高水材料由甲料和乙料等量配合而成。甲料由特种水泥熟料、缓凝剂、悬浮剂等组成，其中缓凝剂能使甲料和水制成的料浆有较长时间的可泵性，悬浮剂能提高甲料的固体颗粒在料浆中的分散性和悬浮性，避免沉淀发生泌水现象。可供高水材料选用的特种水泥熟料有高铝、硫铝、铁铝等水泥熟料，以它们配制的甲料分别称为高铝型、硫铝型和铁铝型甲料。硫铝型熟料以石膏为诱导，有效地抑制了惰性钙黄石（C_2AS）矿物的生成，减少了活性成分 CaO、Al_2O_3 的消耗，促进了活性矿物 β 型硅酸二钙的生成。与高铝型熟料比较，对原料、燃料的要求质量不高，具有烧成温度低、范围广、不易在运转窑内结圈以及熟料易磨等优点，因此国内各厂均以生产硫铝型熟料为主。硫铝型熟料的主要矿物是无水硫铝酸钙（$4CaO \cdot 3Al_2O_3 \cdot SO_3$，简写为 $C_4A_3\bar{S}$）和 β 型硅酸二钙（$\beta\text{-}2CaO \cdot SiO_2$，简写为 $\beta\text{-}C_2S$）。硫铝型熟料的化学成分除含有少量的 YiO_2、MgO 和 MnO_2 外，主要有以下 5 种：CaO（38%～44%）、Al_2O_3（30%～38%）、SiO_2（6%～12%）、

SO_3（8%～12%）和 Fe_2O_3（2%～6%）。硫铝型熟料用石灰石、矾石、石膏和矿化剂等为原料，在 1100～1280℃的温度范围内烧制而成。乙料由石膏、石灰、悬浮剂、速凝剂等组成，石膏采用不溶性的天然硬石膏（$CaSO_4$），一般要求结晶水少于5%。石灰易于从空气中吸收水分，因此应采用新制石灰，CaO 含量大于75%。悬浮剂由膨润土、赤泥、粉煤灰等组成，从而使乙料和水混合后料浆有较好的可泵性。

2）高水材料的水化硬化机理

高水材料与 2.5 倍的水制成的料浆能迅速凝固的关键是其水化过程中生成了含大量结晶水的钙矾石和含有吸附水的硅酸凝胶和铝酸凝胶。甲料中的无水硫铝酸钙与乙料中的石膏发生水化反应生成钙矾石（$3CaO \cdot Al_2O_3 \cdot 3CaSO_4 \cdot 32H_2O$），即

$$C_4A_3\overline{S} + 2(CaSO_4 \cdot 2H_2O) + 34H_2O \longrightarrow 3CaO \cdot Al_2O_3 \cdot 3CaSO_4 \cdot 32H_2O$$
$$+ 2(Al_2O_3 \cdot 3H_2O)$$

要大量生成钙矾石，还必须有乙料中石灰的参与，即

$$C_4A_3\overline{S} + 2(CaSO_4 \cdot 2H_2O) + 6CaO + 80H_2O \longrightarrow 3(3CaO \cdot Al_2O_3 \cdot 3CaSO_4 \cdot 32H_2O)$$

β 型硅酸二钙水化时生成水化硅酸钙凝胶，并生成氢氧化钙凝胶 $Ca(OH)_2$，即

$$2CaO \cdot SiO_2 + mH_2O \longrightarrow xCaO \cdot SiO_2 \cdot yH_2O + (2-x)Ca(OH)_2$$

与上述 $C_4A_3\overline{S}$ 水化过程中生成的 $Al_2O_3 \cdot 3H_2O$ 等反应也能生成钙矾石，即

$$3CaO \cdot Al_2O_3 \cdot 3CaSO_4 \cdot 32H_2O + 2(4CaO \cdot Al_2O_3 \cdot 13H_2O) =$$
$$3(3CaO \cdot Al_2O_3 \cdot CaSO_4 \cdot 12H_2O) + 2Ca(OH)_2 + 2H_2O$$

从以上诸反应中可以看出，钙矾石生成的过程中，大量吸收料浆中的水分变成结晶水。针枝状的钙矾石晶体伸入硅酸凝胶和铝酸凝胶中，使晶粒逐渐长大，最后形成钙矾石骨架结构，呈固体状态，具有一定强度。欲达到应有的强度，石灰的用量较为重要，若熟料质量较好，可用较少的石灰，反之则宜用较多的石灰。甲料和乙料等量配合的原则是 m（熟料）：m（石灰+石膏）=1：1。由于甲料和乙料是分别制浆和输送，为防止早凝宜在充填点之前将两种浆液混合，均匀混合也是达到应有强度的一个重要条件。高水材料可以达到的指标见表 2-19。

表 2-19　高水材料的质量指标

生产厂家		长铝水泥厂	英国 Fosroc 公司	国内其他水泥厂
水灰比		2.5∶1	2.5∶1	2.5∶1
可泵时间/h		≥24	≥24	≥24
初凝时间/min		<15	<20	15~30
抗压强度/MPa	2h	≥2.0	1.2~1.5	0.82~2.14
	24h	≥4.5	3.5~3.7	1.37~4.43
	72h	≥5.0	—	1.52~5.0
	最终	≥5.5	4.3~5.0	1.62~5.0

2. 超高水材料

超高水速凝固结充填材料(简称超高水材料)是指水体积在 95%以上、最高可达 97%的高水材料,主要由 A、B 两种物料,分别加入 8~11 倍水组成。A 料主要以铝土矿石膏等独立炼制并复合超缓凝分散剂构成;B 料由石膏、石灰和复合速凝剂等构成。两者按一定比例配合使用,强度可据需要进行调整,满足井下充填要求。充填胶结体中固体料用量很少,适用于井下大体积空间(如采空区)的充填需要。超高水材料固结体具有体积应变较小、凝固时间易调、输送距离不受太大的限制等优点,是井下采空区充填的理想材料。材料的基本性能有物理力学性能(强度及体积应变性能)、流动性能(可泵性、流动性等)、化学性能(凝结时间、抗风化性能)及材料的微观形貌等。

2.2　矿井充填胶结材料用固废骨料的理化性能

2.2.1　尾矿

尾矿就是选矿厂在特定的经济技术条件下,将矿石磨细,选取有用成分后排放的废弃物。一般由选矿厂排放的尾矿矿浆经自然脱水后形成的固体矿物废料,是固体工业废料的主要成分,其中含有一定数量的有用金属和矿物,可视为一种复合的硅酸盐/碳酸盐等矿物材料。尾矿中主要有用组分的含量称为尾矿品位。

矿山尾矿是金属矿山矿产资源开发利用过程中排放的主要固体废弃物,往往占采出矿石量的 40%~99%。尾砂的排放既占用土地,又造成生态环境的污染,是破坏矿山生态的主要废料源,同时还引起众多的安全隐患。

应用尾矿作为矿山充填料,对充填体产生影响的主要因素是其粒度组成和矿物成分的化学性质。对于每一座矿山,这些性能指标均不相同。尤其是对于不同的矿石类型,其差别相当大。因此,在具体应用过程中需要进行具体的试验分析。

1. 尾砂的分类

通常为了达到某个目的要对尾砂进行处理。未经过分级处理的尾砂称为全尾砂，经过不同程度分级处理过的尾砂称为分级尾砂。

1）分级尾砂

不同矿山的全尾砂，其粒级组成各不相同，由于不同矿山充填工艺和充填体强度的不同要求，通常要对不能满足生产条件的全尾砂进行不同程度的分级处理。对尾砂进行分级的指标通常以 37 μm 为界限，但近年来，金川有色金属公司根据尾砂自流充填系统和尾矿膏体充填系统的不同要求，又提出了 30 μm 和 20 μm 的分级界限。分级界限的确定，要与生产实践相结合，根据具体的生产情况和尾砂的粒级级配而定。在国内外的充填矿山中，许多都选用分级尾砂作充填材料。国内部分矿山分级尾砂的粒级组成见表 2-20。

表 2-20 一些充填矿山分级尾砂的粒级组成

矿山名称	粒径与产率	粒级组成								
黄沙坪	粒径/mm	0.2	0.147	0.074	0.043	−0.043				
	产率/%	4.77	12.89	32.79	43.15	6.40				
	累计/%	4.77	17.66	50.45	93.60	100.00				
铜绿山	粒径/mm	0.053	0.038	0.027	0.017	0.01	−0.01			
	产率/%	77.6	14.9	3.6.	1.7	0.6	1.6			
	累计/%	77.6	92.5	96.1	97.8	98.4	100.00			
凤凰山	粒径/mm	0.053	0.038	0.027	0.019	−0.019				
	产率/%	92.16	6.29	0.99	0.16	0.40				
	累计/%	92.16	98.45	99.44	99.60	100.00				
东乡矿	粒径/mm	0.50	0.30	0.217	0.15	0.121	0.104	0.077	0.05	−0.04
	产率/%	0.15	1.08	3.82	11.37	12.21	3.72	14.43	20.73	28.45
	累计/%	0.15	1.23	5.05	16.42	28.63	32.35	46.78	67.51	95.96
锡矿山	粒径/mm	0.3	0.15	0.105	0.074	0.037	0.02	0.01		
	产率/%	22.5	15.0	20.5	7.50	21.17	9.31	4.02		
	累计/%	22.5	37.5	58.0	65.5	86.67	95.98	100.00		
招远	粒径/mm	0.18	0.15	0.125	0.09	0.075	0.063	0.053	0.044	−0.044
	产率/%	41.0	13.5	8.0	17.5	4.3	4.7	2.0	1.0	8.0
	累计/%	41.0	54.5	62.5	80.0	84.3	89.0	91.0	92.0	100.00

续表

矿山名称	粒径与产率	粒级组成							
焦家	粒径/mm	0.9	0.28	0.105	0.076	0.04	0.024	0.016	−0.016
	产率/%	0.642	5.916	49.096	20.749	14.948	6.03	1.246	1.328
	累计/%	0.642	9.558	55.654	76.403	91.351	97.381	98.627	99.965
金川	粒径/mm	0.1	0.08	0.06	0.05	0.04	0.03	0.02	−0.02
	产率/%	27.5	15.5	25.0	7.0	5.0	3.0	2.0	1.5
	累计/%	27.5	43.0	68.0	73.0	78.0	81.0	83.0	84.5

2）全尾砂

过去用尾砂作充填料的矿山几乎全部采用分级尾砂，但随着充填工艺技术的进步和新工艺的产生，如膏体充填和高水速凝充填的产生，使得全尾砂作充填料有了广阔的天地，并且分级尾砂剩余的含泥和细粒级尾砂再次被排放到尾砂库，增加了尾砂库的维护成本。但是在用全尾砂作充填骨料时，需要考虑含硫量对充填体强度的影响，并采取相应措施来减轻或消除其影响，同时全尾砂只能用在不脱水的充填料浆中。国内有色金属矿山的选矿尾砂，其密度一般为 $2.6 \sim 2.9 \ t/m^3$。矿山常用的尾砂分类方法见表 2-21，国内部分充填法矿山的全尾砂粒级组成见表 2-22。

表 2-21　矿山常用的尾砂分类方法

分类方法	粗		中		细	
按粒级所占百分比含量	>0.074 mm	<0.019 mm	>0.074 mm	<0.019 mm	>0.074 mm	<0.019 mm
	>40%	<20%	20%～40%	20%～55%	<20%	>50%
按平均粒径/mm	极粗	粗	中粗	中细	细	极细
	>0.25	>0.074	0.074～0.037	0.037～0.03	0.03～0.019	<0.019
按岩石生成方法	脉矿（原生矿）			砂矿（次生矿）		
	含泥量小，<0.005 mm 细泥小于 10%，如南芬矿尾砂			含泥量大，一般大于 30%～50%，如云锡大部分尾矿		

表 2-22　国内部分充填法矿山的全尾砂粒级组成

矿山名称	粒径与产率	粒级组成						
凡口铅锌矿	粒径/mm	0.296	0.152	0.074	0.037	0.019	0.013	−0.013
	产率/%	2.90	7.97	7.85	6.15	4.14	1.84	18.36
	累计/%	2.90	10.87	18.72	24.87	29.01	30.85	49.21

续表

矿山名称	粒径与产率	粒级组成								
大红山铜矿	粒径/mm	0.074	0.037	0.018	0.010	−0.010				
	产率/%	28.00	32.90	22.20	6.40	10.50				
	累计/%	28.00	60.90	83.10	89.50	100.0				
武山铜矿	粒径/mm	0.5	0.3	0.15	0.074	0.05	0.04	0.03	0.01	−0.01
	产率/%	0.54	3.21	27.19	24.91	14.34	9.39	1.83	9.05	9.54
	累计/%	0.54	3.75	30.94	55.85	70.19	79.58	81.41	90.4	100.0
金城铜矿	粒径/mm	0.45	0.25	0.18	0.154	0.125	0.098	0.076	0.05	0.02
	产率/%	3.16	15.52	23.31	19.80	13.19	11.85	1.64	4.36	5.58
	累计/%	3.16	18.68	41.99	61.79	74.98	86.83	88.47	92.83	98.41

2. 尾砂的物理化学特性

　　尾砂的化学成分对充填料的物态特性和胶结性能均有影响，其中以硫化物含量对胶结充填体性能的影响最为显著。尾砂中较高的硫化物含量会增加尾砂的稠度，也会因其自胶结作用而使胶结充填体获得较高的强度。但由于硫化矿物的氧化会产生硫酸盐，而硫酸盐的侵蚀又会导致胶结充填体长期强度的损失。因此，对于硫化矿物含量较高的尾砂充填料，当采用水泥作为胶结料时，对充填体强度的负面影响很大。含有火山灰质的矿渣胶凝材料可以解决因硫酸盐侵蚀而使充填体强度降低的问题。有关试验表明，采用含有火山灰质的矿渣水泥制备的高含硫尾砂胶结充填体的强度，与采用普通水泥制备的高含硫尾砂胶结充填体的强度相比，可提高 40%左右。尾砂的物理特性对充填体的性能也均有不同程度的影响，尤其在低浓度充填工艺条件下，尾砂的渗透系数甚至是评价尾砂能否作为充填材料的关键指标。尾砂的物理化学性质包括矿物成分、密度、体积密度、孔隙率、渗透系数和粒级组成等。尾砂矿物成分需要采用矿物分析方法进行测定。尾砂的密度、体积密度、孔隙率等物理性质的测定方法与废石料的测定方法相同。尾砂的渗透系数常采用卡斯基管测定，由式(2-5)计算：

$$K = \frac{H}{t} f \frac{S}{h_0} \tag{2-5}$$

式中，K 为尾砂渗透系数，cm/h；H 为试料高度，cm；t 为管中水位从 h_0 下降到 h 时，所需要的时间，h；S 为过流断面面积，cm^2；h_0 为测定开始时的水面高度，cm。

　　相关尾砂的物理化学特性一般可作类似参考。国内有色矿山选矿尾砂的密度一般为 2.6~2.9 g/cm³。表 2-23 至表 2-28 分别为凡口铅锌矿、铜绿山铜矿和南京铅锌矿全尾砂的矿物元素含量、密度、体积密度、孔隙率、渗透系数等物理化学特性。但由于每座矿山的尾砂特性各异，因而在利用尾砂作为胶结充填材料时，均应测定其实际的物理化学特性。

表 2-23　凡口铅锌矿全尾砂主要矿物含量(%)

试样	Pb	Zn	S	SiO₂	Fe	Al₂O₃	Mg	Ca
F1	0.79	0.09	7.19	34.09	5.99	4.57	0.68	14.82
F2	1.31	1.18	9.46	20.72	17.42	4.47	0.96	15.94

表 2-24　铜绿山铜矿全尾砂主要矿物含量(%)

主要矿物	SiO₂	Al₂O₃	CaO	MgO	Fe	Mn	S
含量	49.68	2.72	25.06	4.05	13.22	0.20	0.24

表 2-25　南京铅锌矿全尾砂主要矿物含量(%)

主要矿物	SiO₂	Al₂O₃	CaO	MgO	Fe₂O₃
含量	26.79	1.72	2.15	20.15	15.11

表 2-26　凡口铅锌矿全尾砂物理特性

编号	中值粒径/mm	加权平均粒径/mm	−20 μm 含量/%	密度/(g/cm³)	体积密度/(g/cm³)	孔隙率/%	渗透系数/(cm/h)
F1	0.072	0.085	20.02	2.85	1.36	52.28	2.12
F2	0.073	0.092	19.60	3.07	1.36	55.70	2.40
F3	0.052	0.075	24.53	3.20	1.19	62.81	0.25
F4	0.053	0.084	24.14	3.20	1.49	53.30	0.38

表 2-27　铜绿山钢矿全尾砂物理特性

物料名称	中值粒径/mm	平均粒径/μm	密度/(g/cm³)	体积密度/(g/cm³)	孔隙率/%
全尾砂	27.7	38.1	2.95	1.69	42.7

表 2-28　南京铅锌矿尾砂物理特性

物料名称	中值粒径/mm	平均粒径/μm	密度/(g/cm³)	体积密度/(g/cm³)	孔隙率/%
全尾砂			3.13	1.63	47.92
分级尾砂	45.49	76.80	3.16	1.61	49.05

3. 全尾砂沉缩特性

1) 最大沉缩浓度

全尾砂料浆在静置沉缩时能达到的最大浓度称为最大沉缩浓度。该浓度是充填料浆特性变化的临界点，最大沉缩浓度及其沉缩速度是尾砂脱水工艺的重要参数。一般用直径 200 mm、高 1000 mm 的有机玻璃沉缩筒进行沉缩试验，测定全尾砂料浆的最大沉缩浓度。将搅拌均匀的全尾砂料浆注入沉缩筒内，记录某一个面下降的高度和时间。沉缩停止时所能达到的浓度为最大沉缩浓度。全尾砂沉缩的实质是一个沉降压缩的过程，表现出 3 种状态特征：①全尾分级，在沉降开始后的一段时间内，粗重颗粒快速下降，较细颗粒缓慢下移，更细的颗粒则悬浮于上部，浆面与液面界限浑浊不清；②粗粒沉缩，粗颗粒沉降压缩到相互紧密接触的状态；③细粒沉缩，悬浮于上部的细颗粒沉降压缩到颗粒紧密接触的状态，达到最大沉缩浓度。南京铅锌矿全尾砂料浆的沉缩试验表明，当初始浓度（质量分数）为 50% 时，其最大沉缩浓度为 71.01%，达到最大沉缩浓度所需的时间为 6 h，见表 2-29。

表 2-29　南京铅锌矿全尾砂沉缩试验结果

沉缩时间/min	全尾砂			状态特征
	料浆容积/cm³	沉缩浓度/%	料浆体积密度/(g/cm³)	
0	775	50.00	1.55	初始
5	670	54.79	1.63	全尾分级
20	530	62.83	1.80	粗粒沉缩
360	420	71.01	2.01	细粒沉缩

全尾砂料浆的沉缩浓度主要取决于尾砂的密度和细度，密度越小，粒度越细，最大沉缩浓度越低。凡口铅锌矿全尾砂的沉缩特性试验结果（表 2-30）表明，F3 试样的全尾砂中值粒径与平均粒径均较小，因而其最大沉缩浓度较低；F4 试样的中值粒径与 F3 试样相当，但平均粒径比 F3 试样高，比 F2 试样小，尾砂密度与 F3 试样一样，比 F2 试样大。而 F4 试样的最大沉缩浓度与 F2 试样相当，明显高于 F3 试样，可见平均粒径对最大沉缩浓度的影响十分显著。

表 2-30　凡口铅锌矿全尾砂最大沉缩浓度

尾砂试样	尾砂密度/(g/cm³)	中值粒径/μm	加权平均粒径/μm	初始质量分数/%	最大沉缩浓度/%	
					质量分数	体积分数
F2	3.07	73	92	68.36	77.48	51.66

续表

尾砂 试样	尾砂密度/(g/cm³)	中值粒径/μm	加权平均粒径/μm	初始质量分数/%	最大沉缩浓度/%	
					质量分数	体积分数
F3	3.20	52	75	65.77	72.92	45.70
F4	3.20	53	84	66.37	77.68	52.43

2）临界沉缩浓度

根据全尾砂沉缩料浆中固体颗粒沉降与压缩时的特性，可以将料浆的沉缩分为固体颗粒的沉降过程和压缩过程。临界沉缩浓度是料浆中固体颗粒由沉降开始转为压缩时的浓度。对于低浓度全尾砂料浆，固体颗粒首先在水中快速沉降，达到一定浓度后固体颗粒开始逐渐压缩密实。浓度高于临界沉降浓度的高浓度料浆，固体颗粒只有压缩过程而没有沉降过程。固体颗粒在沉降过程中存在粗、细颗粒分级特征。压缩过程的特点是没有粗、细颗粒的分选沉降，只是颗粒间隙减小和体积收缩，水被逐渐析出。因此，为防止胶结充填料的离析，其输送浓度应大于临界沉降浓度。

4. 尾砂的主要危害

1）严重污染周边环境

氰化选厂几乎100%的矿石都变为废弃的尾矿，浮选与混合选矿工艺的排出物大部分也是尾矿。我国许多大、中型黄金矿山均有较长的生产历史，从几十年到上百年不等，尾矿资源量较大。选金用的氧化物是一种剧毒药剂，选矿中常用的黄药、黑药、酚类化合物在水中散发出一种难闻的特殊气味，还有一些原存于矿石中的重金属元素，由于化学药剂的作用而存在尾矿水中，这些尾矿水流入附近的河流或渗入地下，会严重污染河流及地下水源。我国一些矿山矿物嵌布粒度细，为了达到单体解离，需要将矿石磨得很细，这样的尾矿被排到尾矿库自然干涸以后，遇到大风天气，表面的尾矿砂会不断地被吹到周边地区，导致该地区的土壤污染、土地退化、植被破坏，对周边的生态环境造成了严重的不良影响，有时甚至直接威胁到人畜的生存。

2）给企业带来了沉重的经济负担

随着尾矿量不断增加，需要扩建或新建尾矿库，占用大量的农林用地。一些企业的尾矿库已快到服务年限，有的还在超期服役。由于土地资源越来越紧张，征地费用越来越高，导致尾矿库的基建投资占整个采选企业费用的比例越来越大，且尾矿库的维护和维修也需消耗大量的资金。据统计，我国冶金矿山每吨尾矿需尾矿库基建投资 1~3 元,生产经营管理费用 3~5 元,全国现有 400 多座尾矿库,每年的营运费用高达 7.5 亿元之多。

5. 尾砂的综合利用现状

1) 尾砂的用途

科技进步为尾矿的综合利用及治理奠定了坚实的技术基础。由于尾矿成分复杂、分布不均,也因地域的不同,使其中有价组分的种类及含量差别很大,所以尾矿的综合利用要具体问题具体分析。目前我国尾矿的综合利用主要集中在以下几方面。

(1)尾矿再选。开展尾矿再选是提高资源利用率的重要措施,也有利于减少尾矿的排放。我国许多黄金矿山尾矿中均含有可供综合回收的多种伴生元素组分,如铅、铜、锌、硫等,但一般矿山仅注重金银的回收,而对其他金属元素则仅顺便回收,不再采取更多的回收措施。特别是矿山初建阶段,大量伴生的有价组分都随尾矿流失。据调查,有些采用浮选-精矿氧化工艺的选厂,浸渣中有价元素含量普遍高于最低工业品位,有的甚至是最低工业品位的两倍以上。有的矿山尾矿中含有较多的氧化铁和氧化铝,经加工可生产出铁红、聚合铝、聚合铁等新型絮凝剂,是一种物美价廉的半成品原材料。山东某矿尾砂含铁量普遍在 20%~30% 之间,在回收金的同时,生产出纳米氧化铁,因而成为高效益企业。某些含铝较多且又含铁的尾砂,可成功地生产水处理剂,如氧化铝含量大于 30%时,就能制备聚合铝铁净水剂(PAFC),采用原料主要是当地的尾砂、工业盐酸、工业碱。此类技术的应用,进一步有效地推进了固体废物处理的技术政策的执行,达到减量化、资源化、无害化的效果。

(2)用作建筑材料。中国地质科学院(简称地科院)尾矿利用技术中心从 20 世纪 80 年代起一直致力于尾矿的综合利用研究,已拥有多项研究成果,如免烧尾矿砖、砌块、瓦、轻质材料、微晶玻璃等。地科院在北京通州开发区建有一个生产实验基地,可年产微晶玻璃 8000~10000 m^2,年创效益上百万元,尾矿加入量达 50%。地科院还协助凌源新建一条陶粒生产线,年产量 18000 m^3,其中尾砂用量 50%~80%。利用高钙镁型铁尾矿生产出来的高级饰面玻璃,其主要性能优于大理石,而尾矿加入量也达到 70%~80%。普通墙体砖是建筑业用量最大的建材之一,加工技术简单、投资少,是尾矿综合利用的有效途径之一。焦家金矿成立了建材公司,利用+100 目选金尾砂制作尾砂砖,亦取得较好的经济效益。

(3)制作肥料。如果尾矿中含有多种植物生长所需要的微量元素,经过适当的处理可制成用于改良土壤的微量元素肥料。有些尾矿中含有一定量的磁铁矿,适当磁化处理后施入土壤中,可以改善土壤的性能,达到增产的效果。20 世纪

90 年代马鞍山矿山研究院将磁化尾矿加入到化肥中制成磁化尾矿复合肥，建成一座年产 10000 t 的磁化尾矿复合肥厂。

（4）充填矿井采空区。矿井采空区的回填是直接利用尾矿最行之有效的途径之一，目前国内外采用充填法的矿井 80% 以上均用尾矿作为主要充填骨料，有些矿山由于种种原因，无处设置尾矿库，而利用尾矿回填采空区意义就非常重大。如安徽省太平矿业有限公司铜铁矿位于淮北平原，由于地理因素无处设置尾矿库，选矿厂排放的尾矿经过技术处理后，全部用于填充采空区；济南钢城矿业公司采用胶结充填采矿法，提高了矿石采出率 20% 以上；莱芜矿业公司利用尾矿充填赵庄铁矿露天采坑，再造了土地，治理了环境；凡口铅锌矿利用尾矿作采空区充填料，尾矿利用率达 95%；焦家金矿采用细粒尾矿用充填骨料，既满足了矿山充填采矿需要，又解决了尾矿堆放难题。

2）尾砂的利用现状

以有色金属矿山累计堆存的尾矿为例，美国达到 8 Gt，俄罗斯为 $4.1 \times 10^9 \, m^3$。在我国，全国现有大大小小的尾矿库 2000 多个，全部金属矿山堆存的尾矿已经超过 5 Gt，而且以每年产出 0.3 Gt 尾矿的速度增加。目前我国铁矿山每年排出的尾矿量约 1.3 Gt，有色矿山年排量约 0.14 Gt，黄金矿山每年排出量达 24.50 Mt。我国金属矿山每年排出的冶炼高炉废渣有 40.91 Mt。而且随着经济的发展，对矿产品需求大幅度增加，矿业开发规模随之加大，产生的选矿尾矿和金属矿山冶炼废渣数量将不断增加，加之许多可利用的金属矿品位日益降低，为了满足矿产品日益增长的需求，选矿规模越来越大，因此产生的选矿尾矿数量也将大量增加。但是现在对于尾砂的综合利用情况还不是很好，现在尾砂库还是金属矿山周边不可缺少的"一道风景"。

2.2.2　煤矸石

1. 煤矸石的来源及分类

煤矸石是指煤矿在建井、开拓掘进、采煤或洗选过程中排放出的固体废弃物的总称，是一种在成煤过程中与煤层伴生的含碳量较低、比煤炭硬度较大的黑色、灰黑色的岩石。煤矸石一般石化程度较高，含有机质较低，可作为低热量值燃料和建筑材料加以利用，占原煤产量的 10%～20%。煤矸石来源主要有以下几个方面。

（1）岩石巷道掘进时产生的矸石，占矸石总量的 60%～70%，主要由泥岩、页岩、粉砂岩、砂岩、砾岩和石灰岩等组成。

（2）采煤过程中从顶底板或夹在煤层中的夹矸所产生的矸石，占煤矸石总量的 10%～30%。煤层顶底板中常见的岩石包括泥岩、页岩、黏土岩、砂岩及砂砾岩等；煤层夹矸一般由黏土岩、炭质泥岩、粉砂岩、砂岩等组成。

（3）洗选过程中产生的矸石，约占煤矸石总量的 5%，主要由煤层中的各种夹矸（如高岭石）、黏土岩、黄铁矿等组成。

由于各地矸石成分复杂、物理化学性能各异，不同煤矸石的利用途径对其化学成分及物理性能要求也不一样。因此，关于煤矸石的分类目前国内外尚无统一的方案。一般按煤矸石来源可将其分为选矸、煤巷矸、岩巷矸和剥离矸等；按自然存在状态可分为新鲜矸石（风化矸石）和自燃矸石，这两种矸石在内部结构上存在很大区别，其胶凝活性差异很大。新鲜矸石（风化矸石）是指经过堆放，在自然条件下经风吹、雨淋，块状结构分解为粉末状的煤矸石，活性很低或基本上没有活性。自燃矸石是指经过堆放，在一定条件下自行燃烧后的煤矸石，自燃矸石一般呈陶红色，又称红矸。自燃矸石中碳的含量大大减少，氧化硅和氧化铝的含量较新鲜矸石明显增加，与火山渣、浮石、粉煤灰等材料相似。

2. 煤矸石的矿物组成和物理化学性能

在煤形成过程中煤矸石作为一种与煤伴生、共存的岩石，是煤炭生产和加工过程中产生的固体废弃物。煤矸石来源包括采掘过程中从顶板、底板及夹层里采出的矸石，巷道掘进过程中的掘进矸石，以及选煤过程中挑出的洗选矸石。

煤矸石中矿物种类类似于煤，大多是结晶相，是由各种矿物所组成的复杂混合物，主要由黏土矿物（高岭石、伊利石、蒙脱石）、砂岩（石英）、碳酸盐（方解石、菱铁矿、白云石）、硫化物（黄铁矿）以及铝质岩（三水铝矿、一水软铝矿和一水硬铝矿）等组成。煤矸石的硬度在 3 左右，风化程度越高，其力学性能（抗压强度）越低。煤矸石的抗压强度范围为 300～4700 Pa。有研究表明粒径不小于 5 mm 的自燃煤矸石的松散密度在 1040～1090 kg/m^3 之间，筒压强度在 490～740 kN/m^2 之间，是良好的充填粗骨料。煤矸石的多孔性能决定了其吸水特性，自燃煤矸石比原生矸石具有更高的孔隙率，煤矸石的吸水率通常为 2.0%～6.0%，自燃煤矸石吸水率为 3%～11.6%。

煤矸石中无机物质主要为矿物质和水，通常以氧化硅和氧化铝为主，另外还有含量不等的 Fe_2O_3、CaO、MgO、SO_3、Na_2O 等。黏土类煤矸石主要是 SiO_2 和 Al_2O_3，SiO_2 含量在 40%～60%、Al_2O_3 含量在 15%～30%；砂岩类煤矸石 SiO_2 含量最高，一般可达 70%；铝质岩类 Al_2O_3 含量可达 40%左右，碳酸盐煤矸石 CaO含量可达 30%左右。氧化硅和氧化铝的比例是煤矸石中最为重要的因素，它将决定煤矸石的综合利用途径。铝硅比（Al_2O_3/SiO_2）大于 0.5 的煤矸石，其矿物成分以高岭石为主,有少量伊利石、石英,粒径较小,可塑性好,有膨胀现象,可作为制造高级陶瓷、煅烧高岭土及分子筛的原料。煤矸石中常见伴生元素及微量元素很多,除此之外还含有多种有害、有毒以及放射性元素,会对环境和人类健康造成危害。

1）煤矸石的物理性质

煤矸石的密度为 $2100 \sim 2900 \text{ kg/m}^3$,堆积密度为 $1200 \sim 1800 \text{ kg/m}^3$,自燃煤矸石堆积密度为 $900 \sim 1300 \text{ kg/m}^3$。相对来说,自燃煤矸石比未自燃煤矸石具有更多的孔隙,且孔隙结构十分复杂,孔径变化幅度较大。由于煤矸石中含有可燃的炭物质,因此自燃后往往留下较多的孔隙。煤矸石风化越严重,岩石的力学性能越差,反映其完整性、强度及坚硬程度就越低。煤矸石的物理性质如表 2-31 所示。

表 2-31　煤矸石的物理性质

项目	堆积密度/(t/m³)	相对密度	吸水率/%
指标	$1.2 \sim 1.8$	$2.1 \sim 2.7$	$2.0 \sim 6.0$

2）煤矸石的化学性质

由于煤矸石是成煤过程中的伴生物,存在于不同矿区和不同地层中,其形成条件和环境的不同,所生成的矸石矿物组成成分也多种多样。根据以往研究可知,煤矸石是由多种岩石组成的混合物,其主要由高岭石、蒙脱石、石英、黄铁矿、方解石等组成。其矿物来源主要有两种:一种是火山喷发而形成的岩浆岩,经风化、搬运而沉积,如石英、长石等;另一种是沼泽中部分矿物经化学及生物作用而形成的新矿物,如方解石、黄铁矿等。

煤矸石作为高浓度胶结充填料浆的骨料,其化学成分和矿物组成与充填料浆的流动性有着重要的关系,因此有必要对煤矸石的化学成分和矿物组成进行分析。

a. 化学成分

煤矸石的主要化学成分如表 2-32 所示。

表 2-32　煤矸石的主要化学成分

化学成分	SiO_2	Al_2O_3	Fe_2O_3	CaO	MgO	TiO_2	K_2O+Na_2O
含量/%	$30 \sim 65$	$16 \sim 36$	$2.3 \sim 14.6$	$0.4 \sim 2.3$	$0.4 \sim 2.4$	$0.9 \sim 4.0$	$1.5 \sim 3.9$

　　煤矸石的化学成分是评价煤矸石特性，并决定其使用途径的重要指标。煤矸石化学成分不稳定，不同地区的煤矸石化学成分变化较大，典型矿井矸石化学成分见表2-33。

表2-33　典型矿井矸石的化学成分(%)

矸石产地	CaO	Fe_2O_3	Al_2O_3	SiO_2	MgO
山东孙村煤矿	4.10	6.50	19.39	57.60	1.69
山东北宿矿	0.81	2.82	40.68	51.03	1.29
河北唐山矿	3.53	6.43	21.83	59.13	2.24
山东唐村煤矿	86.09	2.60	1.13	1.69	1.78

　　煤矸石大部分属于沉积岩类，包括黏土岩类、碳酸盐类、砂岩类等。不同的岩石种类所对应的煤矸石化学成分差异较大，如砂岩煤矸石的SiO_2含量相对较高，而铝质盐煤矸石用Al_2O_3含量则高达35%以上。

　　尽管各地的煤矸石化学成分不同，但绝大多数煤矸石除含有少量炭质外，无机物是以硅、铝两种元素为主，并以氧化物形式存在。另外，还有硫、铁、钙、镁、钠、磷、钛及一些微量元素，包括一些有毒元素，如Pb、As等。

　　采用HITACHIS-3500N型扫描电镜(SEM)(图2-7)对山西焦煤汾西集团新阳煤矿煤矸石样品进行能谱分析。

图2-7　HITACHIS-3500N型扫描电镜(SEM)

　　经能谱分析可知，该煤矸石样品主要由Si、Al、Ca、S、Fe、Ti、K等元素组成。煤矸石能谱半定量分析结果见表2-34。

表 2-34　煤矸石能谱半定量分析结果

化学成分	Al₂O₃	SiO₂	S	K₂O	CaO	TiO₂	Fe₂O₃
质量百分比/%	23.43	41.86	3.7	0.82	23.74	1.36	5.09

注：该能谱半定量分析结果未分析碳和水。如果分析碳和水，其他元素的分析数值要相应降低。

该煤矸石成分主要由 SiO_2、Al_2O_3、CaO 组成，另外含少量的 Fe_2O_3、S、TiO_2、K_2O 等。表明新阳煤矿煤矸石属于黏土岩类，而黏土岩类的矸石比较适宜作为高浓度胶结充填料浆的骨料。

b. 矿物组成

在煤矿，煤矸石作为惰性充填材料的应用也越来越广泛。煤矸石所包含的矿物成分主要有高岭土、蒙脱石、水云母、绿泥石和石英等，这些矿物质的含量随着煤矸石产地的不同相差也很大。利用 Ultima 型 XRD 来测定煤矸石的矿物组成，发现该煤矸石主要由高岭石、方解石、石英、黄铁矿、云母、白云石、磷灰石、水铝石等矿物组成。其中，矿物含量相对较大的有高岭石、方解石、石英、黄铁矿。

3. 煤矸石的活化途径

活性是综合反映煤矸石中活性组分在水或湿热养护条件下，与 CaO 作用能力的指标。胶凝活性则是指煤矸石与生石灰、水混合后，经过物理化学作用，将其他散装物料胶结为整体，并具备一定的机械强度的能力。由于煤矸石黏土矿物中的铝多以六配位为主，与硅结合紧密，结构稳定，致使煤矸石胶凝活性无法发挥，因此活化是煤矸石具备胶凝活性的必要条件。煤矸石中有活性的是 SiO_2 和 Al_2O_3，这就要求煤矸石中有裂解的或可裂解的 Si—O 四面体骨架，还有可以和 Si—O 四面体分离的 Al—O 四面体。煤矸石的活化途径主要有热活化、机械活化、化学活化等。热活化是利用高温使煤矸石微观结构中的各微粒产生剧烈的运动，脱去矿物中的结合水，使钙、镁、铁等阳离子重新选择填隙位置，从而使 Si—O 四面体和 Al—O 三角体无法聚合成长链，形成大量的活性 SiO_2 和 Al_2O_3。目前，热活化方法主要有直接煅烧和微波煅烧辐照两类。机械活化通常称为物理活化，是指通过将物料磨细从而提高活性的方法，通过机械粉磨使颗粒迅速细化，提高颗粒的比表面积，增大水化反应的界面。化学活化是指通过引入少量激发剂，使其破坏煤矸石表面的 Si—O 键和 Al—O 键并参与或加速煤矸石与水泥水化产物二次反应的活化方法。化学活化中激发剂应该具备两种作用：一是提供一种强极性环境，破坏煤矸石表面的 Si—O 键和 Al—O 键；二是能够参与反应，生成具有胶凝作用的物质。由于在膏体充填材料中，煤矸石只是被破碎到一定粒径，并没有其他工艺处理，因此煤矸石在膏体充填材料中只是起到骨料的作用。

4. 煤矸石对生态环境的影响

煤矸石是煤矿排放量最大的固体废弃物，也是我国工业固体废弃物中产量最大和占用面积最大的一种，占全国工业固体废弃物的 20% 以上。全国历年累计堆积量超过 4 Gt，年均排放量近 0.4 Gt。煤矸石的大量堆放，占用土地；矸石淋溶水污染周围土壤和地下水，影响生态环境；煤矸石发生自燃，排放的二氧化硫、氮氧化物、碳氧化物和烟尘等有害气体污染大气环境，影响矿区居民的身体健康；煤矸石中含有的重金属元素如 Cd、Cu、Ni、Sn、Hg、Mn、As、Cr、Pb、Zn 和非金属元素 F 等，对矿区环境有不同程度的影响。由于煤和煤矸石的难分解性，若不发生其他化学反应，一般不会对地下水造成二次污染。

5. 煤矸石的综合利用现状

1）煤矸石的用途

煤矸石综合利用一般指洗选矸石的利用，如代替部分燃料、炼铁、发电及烧锅炉、烧石灰、提取其他伴生矿物质；水泥原料、建筑材料代替部分黏土烧砖、混凝土轻骨料、石棉原料、化工产品参加剂制造结晶三氯化铝、制造水玻璃等。

2）煤矸石的利用现状

从 20 世纪 60 年代起，我国就开始了对煤矸石综合利用的研究工作。到 70 年代的中后期取得了一些研究成果，煤矸石的综合利用技术得到了较快的发展，主要集中在以下方面：一是将煤矸石作为低热值燃料，用于沸腾炉和煤矸石发电；二是将煤矸石作为原料用来生产建筑材料及其制品，如利用煤矸石烧砖、瓦、水泥熟料等。进入 20 世纪 80 年代后，我国政府积极推进资源的综合利用，采取了一系列的法律、法规、技术和必要的行政手段，支持和鼓励资源综合利用。1985 年国务院颁布了《关于开展资源综合利用若干重大问题的暂行规定》，把开展资源综合利用作为一项重大技术经济政策；1996 年《国务院批转国家经贸委等部门关于进一步开展资源综合利用意见的通知》，明确资源综合利用是我国国民经济和社会发展中的一项长期的战略方针；2005 年《国务院关于加快发展循环经济的若干意见》明确指出大力开展资源综合利用，最大限度实现废物资源化和再生资源回收利用。在国家政策的鼓励下，煤矸石应用领域不断拓宽，综合利用水平也不断提高，煤矸石发电和生产建材产品技术日趋成熟，一些关键技术不断解决，煤矸石高附加值利用途径不断开拓，技术水平日益提高。据统计，每洗选 0.1 Gt 精煤排放矸石量为 10～20 Mt。

根据国家统计局数据，2021 年，受国内下游需求加速增长和国际能源供求关系影响，我国原煤产量提升至 41.3 亿 t，同比增长 5.9%。根据《中国大宗工业固体废物综合利用产业发展报告》(2021～2022 年)测算的数据，2021 年煤矸石产生量约为 7.43 亿 t，增长 5.84%，增幅明显。我国现役煤炭矿井约 4700 处，单井平均规模达 110 万 t，各矿井产能相近，但产矸率差异较大，如山西省太原市与临汾市、河北省唐山市与邯郸市、安徽省淮北市等地多数矿井产矸率超 30%，而内蒙古鄂尔多斯市、陕西省榆林市等地新建矿井的产矸率低于 10%。同时，我国煤炭产区主要集中在山西、陕西、内蒙古、新疆，这些地区的煤矸石产量占全国总产量的 78.74%。我国主要产煤地区的原煤产量及煤矸石产量见表 2-35。

表 2-35　2021 年我国主要产煤地区的原煤产量及煤矸石产量表

序号	地区	原煤产量/万 t	煤矸石产量/万 t	同比增减/%	全国占比/%
1	山西省	119316.20	21476.916	10.50	29.32
2	内蒙古自治区	103869.10	18701.298	2.70	25.53
3	陕西省	69993.80	12598.884	2.70	17.20
4	新疆维吾尔自治区	31991.90	5758.542	18.30	7.86
5	贵州省	13120.00	2316.6	7.60	3.22
6	安徽省	11274.10	2029.338	1.70	2.77
7	河南省	9335.50	1680.39	−11.60	2.29
8	山东省	9312.00	1676.16	−16.00	2.29
9	宁夏回族自治区	8632.90	1553.992	5.90	2.12
10	黑龙江省	5974.90	1075.482	7.80	1.47

数据来源：《中国大宗工业固体废物综合利用产业发展报告》(2021～2022 年)。

2.2.3　生活及建筑垃圾再生骨料

1. 充填材料向城市垃圾和建筑垃圾发展

随着我国城市化进程加快、城市人口增加以及居民生活水平进一步提高，城市垃圾的生产量急剧增加。据 2007 年国家统计年鉴统计，我国城市垃圾的人均日产量为 1.2～1.4 kg，人均年产量为 440～500 kg。2020 年我国城市垃圾的年产量已经超过了 300 Mt，现有的 660 多座大、中型城市中，已有 200 多座处于垃圾的包围当中，而且垃圾的产量还在以 7%～9%的速度逐年增长。在城市中，垃圾堆积场所是环境的污染源，它们的存在不利于社会经济与生态环境的可持续发展，已经成为当前社会的公害之一，成为困扰城市社会经济发展的难题。并且随着城市化进程的不断加快，城市中建筑垃圾的产生和排出数量也在快速增长。人们在享受城市文明的同时也在遭受城市垃圾带来的烦恼，城市垃圾之中建筑垃圾占有相当大的比例，占垃圾总量的 30%～40%。据粗略统计，每万平方米建筑施工过程中，产生建筑废渣 500～1000 t，现在我国每年新竣工的建筑面积达到了 $2×10^9 m^2$，接近全球年建筑总量的一半，按此估算仅施工建筑垃圾每年就产生上亿吨，加上建筑装修、拆迁、建材工业所产生的建筑垃圾数量将达数亿吨。因此，建筑垃圾已经越来越受到人们的重视，如何处理和利用越来越多的建筑垃圾，已经成为各级政府部门和建筑垃圾产出处理单位所面临的一个重要课题。我国每年因采矿产生的采空区数以万计，将其充入采空区不失为一种有效的方式，但是城市垃圾和建筑垃圾组分不稳定，对地下水可能存在一定威胁，对此应加大研究力度，形成一套与之相配套的技术和设备，在安全处理城市垃圾和建筑垃圾的基础上实现采空区充填与环境保护结合起来是项关系到国计民生的大事。

2. 城市生活及建筑垃圾

1) 生活垃圾

生活垃圾的产生与人类发展息息相关，因无用或不需要而被弃置的生活垃圾是人类利用物质资源满足自身发展需要的伴生产物。《中华人民共和国固体废物污染环境防治法》第一百二十四条规定，生活垃圾是指在日常生活中或者为日常生活提供服务的活动中产生的固体废物以及法律、行政法规规定视为生活垃圾的固体废物。

根据《城市生活垃圾分类及其评价标准》的规定，我国生活垃圾可以分为可回收物、大件垃圾、可堆肥垃圾、可燃垃圾、有害垃圾、其他垃圾 6 类。可回收垃圾包括文字用纸、包装用纸和其他纸制品等纸类，废容器塑料和包装塑料等塑料制品，各种类别的废金属物品、玻璃、织物；大件垃圾是指体积较大、需要拆分再处理的废弃物，包括废旧家电和家具等；可堆肥垃圾是指垃圾中适宜制成肥料的物质，包括厨余垃圾和树枝花草等可堆沤植物类垃圾等；可燃垃圾包括植物类垃圾、不适宜回收的废纸类、废塑料橡胶、旧织物用品、废木等；有害垃圾是指垃圾中存在对人体健康或自然环境造成直接危害的物质，包括废油漆、废日用小电子产品、废日用化学品和过期药品、废灯管等；其他垃圾是指在垃圾分类中按要求进行分类以外的所有垃圾。

2) 建筑垃圾

建筑垃圾是指建设、施工单位或个人对各类建筑物、构筑物、管网等进行建设、铺设或拆除、修缮过程中所产生的渣土、弃土、弃料、余泥及其他废弃物。按照来源分类，建筑垃圾可分为土地开挖、道路开挖、旧建筑物拆除、建筑施工和建材生产垃圾 5 类，主要由渣土、碎石块、废砂浆、砖瓦碎块、混凝土块、沥青块、废塑料、废金属料、废竹木等组成。土地开挖产生的建筑垃圾，分为表层土和深层土。前者可用于种植，后者主要用于回填、造景等。道路开挖垃圾分为混凝土道路开挖和沥青道路开挖，包括废混凝土块、沥青混凝土块。旧建筑物拆除垃圾主要分为砖和石头、混凝土几类，数量巨大。建筑施工垃圾包括木材、塑料、石膏和灰浆、屋面废料、钢铁和非铁金属等，也可分为剩余混凝土、建筑碎料以及房屋装饰装修产生的废料。剩余混凝土是指工程中没有使用掉而多余出来的混凝土，也包括由于某种原因(如天气变化)而暂停施工而未及时使用的混凝土。建筑碎料包括凿除、抹灰等产生的旧混凝土、砂浆等矿物材料，以及木材、纸、金属和其他废料等类型。房屋装饰装修产生的废料主要有废钢筋、废铁丝和各种废钢配件、金属管线废料、废竹木、木屑、刨花、各种装饰材料的包装箱、包装袋、散落的砂浆和混凝土、碎砖和碎混凝土块、搬运过程中散落的黄砂、石子和块石等，其中主要成分为碎砖、混凝土砂浆、桩头、包装材料等，约占建筑施工垃圾总量的80%。

3. 生活及建筑垃圾的危害

人类对自然资源的开发和利用在规模和强度上不断扩大，消耗资源速度也在大大加快，一方面给社会带来了文明，提高了人们生活质量；另一方面也意味着加速了垃圾的增长，而垃圾是造成环境污染的重要原因之一，如果放任自流，疏于管理和处理，那就会造成公害，破坏生态环境，危及人们的健康。垃圾的危害大致有以下几方面：垃圾堆放不仅占用耕地，还污染土壤及农作物。由于垃圾中化学产品含量越来越高，填埋后数十年甚至上百年都不会降解，加上有毒成分和重金属含在其中，这些耕地也就失去了使用价值。垃圾经雨水渗沥污染地下水或进入地表水，造成水体污染，80%的流行病是因此传播的，且导致江河湖泊严重缺氧富营养化，近海赤潮。垃圾在腐化过程中，产生大量热能，主要是氨、甲烷和硫化氢等有害气体，浓度过高形成恶臭，严重污染大气，散发热量，从空中包围城市。垃圾会发生自燃、自爆现象，由于堆放垃圾发酵，产生甲烷气体爆炸。1994年7月中旬，上海杨浦区一艘120 t装垃圾船发生爆炸，造成甲板上3名职工受伤致残。塑料袋、塑料杯、泡沫塑料制品等白色污染是不易分解的，不仅降低市容市貌、环境卫生水平、诱害动物，还影响土壤结构，致使土质劣化，遏制农作物生长，使植物减产30%。失控的垃圾场几乎是所有微生物滋生的温床，包括病毒、细菌、支原体和蚊蝇、蟑螂等疾病传播媒体，啮齿类动物(如老鼠)也在其中大肆繁衍，传播疾病，给人类健康带来威胁。危险废物直接或间接危害人体健康，如废灯管、废油漆，特别是废电池，其中含有汞、镉、铅等重金属物质。汞具有强烈的毒性；铅能造成神经紊乱、肾炎等；镉主要造成肾、肝损伤以及骨疾——骨质疏松、软骨症及骨折，其放射性会致癌。

4. 生活及建筑垃圾的综合利用现状

1) 生活及建筑垃圾的用途

a. 生活垃圾的用途

垃圾是放错位置的资源,只要合理分类,可以实现资源化利用。

(1) 资源的循环利用。对于废纸、塑料、废旧金属等可以回收再生产,这样可以实现资源的循环利用,符合可持续发展的思想。

(2) 厨房垃圾,利用微生物分解垃圾中可堆腐有机物生产堆肥,其可用作燃料。2 t 垃圾燃烧所产生的热量,相当于 1 t 煤燃烧的能量,此时垃圾化身为可再生能源的聚宝盆。

b. 建筑垃圾的用途

据了解,建筑垃圾被集中回收后,通过建筑垃圾处理设备移动破碎站与砂石生产线、制砖机等处理后,完全能实现建筑垃圾的九大用途。

(1) 将建筑垃圾经过初步清理,分拣出可回收的钢筋和木材,再把砖石、水泥混凝土块破碎成骨料,经过筛分,除去杂质,形成一定粒径要求的建材原料。然后按级配设计要求在原料里添加水泥和粉煤灰等辅料,加入一部分水后进行搅拌,形成不同的建筑产品和道路建设产品,这些产品完全可以替代普通砂石料用于道路基层。

(2) 利用废砖瓦生产的再生骨料经过制砖机生成再生砖、砌块、墙板、地砖等建材制品,其中这些再生砖极具环保理念,包含地面材料生态透水砖、浇筑透水砖、透水路牙 3 种生态透水砖,被广泛用于广场、人行道、慢车道、露天广场、园林、护坡、护基、高速公路和立交桥等。

(3) 渣土可用于筑路施工、桩基填料、地基基础等。

(4) 对于废弃木材类建筑垃圾,尚未明显破坏的木材可以直接再用于重建建筑,破损严重的木质构件可作为木质再生板材的原材料或造纸等。

(5) 废弃路面沥青混合料可按适当比例直接用于再生沥青混凝土。

(6) 废弃道路混凝土可加工成再生骨料用于配制再生混凝土。

(7) 废钢材、废钢筋及其他废金属材料可直接再利用或回炉加工。

(8) 以建筑废弃物分选、粉碎后剩余的淤泥、石粉为原料,添加其他各种废弃物(主要包括污水处理厂的污泥,酒厂、食品厂的废渣)和泥炭土微量元素,按一定的质量比例,经混合搅拌而成建筑垃圾再生种植土,除具备天然土壤的特性外,还具有肥效高、透气好和保水强的特点。据介绍,经相关分析论证,再生种植土土壤特性达到并超越全国土壤标准,符合城市高产农田肥力要求。

(9) 废玻璃、废塑料、废陶瓷等建筑垃圾视情况区别利用。

2）生活及建筑垃圾的利用现状

a. 生活垃圾的利用现状

从表 2-36 中可以看出，随着中国城市生活垃圾无害化处理场（厂）数量的增加，垃圾清运量也随之增加。2019 年中国城市生活垃圾清运量达 24206 万吨，较 2018 年增加了 1404 万吨；2020 年中国城市生活垃圾清运量首次出现下滑，为 23512 万吨，较 2019 年减少了 694 万吨。随着城市生活垃圾的大量增加，使垃圾处理越来越困难，由此而来的环境污染等问题逐渐引起社会各界的广泛关注。我国要实现城市生活垃圾的产业化、资源化、减量化和无害化，就必须面对混合收集、可回收物质的含量和热值低，垃圾含水率和可生物降解的有机含量高的生活垃圾。针对这些问题，多种多样的回收技术也应运而生。未来将城市垃圾作为井下充填骨料也可作为一种垃圾处理的方式进行发展。

表 2-36　2014～2020 年来我国生活垃圾清运量和无害化处理能力

年份	2014	2015	2016	2017	2018	2019	2020
生活垃圾清运量/Mt	178.60	191.42	203.62	215.21	228.02	242.06	235.12
生活垃圾无害化处理能力/（Mt/d）	5.33	5.78	6.21	6.80	7.66	8.71	9.63

资料来源：国家统计局，生态环境部. 2020 年中国环境统计年鉴。2021 年 8 月获得。

b. 建筑垃圾的利用现状

随着城市建设步伐的日益加快，建筑垃圾的产生也越来越多。据有关资料介绍，对砖混结构、全现浇结构和框架结构等建筑物的施工材料损耗的粗略统计发现，每万平方米建筑的施工过程中，仅建筑废渣就会产生 500～600 t，若按此测算，我国仅每年施工建设所产生和排出的建筑废渣就有 40 Mt，因拆迁产生的建筑垃圾更难以统计。并且绝大部分建筑垃圾未经任何处理便被施工单位运往郊外或者乡村。采用露天堆放或者填埋的方式进行处理，耗用大量的征用土地费、垃圾清运费等费用，同时清运和堆放过程中的遗撒和粉尘、灰砂飞扬等问题又造成了严重的污染问题，成为城建中的一大公害。这些垃圾长期废弃填埋以致几年近郊已难觅可供填埋之地。

如果将建筑垃圾处理和煤矿充填开采复合成一个系统工程，则既可解决煤矿采空区沉陷及"三下"压煤的问题，又可以有效利用建筑垃圾，变"两害为一利"，从而实现社会、经济和环境效益"三赢"的目标。建筑垃圾再生骨料就是将建筑垃圾中的废弃混凝土、砖块等经过分选、破碎、清洗、分级等一系列工序，按一定比例与级配混合加工而成的再生骨料，这是建筑垃圾资源化利用的主要研究对象。建筑垃圾再生骨料的性能虽然与天然骨料有一定差异，但是经过与胶凝材料的优化，仍可用于建筑、煤矿矿井充填等行业，而且建筑垃圾再生骨料来源广泛、加工工艺简单、生产成本低，因此用煤矿周围的建筑垃圾作充填骨料进行煤矿充填开采是具有可行性的。

2.2.4 其他骨料

粗骨料的粒径通常大于尾砂及水泥，将其加入充填料中，可改善充填料浆的渗透性和流动性，提高充填体的强度。根据粗骨料的来源不同，可将充填粗骨料分为碎石、戈壁集料、棒磨砂、粒化高炉矿渣、风砂、冲积砂等。

1. 碎石

矿山充填用碎石一般来源于地表剥离废石、井下掘进废石及回采过程中的剔除废石，根据国内外膏体泵送充填试验和实际生产应用情况，碎石骨料的粒度一般在 25 mm 以下。

2. 戈壁集料与棒磨砂

戈壁集料为在漫长地质作用下的产物，是一种砂与卵石的复合体，广泛分布于我国西北地区的戈壁滩上。戈壁集料中卵石基本呈椭圆、圆形，比碎石有更好的流动性，因此在客观条件允许时应被足够重视。但天然戈壁集料的粒级分布范围较大，含泥量高，在使用之前需要进行破碎、筛分、水洗等工艺预处理。棒磨砂是将戈壁集料经过破碎、棒磨加工成粒级组成符合矿山充填要求的充填骨料，由于其加工方法较为简单，受到许多矿山的青睐。

3. 粒化高炉矿渣

粒化高炉矿渣是炼铁过程中排放的固体废弃物。高炉炼铁时，除铁矿石及焦炭外，还需加入相当数量的石灰石或白云石。在高温下，石灰石或白云石分解所得的 CaO 或 MgO 与铁矿石中的杂质成分(主要为 SiO_2)，以及焦炭中的灰分相互熔化在一起，生成的主要矿物为硅酸钙(或硅酸镁)、硅铝酸钙(或硅铝酸镁)的熔融体。其密度为 2.3~2.8 g/cm^3，远较铁水轻，因而浮在铁水上面，并从炼铁炉排渣口排出。经水急冷处理而形成的松散颗粒，又称水淬渣或水渣。

急冷的水淬渣则主要由玻璃体组成，其中有硅酸二钙(C_2S)、硅铝酸二钙(C_2AS)等潜在水硬性矿物，可以通过粉磨利用其潜在活性来取代部分水泥；而未磨细的水淬渣不具备水硬活性，基本上只可作为一种粗骨料，来改善浆体的流动性能或充填体强度。

4. 风砂、冲积砂

风砂是自然采集到的天然细砂，如在沙漠地区，它是一种理想的充填材料，其颗粒呈圆球状，成分 90%为石英砂。冲积砂是古河床中形成的细砂，也可作为充填骨料。此外，还有河砂、湖砂、海砂等均可作为充填骨料。

粗骨料的粒级组成和化学成分对胶结充填料的强度指标、工作特性和工艺过程的影响程度很大。下面分别列举甘肃某镍矿、湖北某铜铁矿、新疆某铜镍矿三个国内典型粗骨料膏体充填矿山的粗骨料粒级组成和化学成分情况，供读者参考。

甘肃某镍矿以棒磨砂作为主要的充填骨料，同时也常用冲积砂或风砂作为补充，三种粗骨料的粒级组成见表 2-37，化学成分见表 2-38。从表 2-37 可以看出，作为主要充填骨料的棒磨砂平均粒径达到 0.62 mm，属于较粗的骨料，其颗粒以 0.35 mm 左右最多，0.63 mm 和 0.154 mm 次之，这三种粒径的总量占棒磨砂总量的大部分，粒径分布较平均。几乎没有 0.074 mm 以下的颗粒，说明没有过磨的情况出现。作为补充骨料的冲积砂，粒级组成与棒磨砂类似，但含有微量 0.074 mm 的细颗粒。而风砂相对棒磨砂和冲积砂粒径较细。如表 2-38 所示，风砂以 SiO_2 为主，且在三种材料中 SiO_2 含量较高，属于良好的惰性材料；而冲击砂中的 SiO_2 含量比冲积砂略少，棒磨砂 SiO_2 的含量又少于冲积砂。

表 2-37　甘肃某镍矿粗骨料的粒级组成

粗骨料	粒径与产率				粒级组成				平均粒径/mm
	粒径/mm	+2.5	1.25~2.5	0.63~1.25	0.35~0.63	0.154~0.35	0.074~0.154	−0.074	
−3mm 棒磨砂	分计筛余/%	3.71	7.75	21.40	26.21	23.85	10.72		0.62
	累计筛余/%	3.71	11.46	32.86	59.07	82.92	93.64		
	粒径/mm	2.5	1.25	0.63	0.35	0.154	0.074	−0.074	
冲积砂	分计筛余/%	3.8	12.4	22.6	25.8	25.8	3.8	5.8	0.72
	累计筛余/%	3.8	16.2	38.8	64.6	90.4	94.2	100.0	
	粒径/mm	+0.63	0.355~0.63	0.196~0.355	0.152~0.196	0.121~0.152	0.08~0.121	0.08	
风砂	分计筛余/%	0.72	6.92	35.46	14.52	25.19	15.19	1.28	0.213
	累计筛余/%	0.72	7.64	43.10	57.62	82.81	98.72	100.0	

表 2-38　甘肃某镍矿粗骨料的化学成分

充填材料	SiO_2	MgO	Al_2O_3	Fe_2O_3	CaO	BaO	Cr
−3mm 棒磨砂/%	63.6	3.68	—	3.44	1.39	0.013	0.132
冲积砂/%	83.47	1.17	—	—	2.29	—	—
风砂/%	91.90	1.10	2.13	2.43	2.44	—	—

湖北某铜铁矿膏体充填系统采用露天矿废石堆场的大理岩，经破碎后的粒度见表 2-39。从表 2-39 可以看出，碎石的粒径最大达到 15 mm，属于较粗的骨料，其颗粒以+9～−15 mm 为最多，达 17%，碎石在破碎过程中产生了细粒的颗粒，但由于其含量较少，一般不会对充填体强度造成太大影响。

表 2-39   湖北某铜铁矿碎石粒度组成表

粒级/mm	产率/%	筛上累计/%	筛下累计/%
+20	20.73		100.00
+15～−20	21.34	42.07	79.27
+9～−15	17.13	59.20	57.93
+5～−9	10.22	69.42	40.80
+1.2～−5	17.16	86.58	30.58
+0.1～−1.2	11.14	97.72	13.42
+0.074～−0.1	0.22	97.94	2.28
−0.074	2.06	100.00	

新疆某铜镍矿充填用戈壁集料作为粗骨料，其粒级组成见表 2-40。从表 2-40 可以看出，该铜镍矿充填用戈壁集料粒径非常大，最大达 25 mm，如此大的颗粒在低浓度砂浆中易造成沉降堆积，从而发生堵管现象。因此，该矿山必须采用膏体充填方式实现粗粒级戈壁集料在膏体中的悬浮，避免膏体分层现象。

表 2-40   新疆某铜镍矿戈壁集料粒级组成

粒级/mm	产率/%	累计/%
+14～−25	6.75	6.75
+10～−14	8.02	14.77
+5～−10	13.22	27.99
+2.5～−5	20.67	48.66
+0.63～−2.5	19.89	68.55
+0.20～−0.63	20.00	88.55
−0.20	11.45	100.00

5. 废石

矿山废石是矿床开采过程中排放的主要固体废物源之一，主要有井下掘进废石、回采过程中的剔除废石以及露天采场剥离废石。根据开采工艺不同，其废石的产出率差别很大。露天开采的剥离废石产出率高，地下开采的采掘废石产出率较低。一般条件下的地下开采，采掘废石产出量为采出矿石量的 10%～20%，只是在极少数矿山，其采掘废石的产量达到采出矿石量的 50% 左右。故井下采掘废石只能作为充填料来源之一，不能完全满足充填量的要求。另外也表明，井下采掘废石可以通过矿山充填全部消耗，可以不需要外排地表。

每座矿山的岩石类型存在差异，产生的废石的性质也就不一样。废石料的粒级组成、矿物组分、物理特性和力学特性等性质，对充填料的工作特性和强度特性有一定的影响。

1）粒级组成

废石以一定粒径的散体形态被用作矿山充填的集料，其粒度组成反映了废石集料的级配特性。这种特性既取决于岩体的节理裂隙等构造特性和岩石的力学强度等指标，还与废石集料的产生过程及其加工制造工艺有十分重要的关系。对于掘进废石的自然级配，将取决于岩体构造特性与凿岩爆破工艺及其爆破参数；对于破碎废石的自然级配，则主要取决于岩石的力学特性与破碎工艺流程。

废石集料的粒度组成可采用四分法取样进行筛分测定。一般将试样拌匀后按四分法取 50 kg，在 105～119℃ 温度下烘干至恒重，将其冷却至室温时进行筛分。5 mm 以上的集料采用 $\phi500$ mm 金属筛，5 mm 以下的集料采用 $\phi200$ mm 的振动筛。然后对不同粒径段的筛余量或筛下量按重量进行分计和累计。

废石集料的级配特性对胶结充填体的强度指标、工作特性和工艺过程的相关影响程度很大。一般情况下，废石的粒度组成比废石的矿物组分含量、物理性能和力学指标等因素对胶结充填体的相关影响更为显著。

2）物化特性

废石的化学特性主要指岩石的矿物组分及化学成分，属岩石自身固有属性，可以采用矿物分析与元素分析的常用方法进行测定。

废石的物理特性包括密度、废石集料的堆积密度、孔隙率和吸水率等。废石密度为固有属性，废石集料的其他物理特性与其产生工艺有关。

（1）废石密度。废石密度是指单位体积废石的质量，可采用容器法测定。测定废石密度时，将被测废石破碎至 0.25 mm，置于 105～110℃ 温度下烘干至恒重，取一定量的干试样置于一定容积的容器中进行测试。根据相关测试值按式 (2-6) 计算密度，取 3 次测试结果的平均值作为测定值。

$$\rho = \frac{m_1}{m_1 + m_2 - m_3} \rho_0 \qquad (2\text{-}6)$$

式中，ρ 为废石密度，g/cm³；m_1 为废石试样质量，g；m_2 为容器中注满水的总质量，g；m_3 为在容器中装入废石试样后注满水的总质量，g；ρ_0 为水的密度，g/cm³。

（2）堆积密度和实堆积密度。堆积密度和实堆积密度属于废石集料的特性。堆积密度是废石集料包括颗粒内外孔隙及颗粒间空隙的松散集粒堆积体的平均密度，用废石总质量除以处于自然堆积状态的废石总体积求得。测定废石堆积密度时，将烘干的废石装满一定容积的容器，称出总质量减去容器的质量后为废石的净重。按式(2-7)计算出净重与容器容积之比即为堆积密度。取 3 次试验结果的平均值作为测定值。

实堆积密度包括废石颗粒内外孔及颗粒间空隙的经振实的废石堆积体的平均密度。实堆积密度的测试方法与堆积密度的测试方法相同，只是往容器中装入废石集料时需按 3 次装入，并按规定振动，直至装满为止。

$$\rho_v(\rho_s) = \frac{m_2 - m_1}{V} \tag{2-7}$$

式中，$\rho_v(\rho_s)$ 为废石堆积密度(实堆积密度)，g/cm³；m_1 为容器质量，g；m_2 为容器与干试样质量，g；V 为容器体积，cm³。

（3）孔隙率。废石孔隙率可根据测得的密度和堆积密度按式(2-8)计算：

$$q = \left(1 - \frac{\rho_v}{\rho}\right) \times 100\% \tag{2-8}$$

式中，q 为废石孔隙率，%；ρ_v 为废石的堆积密度，g/cm³；ρ 为废石密度，g/cm³。

（4）吸水率。废石吸水率是试样自由吸入水的质量与废石干质量之比，由式(2-9)计算：

$$K_w = \frac{m_2 - m_1}{m_1} \times 100\% \tag{2-9}$$

式中，K_w 为废石吸水率，%；m_2 为试样浸泡 12 h 后，在空气中的质量，g；m_1 为试样在 105～119℃温度下烘干至恒重的质量，g。

废石的物理化学特性参数对胶结充填的工艺与充填体质量有较大影响，采用废石作为充填集料时，要求测定以上这些特性参数(表 2-41～表 2-43)。

表 2-41　几种废石的主要矿物成分含量(%)

岩石名称	CaO	MgO	SiO$_2$	Al$_2$O$_3$
花岗闪长斑岩	6.78	1.69	58.55	12.01
白云质大理岩	19.98	3.06	30.84	7.46

表 2-42　几种废石的主要元素含量(%)

岩石名称	Cu	Fe	S	Mo	Zn	Pb	As
花岗闪长斑岩	0.16	4.05	1.73	0.019	0.083	0.030	0.11
白云质大理岩	0.23	4.34	2.19	0.013	0.14	0.022	0.13

表 2-43　几种废石的密度、堆积密度、孔隙率、吸水率

试样名称	密度/(g/cm^3)	堆积密度/(g/cm^3)	实堆积密度/(g/cm^3)	孔隙率/%	吸水率/%
花岗闪长斑岩	2.75	1.50	1.81	45.43	
白云质大理岩	2.85	1.71	2.00	40.32	
混合料	2.56	1.65	1.85	36.68	2.89

3）力学特性

废石的力学特性包括岩石试块的单轴抗压强度、抗拉强度、弹性模量、泊松比、内摩擦角、内聚力等(表 2-44)。不同岩石类型具有不同的性能指标。由于岩石成因条件和相关影响条件的不同，因而即使是同种岩石类型，其力学指标仍有较大的变化区间。因此，针对每个矿床的岩石均需要进行取样试验，尤其是单轴抗压强度指标对充填体的质量影响较大，必须获得实际的试验参数。

表 2-44　几种岩石试块的力学特性

岩石类型	抗压强度/MPa	抗拉强度/MPa	弹性模量/MPa	泊松比	内摩擦角/(°)	内聚力/MPa
花岗岩	98～245	7～25	$(50～100)×10^3$	0.2～0.3	45～60	15～16
石英岩	150～340	10～30	$(60～200)×10^3$	0.1～0.25	50～60	20～60
大理岩	100～250	10～30	$(10～90)×10^3$	0.2～0.35	35～50	15～30
砂岩	20～200	4～25	$(10～100)×10^3$	0.2～0.3	15～30	3～20
石灰岩	50～200	5～20	$(50～100)×10^3$	0.2～0.35	35～50	20～50
白云岩	80～250	15～25	$(40～80)×10^3$	0.2～0.35	15～30	3～20
页岩	10～100	2～10	$(20～76)×10^3$	0.2～0.4	15～30	3～20

参 考 文 献

陈云嫩, 王海宁. 2002. 烟气脱硫石膏的利用新途径. 矿业安全与环保, 29(3): 2.

高泉. 1995. 高浓度全尾砂胶结充填料胶结机理研究. 矿业研究与开发, 15(2): 1-4.

刘同有, 等. 2001. 充填采矿技术与应用. 北京: 冶金工业出版社.

饶运章, 邓飞, 赵奎, 等. 1999. 低廉充填胶凝材料的开发与应用研究. 南方冶金学院学报, 20(4): 6.

沈旦申, 吴正严. 1987. 现代混凝土设计. 上海: 上海科学技术文献出版社.

王新明, 等. 1998. 柿竹园有色金属矿充填料和胶凝材料试验研究. 长沙: 中南大学.

肖国清, 等. 1994. 诸暨金矿胶结充填采矿法试验研究报告. 长沙: 长沙矿山研究院.

姚中亮, 等. 2003. 矿渣充填材料试验报告. 长沙: 长沙矿山研究院.

姚中亮, 等. 2006. 结构流全尾砂胶结充填及无间柱分层充填采矿法. 长沙: 长沙矿山研究院.

尹慰农, 等. 1990. 凡口铅锌矿全尾砂胶结充填试验研究报告(成果鉴定报告). 长沙: 长沙矿山研究院.

周爱民. 2004. 基于工业生态学的矿山充填模式与技术. 长沙: 中南大学.

周爱民. 1998. 碎石水泥浆胶结充填料直淋混合工艺与参数. 中国有色金属学报, 8(3): 529-534.

周爱民, 等. 1990. 奥地利与德国充填采矿技术. 长沙: 长沙矿山研究院.

周爱民, 等. 1996. 丰山铜矿分段碎石胶结充填采矿法试验研究报告. 长沙: 长沙矿山研究院.

周爱民, 等. 2000. 铜绿山铜矿露天与地下联合开采技术研究. 长沙: 长沙矿山研究院.

周爱民, 等. 2001. 高效低耗胶结充填技术. 长沙: 长沙矿山研究院.

Farsangi P, Hara A. 1993. Consolidated rockfill design and quality control at Kidd Creek Mines. CIM Bulletin, 973: 68-74.

Farsangi P, Hayward A, Hassani F. 1996. Consolidated rockfill optimization at Kidd Creek Mines. CIM Bulletin, 1001: 129-134.

Gaul T, Hoppe E. 1987. Schwerspatgrube Dreislar-Die Entwicklung einer kleinen Ganglagerstatte zu einem modemen, leistungsfahigen Bergwerk. Erametall, (5): 225-231.

第3章

矿井充填胶结材料配合比设计与早期性能

膏体材料的配比是决定充填质量的首要因素，在合理选材的基础上调整粗、细粒级物料的含量，使膏体的性能达到最佳。经过优化后的膏体配比不仅可以保证膏体的稳定性和扩展性，同时能够满足采矿工艺的要求，使充填成本达到最低。

膏体充填材料由于具有真实的黏聚力，其强度特性主要是指抗压强度，特别是单轴抗压强度特性。实验室大量研究表明，膏体充填体其有如下强度特性：①早期强度高，固结速度快；②具有一定的强度再生性能；③弹性模量较高；④塑性强化特性明显。

膏体充填体的这些特性，对工作面顶板和隔水层稳定性的控制非常有利。在满足一定强度要求的情况下，还有一个塑性流变的过程，可以充分利用膏体充填体的这个性能，在具体的膏体充填开采设计中适当降低对充填材料的强度要求，不但能有效地控制开采沉陷，而且还降低了充填材料的成本，从而取得更好的经济效益。

常用研究方法涉及两个方面：基本物化特性和微观分析。

1）基本物化特性

（1）密度和比表面积分别依照 GB/T 208－1994《水泥密度测定方法》和 GB 8074－1987《水泥比表面积测定方法(勃氏法)》的标准进行。

（2）粒径/细度分析按照《水泥颗粒级配测定方法　激光法》(JC/T 721－2006)测定，采用欧美克激光粒度分析仪[型号为 LS-C(IIA)型]进行粒径测试；采用水泥细度负压筛析仪(型号为 FSY-150B 型)按照《粉煤灰混凝土应用技术规范》进行细度测试。

（3）固硫灰渣吸水率和坚固性及破碎煤矸石的筛分分析、表观密度、堆积密度依照 JGJ 52－2006《普通混凝土用砂、石质量及检验方法标准》标准进行。

（4）标准稠度用水量、安定性(雷氏法)依照 GB/T 1346－2011《水泥标准稠度用水量、凝结时间、安定性检验方法》进行测定。

（5）混凝土新拌浆体。CLSM 的坍落度、扩展度及泌水率的测试按照 GB/T 50080－2016《普通混凝土拌合物性能试验方法标准》进行。

（6）混凝土强度。CLSM 的抗压强度的测试按照 GB/T 50081－2002《普通混凝土力学性能试验方法标准》进行。

2）微观分析

（1）颗粒形貌。采用仪器为扫描电镜。

（2）矿物组成。采用仪器为全自动 X 射线衍射仪(XRD)。

3.1　配合比设计方法和原则

3.1.1　配合比设计方法

废石胶结充填料配合的目标是以尽可能低的成本获得满足采矿工艺要求的最佳工作特性和力学性能指标。混凝土配合设计的经典理论，如富勒与保罗米的理想级配理论和魏莫斯的粒子干扰学说，均从物料的粒度和级配出发，以获得最大的堆积密度、最小的孔隙率和最大的强度值为目标。长沙矿山研究院采用自然级配的废石集料作为试样，开展了一系列废石充填材料的试验与研究，揭示出自然级配废石胶结充填料的集料级配与力学强度之间的一些相关规律。废石胶结充填集料的级配可以借鉴这些经典的混凝土级配理论和废石胶结充填材料试验所取得的一般规律。

3.1.2　配合比设计原则

膏体材料的配比是决定充填质量的首要因素，在合理选材的基础上调整粗、细粒级物料的含量，使膏体的性能达到最佳。经过优化后的膏体配比不仅可以保证膏体的稳定性和流动性，同时能够满足采矿工艺的要求，使充填成本达到最低。

3.2　矿井充填胶结材料的工作性能

充填技术和工艺在国内外矿山中的应用已比较成熟，取得了大量的研究成果，但是，随着选矿工艺技术的进步，尾矿粒径越来越细，细粒径尾砂占的比重越来越大，不同级配的尾砂，胶结充填材料的力学性质不同，输送特性也存在较大差异。充填材料是进行矿山充填的基本材料，其数量、质量、组成成分以及粒径级配对充填料浆的输送、充填体的形成以及矿山的生产、安全和经济效益的影响极大。因此，细粒级含量丰富的胶结材料在充填过程中所产生的脱水、输送和强度等问题已成为国内外研究的重点。本章通过室内实验，测定不同矿山尾砂的粒径级配、沉降特性指标、流变特性指标、强度指标以及物质组成成分，并分析其各参数间的相关性，最后通过正交试验，研究龄期、料浆浓度及灰砂配比三因素对充填体强度的影响，揭示各因素对其强度影响程度。

3.2.1　充填胶结材料拌合物的工作性能

料浆的扩展性能和稳定性是能否自流输送的重要影响因素，良好的扩展性和稳定性是料浆在管道输送中不沉降、不离析、不脱水的重要保障和前提。在输送过程中，往往由于料浆发生沉降而发生堵管，导致管道输送故障；采场料浆离析而泌水，会对充填体强度造成影响。表征料浆扩展性的指标有坍落度和稠度；表征料浆稳定性的指标有泌水率和分层度。

3.2.2　固废粉体对充填胶结材料工作性能的影响

1. 实验使用的原材料

1）水泥

实验使用的水泥是北京金隅集团生产的 P·O42.5 型普通硅酸盐水泥，其化学组成和矿物组成如表 3-1 所示，其物理性能如表 3-2 所示。

表 3-1　水泥的化学组成和矿物组成（wt%）

CaO	SiO_2	Al_2O_3	MgO	Fe_2O_3	TiO_2	SO_3	烧失量	C_3S	C_2S	C_3A	C_4AF	R_2O
59.65	20.2	7.83	3.41	3.46	0.4	2.25	1.65	47.06	23.19	8.87	10.46	0.76

表 3-2　水泥的物理性能性能

凝结时间/min		抗压强度/MPa		抗折强度/MPa		细度/%(80 μm)	安定性（雷氏法）	标准稠度用水量/%
初凝	终凝	3 d	28 d	3 d	28 d			
180	320	19.6	54.3	5.2	8.1	2.8	合格	27.8

2）粉煤灰

试验所用的粉煤灰是内蒙古某电厂生产的活化 II 级粉煤灰。粉煤灰的化学组成如表 3-3 所示，它们的粒径分布和颗粒形貌分别如图 3-1 和图 3-2、表 3-4 所示。

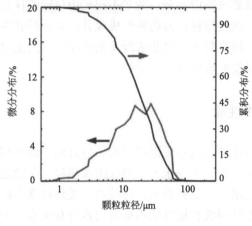

图 3-1　粒径分布　　　　　　　图 3-2　粉煤灰的 SEM

表3-3　粉煤灰的化学组成（wt%）

材料名称	SiO$_2$	Al$_2$O$_3$	Fe$_2$O$_3$	CaO	MgO	SO$_3$	烧失量
FA	52.78	31.79	4.37	1.89	1.39	1.47	5.89

表3-4　粉煤灰的粒径分布

材料名称	粒径/μm	<3	3～32	32～65	≥65	D_{50}
FA	百分比/%	5.87	76.36	17.74	0.03	15.81

3）煤矸石

实验所使用煤矸石为河北某煤矸石发电厂生产的原状矸石，煤矸石经过二级颚式破碎，最终破碎为最大粒径<15 mm 的矸石颗粒。煤矸石在 CLSM 中作为骨料使用。对破碎后的煤矸石进行了筛分分析，发现破碎后的煤矸石中>4.75 mm 的颗粒含量仅为 27.8%。进一步对<4.75 mm 的颗粒进行筛分分析，发现在<4.75 mm 的破碎煤矸石中，粒径<0.15 mm 的颗粒含量达到了 17.8%。煤矸石的化学组成如表 3-5 所示，其筛分实验及结果如表 3-6 所示。

表3-5　煤矸石的化学组成

元素	Si	Al	K	Fe	Ca	Na	Mg	S$_x$	Ti	Ba	Sr	Mn
质量百分比/%	61.84	12.2	10.93	6.35	3.36	2.2	0.828	0.622	0.555	0.281	0.145	0.141

表 3-6　煤矸石砂的筛分分析表

名称	筛径/cm							总计	细度模数
	4.75	2.36	11.8	0.60	0.30	0.15	筛底		
筛余质量/g	0.00	17.9	97	101	102	117	129	734	2.81
累计筛余/%	0.00	24.39	37.61	52.60	65.50	82.44	17.6	281.11	
筛余质量/g	0.00	173	93	109	104	113	130	272	2..79
累计筛余/%	0.00	23.96	36.84	51.94	6.34	81.99	18	279.07	
筛余质量/g	0.00	171	94	141	101	115	123	718	2.80
累计筛余/%	0.00	23.82	36.91	52.79	66.86	82.88	17.13	280.39	
筛余质量/g	0.00	175	92	108	98	141	137	724	2.78
累计筛余/%	0.00	24.17	36.88	51.80	65.34	81.09	18.92	278.2	
筛余质量/g	0.00	172	98	105	103	119	124	171	2.80
累计筛余/%	0.00	23.86	37.45	52.01	66.30	82.80	17.20	279.62	

4）尾砂

实验所使用尾砂经过二级颚式破碎，最终破碎为最大粒径<15 cm 的尾砂颗粒。尾砂在 CLSM 中作为骨料使用。对破碎后的尾砂进行了筛分分析，尾砂的化学组成如表 3-7 所示，其筛分实验及结果如表 3-8 所示。

表3-7　尾砂石的化学组成

元素	Si	Al	K	Fe	Ca	Na	Mg	Sx	Ti	Ba	Sr	Mn
质量百分比/%	61.84	12.2	10.93	6.35	3.36	2.2	0.828	0.622	0.555	0.281	0.145	0.141

表 3-8　尾砂的筛分表

粒级/cm	>4.75	2.36~4.75	1.18~2.36	0.6~1.18	0.3~0.6	0.15~0.3	<0.15
含量/%	18.60	13.82	11.10	7.01	11.89	14.97	22.61

5）赤泥

国内主要采用烧结法、联合法生产氧化铝。以铝土矿、石灰石、碱粉等为原料，根据其化学成分含量的相关要求进行配料、磨细，在回转窑中经 1200～1300℃的高温煅烧。烧制成的铝氧熟料经过再次磨细，然后用稀碱溶液浸出有用成分 Na_2O 及 Al_2O_3，剩余物质则形成固相赤泥废物排放。

烧结法工艺流程中，根据铝土矿铝硅比的不同，每生产 1 t 氧化铝，约产生 1.5～1.8 t 赤泥。赤泥经多次洗涤及过滤后，以浆状排至赤泥堆场。赤泥的排放对自然环境的污染已越来越严重，但目前一直没有大宗量处理的技术方案。

由于氧化铝的生产原料和生产工艺使得赤泥具有潜在活性，因而可以被加工成矿山胶结充填材料。可见赤泥被利用的优势在于其潜在胶凝作用，因此对矿山充填产生影响的主要特性是其化学成分和粒度组成，其中化学成分是主要影响因素。

试验所用的赤泥是河北某铁厂生产的赤泥。赤泥的化学组成如表 3-9 所示，赤泥在 CLSM 中作为惰性组分使用。赤泥中主要化学成分为 SiO_2、CaO、Al_2O_3 及 Fe_2O_3。经对样品赤泥进行分析，四种成分之和的总含量达 80%以上。经电镜扫描及 X 射线衍射分析(图 3-3)表明，在这四种组分中，又以 β-$2CaO \cdot SiO_2$(β-C_2S)、$4CaO \cdot Al_2O_3$、Fe_2O_3(C_4AF)及类水钙石 $CaO \cdot SiO_2 \cdot H_2O$(1,2)($C \cdot S \cdot H$)等主要矿物形态存在。$\beta$-$C_2S$ 属水硬性胶凝矿物，由于 β-C_2S 颗粒不仅被 $C \cdot S \cdot H$ 水化物所覆盖，而且形成了大量的水化物片状薄膜，从而极大地降低了 β-C_2S 与接触液面的反应速度，反应分子的渗透扩散十分缓慢，因而使赤泥的外在属性和火山灰质材料相近，自身仅具有微弱的或几乎不具有水化活性。

表3-9　赤泥的化学组成

元素	Fe_2O_3	Al_2O_3	SiO_2	Na_2O	TiO_2	CaO	SO_3	Cl	P_2O_5	K_2O	MgO
质量百分比/%	47.712	18.443	14.493	9.339	5.269	2.993	0.77	0.23	0.217	0.153	0.144

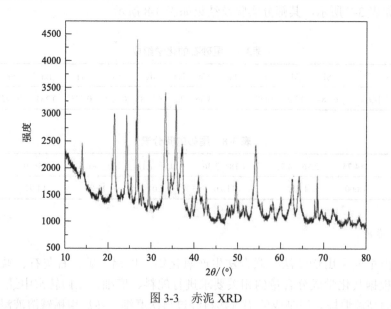

图 3-3　赤泥 XRD

2. 矿井充填专用外加剂

试验所用的外加剂由以下几种试剂复配而得。

减水剂：山西省太原市红宇化工有限公司生产的木质素磺酸钠减水剂；悬浮剂：石家庄康路纤维素有限公司生产的羟丙基甲基纤维素(HPMC)；调凝剂：氯化钠(工业级)，促凝剂 A(工业级)，促凝剂 B(工业级)。

3. 固硫灰的掺量对 CLSM 性能的影响

本节在水胶比为 0.6、胶集比为 0.8、总胶凝材料不变、水泥用量为总胶凝材料 25%条件下，研究不同掺量固硫灰(即固硫灰占 FA 和固硫灰总质量百分比)对 CLSM 材料工作性能和硬化性能的影响，实验配合比如表 3-10 所示，实验结果如表 3-11 和表 3-12 所示。

表 3-10　固硫灰掺量变化配合比表

No.	水胶比	胶集比	m(FA)：m(CFB)	水泥/kg	粉煤灰/kg	固硫灰/kg	矸石/kg >0.6 cm	矸石/kg <0.6 cm	水/kg	外加剂/g	容重/(kg/m³)
16	0.6	0.8	1：0	3	9	0	13.5	1.5	7.2	60	1980
17	0.6	0.8	4：1	3	7.2	1.8	13.5	1.5	7.2	60	1980
18	0.6	0.8	3：2	3	5.4	3.6	13.5	1.5	7.2	60	1980
19	0.6	0.8	2：3	3	3.6	5.4	13.5	1.5	7.2	60	1980
20	0.6	0.8	1：4	3	1.8	7.2	13.5	1.5	7.2	60	1980
21	0.6	0.8	0：1	3	0	9	13.5	1.5	7.2	60	1980

表 3-11　固硫灰掺量对 CLSM 的工作性能影响结果

No.	坍落度/cm 30 s	坍落度/cm 30 min	坍落度/cm 60 min	扩展度/cm	泌水率/%	含气量/%	离析
16	265	260	255	575	1.7	3.3	轻微
17	260	250	245	560	1.61	3.1	严重
18	250	245	235	540	1.52	2.8	轻微
19	245	240	230	525	1.43	2.4	无
20	215	200	190	450	1.32	2.02	无
21	100	80	70	240	1.24	1.5	无

表 3-12　固硫灰掺量对 CLSM 的硬化性能影响结果

No.	抗压强度/MPa 3 d	抗压强度/MPa 28 d	孔隙率/%	膨胀率/% 3 d	膨胀率/% 7 d	膨胀率/% 14 d	膨胀率/% 28 d	膨胀率/% 56 d
16	2.45	7.98	15.82	0.0027	0.0064	0.0114	0.0141	0.0166
17	2.78	8.05	12.13	0.0025	0.0055	0.0089	0.0124	0.0137
18	3.21	8.11	9.28	0.0030	0.0057	0.0098	0.0131	0.0151

续表

No.	抗压强度/MPa		孔隙率/%	膨胀率/%				
	3 d	28 d		3 d	7 d	14 d	28 d	56 d
19	4.02	8.26	8.89	0.0023	0.0065	0.0146	0.0173	0.0183
20	3.43	8.18	9.16	0.0041	0.0092	0.0189	0.0235	0.0261
21	2.96	7.58	15.69	0.0068	0.0196	0.0283	0.0334	0.0352

1）坍落度和扩展度

图 3-4 表明，在总胶凝材料用量、水泥用量、集料用量、用水量不变的条件下，坍落度随固硫灰的掺量的增加逐渐减小，由 265 cm 减至 100 cm，且坍落度损失也不断增加。当固硫灰的掺量从 0%增至 60%，坍落度和坍落度损失变化均比较缓慢，坍落度仅降低了 7.5%；当固硫灰的掺量大于 60%时，坍落度急剧降低（降低 59.2%），坍落度损失也较为严重。这是因为固硫灰颗粒大多呈不规则状，颗粒表面结构比较疏松，含有大量与外界相互联通的气孔，这使固硫灰吸水性很高，需水性增大，相应 CLSM 体系内自由水减少，其扩展性降低。

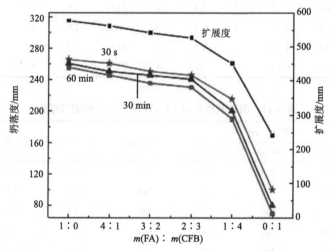

图 3-4　固硫灰掺量对 CLSM 坍落度、扩展度的影响

由图 3-4 可知，CFB-CLSM 扩展度随固硫灰掺量增加的变化规律与坍落度变化规律类似。当固硫灰的掺量小于 60%时，浆体扩展度降低较少，仅 8.7%；当固硫灰的掺量大于 60%时，浆体扩展度显著降低，几乎呈线性降低，高达 54.29%。高扩展性(高坍落度、高扩展度)是保障 CLSM 浆体具有高变形性、自密实、良好的灌浆性能的必要条件。其中，ACI 229 规定 CLSM 浆体的扩展度应大于 200 cm。因此，固硫灰掺量为 60%时，即可获得 CFB-CLSM 的扩展性较好，坍落度损失相对较小，坍落度和扩展度也相对较高，分别为 245 cm 和 525 cm。

2）泌水率和含气量

泌水是 CLSM 的重要性能指标，CLSM 浆体泌水率较高会使浆体中的水分快速蒸发，或使水分渗入到周围的土壤中，灌浆后会使 CLSM 浆体收缩，从而产生裂纹或缝隙。此外，泌水可以延迟 CLSM 的凝结时间或使浆体表层强度降低。由图 3-5 可知，泌水率随着固硫灰掺量的增加，泌水率快速降低，几乎呈线性减少的趋势。然而，不管固硫灰的掺量为多少，CLSM 浆体的泌水率均低于 ASTM 的标准（<2%）。此外，CLSM 浆体含气量随固硫灰掺量增加的变化趋势与泌水率变化趋势类似，均随固硫灰掺量增加基本上呈线性减少的趋势。

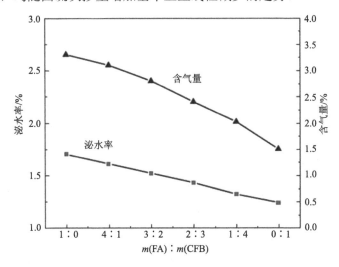

图 3-5　固硫灰掺量对 CLSM 泌水率、含气量的影响

4. 粉煤灰的掺量对 CLSM 性能的影响

首先介绍前期实验，并对前期实验进行部分分析。

本节在水胶比为 0.6、胶集比为 0.8 的条件下，研究了不同 $m(C):m(FA)$ 对 CLSM 料坍落度、扩展度、泌水率、含气量和抗压强度的影响，实验配合比如表 3-13 所示，实验结果如表 3-14 所示。

表 3-13　粉煤灰掺量变化配合比表

| No. | 水胶比 | 胶集比 | C∶FA | 水泥/kg | 粉煤灰/kg | 矸石/kg | | 水/kg | 外加剂/g | 容重/(kg/m³) |
						>0.6 cm	<0.6 cm			
11	0.6	0.8	1∶2	4.0	8.0	13.5	1.5	7.2	60	1890
12	0.6	0.8	1∶2.5	3.4	8.6	13.5	1.5	7.2	60	1830
13	0.6	0.8	1∶3	3.0	9.0	13.5	1.5	7.2	60	1840

续表

No.	水胶比	胶集比	C : FA	水泥/kg	粉煤灰/kg	矸石/kg		水/kg	外加剂/g	容重/(kg/m³)
						>0.6 cm	<0.6 cm			
14	0.6	0.8	1 : 3.5	2.7	9.3	13.5	1.5	7.2	60	1830
15	0.6	0.8	1 : 4	2.4	9.6	13.5	1.5	7.2	60	1900

表 3-14　粉煤灰掺量对 CLSM 的工作性能和力学性能影响结果

No.	坍落度/cm			扩展度/cm	泌水率/%	含气量/%	离析	抗压强度/MPa	
	30 s	30 min	60 min					3 d	28 d
11	290	275	265	560	2.75	2.8	严重	3.01	9.56
12	280	270	260	560	2.32	3.2	轻微	2.78	9.11
13	265	260	255	575	1.7	3.3	轻微	2.45	7.98
14	230	220	215	580	1.98	2.9	无	1.82	6.13
15	210	205	195	540	1.86	2.1	无	1.43	4.02

1）坍落度和扩展度

图 3-6 为不同掺量 FA 对 CLSM 新拌浆体坍落度、扩展度的影响规律。由图 3-6 可知，在用水量、集料用量、粉煤灰和水泥总量保持不变的情况下，CLSM 的坍落度、扩展度、坍落度损失随 FA 掺量的增加而减小。当 $m(C) : m(FA)$ 从 1 : 2 增至 1 : 3 时，CLSM 的坍落度、扩展度、坍落度损失减少较为缓慢，此时 CLSM

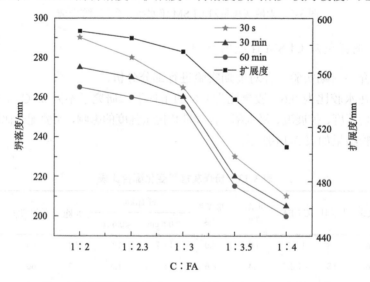

图 3-6　粉煤灰的掺量对 CLSM 的坍落度、扩展度的影响

的坍落度与扩展度分别为 265 cm 和 575 cm；但当 $m(C):m(FA)$ 大于 1：3 时，CLSM 的坍落度、扩展度、坍落度损失急剧减少。这说明粉煤灰的掺入并未改善 CLSM 的工作性能。这可能与粉煤灰自身特性有关，由于活化 Ⅱ 级粉煤灰烧失量较大，大多数粉煤灰颗粒呈现的是多孔型蜂窝状结构，并具有较高的比表面积，导致该粉煤灰对水的吸附量相对较大。在用水量不变的情况下，导致 CLSM 体系中的自由水减少，从而使其扩展性减小。此外，可能研究中所用粉煤灰中球形颗粒含量较少，使仅有少部分或几乎没有粉煤灰颗粒在 CLSM 中起到润滑作用和轴承作用以减少摩擦改善扩展性。

后期进行多组实验，实验方案及扩展度结果如表 3-15 至表 3-22 所示。

表 3-15　A 组实验方案及结果

No.	水胶比	胶集比	水泥	粉煤灰	砂(煤矸石)	水	减水剂(2%)	扩展度/cm
0	0.8	0.2	180	0	900	144	3.6	22
1	0.8	0.2	144	36	900	144	3.6	22
2	0.8	0.2	108	72	900	144	3.6	26
3	0.8	0.2	72	108	900	144	3.6	26
4	0.8	0.2	36	144	900	144	3.6	25
5	0.8	0.2	0	180	900	144	3.6	27

表 3-16　B 组实验方案及结果

No.	水胶比	胶集比	水泥	粉煤灰	砂(煤矸石)	水	减水剂	扩展度/cm
0	1	0.2	270	0	1350	270	5‰	30
1	1	0.2	216	54	1350	270	5‰	17
2	1	0.2	162	108	1350	270	5‰	20
3	1	0.2	108	162	1350	270	5‰	17
4	1	0.2	54	216	1350	270	5‰	26
5	1	0.2	0	270	1350	270	5‰	29

表 3-17　C 组实验方案及结果

No.	水胶比	胶集比	水泥	粉煤灰	砂(煤矸石)	水	减水剂	扩展度/cm
0	7/6	0.2	270	0	1350	315	0	17
1	7/6	0.2	216	54	1350	315	0	20
2	7/6	0.2	162	108	1350	315	0	18
3	7/6	0.2	108	162	1350	315	0	19
4	7/6	0.2	54	216	1350	315	0	20
5	7/6	0.2	0	270	1350	315	0	25

表 3-18　D 组实验方案及结果

No.	水胶比	胶集比	水泥	粉煤灰	砂(尾砂)	水	减水剂	扩展度/cm
0	3.6	0.1	135	0	1350	486	0	17
1	3.6	0.1	108	27	1350	486	0	22
2	3.6	0.1	81	54	1350	486	0	28
3	3.6	0.1	54	81	1350	486	0	25
4	3.6	0.1	27	108	1350	486	0	24
5	3.6	0.1	0	135	1350	486	0	26

表 3-19　E 组实验方案及结果

No.	水胶比	胶集比	水泥	粉煤灰	砂(充填砂)	水	减水剂	扩展度/cm
0	1	0.2	270	0	1350	270	0	18
1	1	0.2	216	54	1350	270	0	21
2	1	0.2	162	108	1350	270	0	22
3	1	0.2	108	162	1350	270	0	23
4	1	0.2	54	216	1350	270	0	24
5	1	0.2	0	270	1350	270	0	28

表 3-20　F 组实验方案及结果

No.	水胶比	胶集比	水泥	粉煤灰	赤泥	砂(充填砂)	水	扩展度/cm
0	1	0.2	243	0	27	1350	270	18
1	1	0.2	189	54	27	1350	270	22
2	1	0.2	135	108	27	1350	270	22
3	1	0.2	81	162	27	1350	270	24
4	1	0.2	27	216	27	1350	270	23
5	1	0.2	0	243	27	1350	270	26

表 3-21　H 组实验方案及结果

No.	水胶比	胶集比	水泥	粉煤灰	赤泥	砂(充填砂)	水	扩展度/cm
0	1	0.2	216	0	54	1350	270	19
1	1	0.2	162	54	54	1350	270	22
2	1	0.2	108	108	54	1350	270	22
3	1	0.2	54	162	54	1350	270	24
4	1	0.2	0	216	54	1350	270	24

表 3-22　K 组实验方案及结果

No.	水胶比	胶集比	水泥	粉煤灰	赤泥	砂(充填砂)	水	扩展度/cm
0	0.8	0.2	243	0	27	1350	189	16
1	0.8	0.2	189	54	27	1350	216	21
2	0.8	0.2	135	108	27	1350	216	24
3	0.8	0.2	81	162	27	1350	216	23
4	0.8	0.2	27	216	27	1350	216	21
5	0.8	0.2	0	243	27	1350	216	23

　　从上述实验结果表中可以看出，在不同的体系中，不同固废粉体对于充填胶结材料的作用以及作用的明显程度是不同的。A 组实验中，使用粉煤灰掺和料和煤矸石骨料，同时使用了外加的减水剂，可以看到：没有掺入粉煤灰时，充填材料的扩展度为 22 cm；在加入 20%的粉煤灰时，充填材料的扩展度没有出现明显的变化，扩展度仍然为 22 cm；当粉煤灰的掺入量达到 40%时，充填材料的扩展度出现了一定程度上升，达到了 26 cm，说明粉煤灰的掺入使得充填材料的工作性能变好，这可能是由于粉煤灰的颗粒粒度较小，此时填充了骨料之间的空隙，使得充填材料的性能提升；当粉煤灰使用量达到 60%时，此时充填性能的提升并不是很明显，充填材料的扩展度仍然是 26 cm，这可能是由于粉煤灰的用量提升的同时，整个体系中粉体的量同时也有提升，此时比表面积增大，使得体系的蓄水量增加，整个体系的流动度变化不明显；当粉煤灰的掺入量达到 80%时，此时充填材料的扩展度出现了一定程度下降，达到了 25 cm，这时整个体系的填充作用并不明显，反而是粉煤灰的蓄水量上升，使得充填材料的扩展度出现了一定程度下降。最后，当不使用水泥时，在煤矸石-粉煤灰体系中，整个体系的流动度出现变化，又有一定程度的上升，煤矸石-粉煤灰充填材料的扩展度又达到了 27 cm，因此，此时煤矸石-粉煤灰充填材料中的填充作用最大，粉煤灰的吸水作用不是那么明显，整个体系的扩展度又有一定的变化。可以看出，在使用粉煤灰时，整个体系的扩展度出现了一定程度的下降，在粉煤灰的量逐渐上升时，扩展度又有一定程度的上升，因此，粉煤灰在此体系中会有一定程度的降低工作性能的作用。

　　B 组实验中，与 A 组的体系相同，同样是水泥-粉煤灰-煤矸石体系，同样的在使用粉煤灰时，体系的扩展度出现了一定程度的下降，同时在粉煤灰的量逐渐上升时，扩展度又有一定程度的上升，因此，在不同水灰比的相同体系中，粉煤灰在此体系中会有一定程度的降低工作性能的作用。使用粉煤灰掺和料和煤矸石骨料，同时使用了 0.5‰的外加减水剂，可以看到：没有掺入煤矸石时，充填材料的扩展度为 30 cm；在加入 20%的粉煤灰时，充填材料的扩展度出现了较为明显的变化，扩展度达到了 17 cm；当粉煤灰的掺入量达到 40%时，充填材料的扩展度又出现了一定程度上升，达到了 20 cm，说明粉煤灰的掺入使得充填材料的工作性能变好，这可能是由于粉煤灰的颗粒粒度较小，此时填充了骨料之间的空隙使得充填材料的性能提升；当粉煤灰使用量达到 60%时，此时充填性能出现了一定程度的下降，充填材料的扩展度到了 17 cm，这可能是由于粉煤灰的用量提升的同时，整个体系中的粉体的量同时也有提升，此时比表面积增大，使得体系的蓄水量增加，整个体系的流动度变化不明显；当粉煤灰的掺入量达到 80%时，此时充填材料的扩展度出现了一定程度下降，达到了 26 cm，这时整个体系的填充作用并不明显，反而是粉煤灰的蓄水量上升，使得充填材料的扩展度出现了一定程度的下降。在此煤矸石-粉煤灰体系中，当不使用水泥时，在煤矸石-粉煤灰体系中，整个体系的流动度出现变化，又有一定程度的上升，煤矸石-粉煤灰充填材料的扩展度又达到了 29 cm，因此，此时煤矸石-粉煤灰充填材料中的填充作用最大，粉煤灰的吸水作用不是那么明显，整个体系的扩展度又有一定的变化。可以看出在相同体系中，不同水灰比下，体系的变化规律基本相同。

C 组实验中，同前两组实验相同，即粉煤灰掺和料和煤矸石骨料，改变了水灰比，但是没有使用外加的减水剂，可以看到：没有掺入粉煤灰时，充填材料的扩展度为 17 cm；在加入 20%的粉煤灰时，充填材料的扩展度出现了一定程度的上升，填充效应明显，扩展度达到了 20 cm；当使用了 40%的粉煤灰的掺入量时，充填材料的扩展度出现了一定程度下降，达到了 18 cm，说明粉煤灰的掺入使得充填材料的工作性能变差，这可能是由于在没有减水剂的情况下，粉煤灰的颗粒粒度较小，此时填充了骨料之间的空隙，但是没有减水剂的作用，需水量变大，工作性能变差；当粉煤灰使用量达到 60%时，此时充填性能的提升并不是很明显，充填材料的扩展度达到 19 cm，这可能是由于在粉煤灰的用量提升的同时，整个体系中的粉体的量同时也有提升，此时比表面积增大，使得体系的蓄水量增加，整个体系的流动度变化不明显；当粉煤灰的掺入量达到 80%时，此时充填材料的扩展度变化依然不大，达到了 20 cm，这时整个体系的填充作用并不明显，反而是粉煤灰的需水量上升，使得充填材料的扩展度出现了一定程度下降。最后，当不使用水泥时，在煤矸石-粉煤灰体系中，整个体系的流动度出现变化，又有一定程度的上升，煤矸石-粉煤灰充填材料的扩展度又达到了 25 cm，因此，此时煤矸石-粉煤灰充填材料中的填充作用最大，粉煤灰的吸水作用不是那么明显，整个体系的扩展度又有一定的变化。可以看出，粉煤灰在此体系中，会有一定程度的降低工作性能的作用，与前两组扩展度出现了相同的变化，即开始为一定程度的下降，同时在粉煤灰的用量逐渐上升时，扩展度又有一定程度的上升，但是由于减水剂未使用，在细节上的变化同样是不可忽视的，具体发生的变化，还待进一步的讨论。

D 组实验中，此时，体系发生了变化，骨料由煤矸石变为尾砂，即使用了粉煤灰掺和料和尾砂骨料，同时没有使用外加的减水剂，尾砂的筛分表如表 3-23 所示。

表 3-23 尾砂筛分表

粒级/mm	含量/g	百分比/%
>4.75	57.12	11.50
2.36~4.75	71.15	14.33
1.18~2.36	51.7	10.41
0.6~1.18	35.57	7.16
0.3~0.6	85.42	17.20
0.15~0.3	72.42	14.59
0.075~0.15	92.29	18.59
<0.075	30.84	6.21

从表中可以看出，0.15 mm 以下的含量较多，同时 0.075 mm 以下的含量达到了 24.8%，整个体系中的细颗粒含量变多，因此在没有使用外加剂的情况下，要想保证扩展度，需要较多的水。在此体系中可以看到：没有掺入粉煤灰时，充填材料的扩展度为 17 cm；在加入 20%的粉煤灰时，充填材料的扩展度出现了一定程度的上升，达到了 22 cm，粉煤灰的充填效应较为明显。当提高粉煤灰的掺入量使其达到 40%时，充填材料的扩展度又出现了一定程度上升，达到了 28 cm，说明粉煤灰的掺入使得充填材料的工作性能变好，这可能是由于粉煤灰的颗粒粒度较小，此时填充了骨料之间的空隙，使得充填材料的性能提升。当粉煤灰使用量达到60%时，此时充填性能的有一定程度的下降，充填材料的扩展度达到 25 cm，这可能是由于在粉煤灰的用量提升的同时，整个体系中的粉体的量同时也有提升，此时比表面积增大，使得体系的蓄水量增加，整个体系的流动度变化不明显。当粉煤灰的掺入量达到 80%时，此时充填材料的扩展度出现了一定程度下降，达到了 24 cm，这时整个体系的填充作用并不明显，反而是粉煤灰的蓄水量上升，使得充填材料的扩展度出现了一定程度下降。最后，当不使用水泥时，在尾砂-粉煤灰体系中，整个体系的流动度出现变化，扩展度又有一定程度的上升，达到了 26 cm，因此，此时尾砂-粉煤灰充填材料中的填充作用最大，粉煤灰

的吸水作用不是那么明显，整个体系的扩展度又有一定的变化。可以看出，在不同的体系中，使用级配不是很好的骨料时，粉煤灰加入时，整个体系的扩展度出现了一定程度的上升，在粉煤灰的量逐渐上升时，扩展度又有一定程度的波动但是总体变化不大，因此，粉煤灰在此体系中会有一定程度的提升工作性能的作用，与前几组实验的结果出现一定的偏差。

　　E 组实验中，此时使用商用的充填砂作为充填骨料，即使用水泥、粉煤灰掺和料和商用充填砂骨料，同样没有使用减水剂。充填砂的筛分数据如表 3-24 所示。

表 3-24　充填砂筛分表

粒级/cm	数量	占比/%
＜0.075	16	1.60
0.075～0.15	32.7	3.27
0.15～0.3	88.7	8.87
0.3～0.6	265.4	26.54
0.6～1.18	160.2	16.02
＞1.18	437	43.70

　　可以看到：没有掺入粉煤灰时，充填材料的扩展度为 18 cm；在加入 20%的粉煤灰时，充填材料整个体系的扩展度又有一定的变化，上升为 21 cm，当提高粉煤灰的掺入量达到胶凝材料的 40%时，充填材料的扩展度出现了一定程度上升，达到了 22 cm，说明粉煤灰的掺入使得充填材料的工作性能变好，这可能是由于粉煤灰的颗粒粒度较小，此时填充了骨料之间的空隙，使得充填材料的性能提升；当粉煤灰使用量达到 60%时，此时充填性能的提升并不是很明显，充填材料的扩展度仍然是 23 cm，与上一的扩展度基本相似，这可能是由于在粉煤灰的用量提升的同时，整个体系中的粉体的量也有提升，此时比表面积增大，使得体系的蓄水量增加，整个体系的流动度变化不明显；当粉煤灰的掺入量达到 80%时，此时充填材料的扩展度变化不大，仅仅提升达到了 24 cm，这时整个体系的填充作用并不明显，反而是粉煤灰的蓄水量上升，使得充填材料的扩展度出现了一定程度下降。最后，当不使用水泥时，在充填砂-粉煤灰体系中，整个体系的流动度出现变化，又有一定程度的上升，扩展度达到了 28 cm，因此，此时充填砂-粉煤灰充填材料中的填充作用最大，粉煤灰的吸水作用不是那么明显，整个体系的扩展度又有一定的变化。可以看出，在较好的级配骨料的体系中，在使用粉煤灰时，整个体系的扩展度出现了一定程度的上升，在粉煤灰的量逐渐上升时，扩展度又有一定程度的波动，因此，粉煤灰在此体系中会有一定程度的提

高工作性能的作用。

F 组实验中，同前一组相同，但是此时，赤泥作为胶凝材料的一部分被加入到实验中，以此消纳更多的固废粉体。可以看出来，在使用粉煤灰时，整个赤泥-粉煤灰-充填砂体系的扩展度出现了一定程度的上升，在粉煤灰的量逐渐上升时，扩展度又有一定程度的波动，但是总体来讲是对性能提升有一定的效果。因此，粉煤灰在此体系中会有一定程度的提升工作性能的作用。可以看出：没有掺入粉煤灰时，充填材料的扩展度为 18 cm，由于赤泥的粉体颗粒粒度不同，因此与相同水灰比的扩展度不同；在加入 20%的粉煤灰时，充填材料的扩展度没有出现明显的变化，扩展度提高到了 22 cm，此时充填作用最为明显；当粉煤灰的掺入量达到 40%时，充填材料的扩展度变化不是很大，仍然是 22 cm；当粉煤灰使用量达到 60%时，此时充填性能的提升并不是很明显，扩展度提升到了 24 cm，说明粉煤灰的掺入使得充填材料的工作性能变好，这可能是由于粉煤灰的颗粒粒度较小，此时填充了骨料之间的空隙，使得充填材料的性能提升，粉煤灰的用量提升的同时，整个体系中的粉体的量同时也有提升，此时比表面积增大，使得体系的蓄水量增加，整个体系的流动度变化不明显；当粉煤灰的掺入量达到 80%时，充填材料的扩展度出现了一定程度下降，达到了 23 cm，这时整个体系的填充作用并不明显，反而是粉煤灰的蓄水量上升，使得充填材料的扩展度出现了一定程度下降。最后，当不使用水泥时，在赤泥-粉煤灰-充填砂体系中，整个体系的流动度出现变化，又有一定程度的上升，扩展度又达到了 26 cm。因此，此时赤泥-粉煤灰-充填砂充填材料的填充作用最大，粉煤灰的吸水作用不是那么明显，整个体系的扩展度又有一定的变化。

H 组实验中，同样使用了赤泥作为掺和料的一部分，使用粉煤灰掺和料和充填砂骨料，同时提高了赤泥的用量。此组的赤泥用量上升，同时水灰比变化，导致组别的梯度变少，同时没有使用外加的减水剂。可以看到：没有掺入粉煤灰时，充填材料的扩展度为 19 cm；在加入 20%的粉煤灰时，充填材料的扩展度达到了 22 cm；当粉煤灰的掺入量达到 40%时，充填材料的扩展度没有出现明显的变化，仍为 22 cm；当粉煤灰使用量达到 60%时，此时充填性能的提升并不是很明显，充填材料的扩展度达到了 24 cm，这可能是由于粉煤灰的用量提升的同时，整个体系中的粉体的量同时也有提升，此时比表面积增大，使得体系的蓄水量增加，整个体系的流动度变化不明显；当粉煤灰的掺入量达到 80%时，此时充填材料的扩展度并没有很明显的变化，仍为 24 cm 可以看出，在大剂量使用赤泥、同时也使用粉煤灰时，骨料的级配合理时，整个体系的扩展度出现了一定程度的上升，在粉煤灰的量逐渐上升时，扩展度又有一定程度的上升，因此，粉煤灰在此体系中，会有一定程度的提升工作性能的作用。

K 组实验中，使用了赤泥作为掺和料，同时降低了水灰比，在低水灰比的情况下，使用赤泥-粉煤灰掺和料和充填砂骨料，部分使用了外加的减水剂。可以看出，在掺入粉煤灰代替水泥时，整个体系的扩展度出现了一定程度的下降，在粉煤灰的量逐渐上升时，扩展度又有一定程度的下降。未掺入粉煤灰时，充填材料的扩展度为 16 cm；在加入 20%的粉煤灰时，扩展度出现了一定程度上升，达到了 21 cm，可以看出在使用低水灰比时，粉煤灰的充填作用更加明显；当粉煤灰的掺入量达到 40%时，充填材料的扩展度出现了一定程度上升，达到了 24 cm，说明粉煤灰的掺入使得充填材料的工作性能变好，这可能是由于粉煤灰的颗粒粒度较小，此时填充了骨料之间的空隙，使得充填材料的性能提升；当粉煤灰使用量达到 60%时，此时充填性能的提升并不是很明显，扩展度为 23 cm，这可能是由于粉煤灰的用量提升的同时，整个体系中的粉体的量同时也有提升，此时比表面积增大，使得体系的蓄水量增加，整个体系的流动度变化不明显；当粉煤灰的掺入量达到 80%时，此时充填材料的扩展度出现了一定程度下降，达到了 21 cm，这时整个体系的填充作用并不明显，反而是粉煤灰的蓄水量上升，使得充填材料的扩展度出现了一定程度下降；最后，当不使用水泥时，充填材料的扩展度又达到了 23 cm，整个体系的流动度出现变化，又有一定程度的上升，此时赤泥-粉煤灰-充填砂充填材料中的填充作用最大，粉煤灰的吸水作用不是那么明显，整个体系的扩展度又有一定的变化。

可以看出，在粉煤灰-煤矸石体系中，使用粉煤灰的用量，部分情况下会使体系的扩展度有一定降低，但是总体上会有一定上升；在使用尾砂时，充填材料的性能变化与煤矸石体系的变化相同。同样在使用级配较好的商用充填砂时，扩展度的提升与前两组的变化相同。总的来说，粉煤灰对于充填性能提升是有一定的作用的，但是仅是在工作性能方面的提升，其他性能方面还需进一步的讨论。

2）泌水率、含气量

图 3-7 为不同掺量粉煤灰对 CLSM 体系泌水率、含气量的变化规律，可知，在用水量、集料用量、粉煤灰和水泥总量保持不变的情况下，CLSM 体系的泌水率和含气量均随着 FA 掺量的增加而减小。其中，当 $m(C):m(FA)$ 从 1:2 增加至 1:3 时，泌水率和含气量急剧降低；当 $m(C):m(FA)$ 大于 1:3 时，泌水率和含气量减少相对较缓慢，此时体系内的含气量较低，已不满足标准需求。这可能是因为随着粉煤灰掺量的增加，粉煤灰对 CLSM 中自由水的吸附量增加，导致 CLSM 中毛细孔水含量降低，即自由水含量降低，相应地 CLSM 的泌水、离析或沉降的概率也降低。

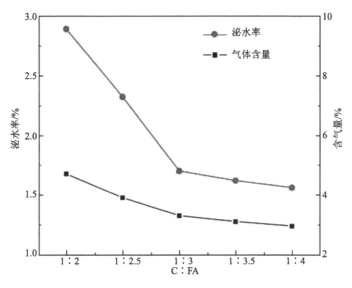

图 3-7　粉煤灰的掺量对 CLSM 泌水率、含气量的影响

3.2.3　固废骨料对充填胶结材料工作性能的影响

颗粒级配指砂子中不同粒径颗粒的组成比例。当砂子的水胶比一定时，并不对应唯一固定的颗粒级配。相同的水胶比，可以有许多种颗粒级配相对应。颗粒级配和水胶比是机制砂基本的两个特性，现阶段人们对砂子颗粒级配的研究越来越多。

国内外的研究和应用证明，煤矸石中存在着一些矿物胶体，它们具有一定的荷电性、吸收性和巨大的表面能，在碱性激发下，这种胶体物质可与水泥浆的水化产物产生离子交换，形成新的凝聚体。这些凝聚体都具有依靠比较强的化学键结合而成的网状结构。同时，由于建筑制品是在一定的压力下成型，水泥颗粒与矿物之间接触面的紧密度都增大，加上水化反应，使之能强有力地胶凝石英颗粒和其他物质。研究表明：水泥在水化过程中与石英颗粒能较紧密的结合，仅次于石灰石和白云石。同时硅质岩型煤矿的主要成分为 SiO_2，以无定形形式存在的蛋白岩、燧石岩、硅藻土、硅质页岩等，在中性水中的溶解度约 1.6×10^6。但在碱性水环境中，可自发地与碱性金属离子发生结合，生成沸石或水化硅酸钙等不溶性矿物。而以结晶形式存在的石英，需在高压水热环境中，方具有这一性质。当此类尾矿受到高温时，主要的物理化学性质表现为石英的同质多晶转变。在高压下，石英的各种高温变体，虽说在尾矿建材结构中性能差别并不明显，但其在相变时的体积效应却对生产过程起着制约作用，对于较纯净的石英砂或石英岩性尾矿，由于其较高的熔点，可用作酸性耐火材料，也可熔制成耐高温的石英玻璃。总之，硅、铝含量较高，为煤矸石在建材业的广泛应用提供了前提条件。并且煤矸石的化学成分大都与建筑材料十分接近，只要掺加少量其他原料，进行适当调配，便可用作许多建筑材料的原料，目前，尾矿可以用来生产墙体材料、水泥、陶瓷、玻璃、耐火材料等，并可用作混凝土粗细骨料和建筑用砂。

充填物料的颗粒级配是影响膏体流动性能的重要因素。在实际工程中，颗粒级配主要与矿山的磨矿工艺相关，同时也会因为粗颗粒的掺入而发生改变，控制粗颗粒的添加量是调节物料颗粒级配的主要方式。颗粒级配可通过物料的最大堆积率来进行综合表征，堆积率是指物料的松散密度与真实密度的比值，最大堆积率即是物料在紧密堆积时的密度与其真实密度的比值。物料颗粒分布越不均匀、孔隙率越小，则堆积越密实，最大堆积率也相应较大。本节实验选用了几种不同的骨料，其特性如下。

1）煤矸石

矿山矸石是矿床开采过程中排放的主要固体废物源之一，主要有井下掘进矸石、回采过程中的剔除矸石以及露天采场剥离矸石。根据开采工艺不同，其矸石的产出率差别很大。

2）尾砂

本节所讨论尾砂是黄金选矿，并且是被充分回收了其中的有用矿物后必须排放的废弃物。金属矿山的尾砂是金属矿产资源开发利用过程中排放的主要固体废物，往往占采出矿石量的 40%～99%。

应用尾砂作为矿山充填料，对充填体产生影响的主要因素是其粒度组成及其矿物组分的化学性质。对于每座矿山，这些性能指标都有所不同。尤其是对于不同的矿石类型，其差别相当大。因此，在具体应用过程中需要进行试验和分析。

矿山尾砂一般按粒度分为粗、中、细三类，也可按生成方法分为脉石砂和风化砂两类。

尾砂的化学成分对充填料的物态特性和胶结性能均有影响，其中以硫化物含量对胶结充填体性能的影响最为显著。尾砂中较高的硫化物含量会增加尾砂的稠度，也会因其自胶结作用而使胶结充填体获得较高的强度。但由于硫化矿物的氧化会产生硫酸盐，硫酸盐的侵蚀可导致胶结充填体长期强度的损失。因此，对于硫化物含量较高的尾砂充填料，当采用水泥作为胶凝材料时，对充填体强度的负面影响很大。含有火山灰质的矿渣胶凝材料可以解决硫酸盐侵蚀而使充填料强度降低的问题。有关试验表明，与普通水泥制备的高含硫尾砂充填料相比较，其采用含有火山灰质的矿渣水泥制备的高含硫尾砂胶结充填料的强度可提高 40%。

3）商用充填砂

商用充填砂一般为机制砂，机制砂不仅岩性种类繁多，而且还具有颗粒级配偏 I 区、中间粒径颗粒偏少、颗粒的孔隙率偏大、形貌不圆滑、石粉或者泥粉含量高等特点。因此，相对于天然砂，机制砂在应用当中出现了减水剂用量大，新拌混凝土不易施工、硬化混凝土强度不达标、使用寿命短等大量工程缺陷。由于对机制砂的关键性能指标没有达到充分的了解，导致产品质量差，工程应用效果不好，从而使国内土木工程行业对使用机制砂存在顾虑。机制砂是通过制砂机等加工设备和工艺经破碎、筛分等环节生产的产品，由于岩石存在不同的结构和构造，受力破碎时，会呈现出不同的破坏面，这就容易造成机制砂的片状颗粒及棱角较多，且矿石的不同部位由于风化程度不同会造成矿石个别部位形成黏土类矿物，也就是通常所说的泥，虽然通过水洗能够去除大部分的泥，但是也同样洗掉大量石粉，也污染了大量的水资源。国标规定，机制砂中粒径小于 0.075 mm 的颗粒为石粉。作为机制砂级配的一种组分，一定量的石粉能够填补在骨料的空隙中，产生微骨料效应，所以洗掉黏土是对的，而一味洗掉石粉是不对的。当然石粉吸附性高、含量多时，会造成混凝土的工作性能变差。当出现此种状况时，企业可能会提高减水剂用量，随之经济成本就会增加，且拌合物可能会因为过黏出现拔底等质量不良的状况，同样不易施工，企业也可能直接在拌合物中加水，增大水胶比，却降低了拌合物的强度等级，使工程存在极大安全隐患，这两种方式都是不可取的。当然如果石粉吸附性不高，含量即便较高，对于混凝土拌合物工作性也会有积极作用，所以岩性不同的机制砂石粉是有显著差异的，需要区别对待。国标规定，石粉的含量在 MB 值低于 1.4 时不宜超过 10%，且留下了一定的弹性空间，在一定程度上为机制砂中石粉的使用创造了条件。中国矿产资源丰富，可用于加工机制砂的矿石种类繁多，其中，石灰岩分布最为广泛，花岗岩主要分布在我国东南和东北，而玄武岩主要分布在西南。各地机制砂母岩不同，组成及构造也各不相同，而行业对于骨料的生产技术要求以及混凝土制备工艺的针对性研究不够，标准和规范自然不可能有具体要求，造成生产和工程中质量问题日益凸显，这都极大影响了机制砂的推广和应用。全国各地机制砂岩性种类繁多，且级配各不相同，石粉含量相差很大。

4）煤矸石和充填砂骨料对扩展度影响比较

本实验使用了煤矸石和充填砂两种骨料，两种砂石在 0.8 的水胶比下的扩展度见表 3-25，两种砂石筛分结果见表 3-26。

表 3-25　0.8 水胶比不同骨料实验配比

No.	水胶比	胶集比	水泥	粉煤灰	砂（煤矸石）	水	减水剂(2%)	扩展度/cm
0	0.8	0.2	180	0	900	144	3.6	22
1	0.8	0.2	144	36	900	144	3.6	22
2	0.8	0.2	108	72	900	144	3.6	26
3	0.8	0.2	72	108	900	144	3.6	26
4	0.8	0.2	36	144	900	144	3.6	25
5	0.8	0.2	0	180	900	144	3.6	27
No.	水胶比	胶集比	水泥	粉煤灰	砂（充填砂）	水	减水剂(2%)	扩展度/cm
6	0.8	0.2	243	0	1350	189	3.6	16
7	0.8	0.2	189	54	1350	216	3.6	21
8	0.8	0.2	135	108	1350	216	3.6	24
9	0.8	0.2	81	162	1350	216	3.6	23
10	0.8	0.2	27	216	1350	216	3.6	21
11	0.8	0.2	0	243	1350	216	3.6	23

表 3-26　煤矸石和商用充填砂骨料筛分结果

粒级/mm	充填砂		煤矸石	
>4.75	—	—	58.07	11.64%
2.36~4.75	16	43.70%	140.16	28.09%
1.18~2.36	32.7	16.02%	73.78	14.78%
0.6~1.18	88.7	26.54%	48.31	9.68%
0.3~0.6	265.4	8.87%	64.85	13%
0.15~0.3	160.2	3.27%	25.45	5.10%
0.075~0.15	437	1.60%	32.96	6.60%
<0.075	—	—	55.44	11.11%

由上文可知，煤矸石主要是煤矿开采过程中产生的废石，充填砂主要是各种天然石头开采破碎之后生产的，两者的主要区别在于化学成分的不同，但是化学成分的区别对于工作性能的影响不大，主要产生影响的因素是不同砂石的级配。

　　对比当前水胶比下不同充填骨料的充填材料的扩展度，可以看出，两种砂石的级配区别较大，两种骨料均使用粉煤灰掺和料，同时使用了 0.5% 的外加减水剂，可以看到没有掺入粉煤灰时，煤矸石充填材料的扩展度为 22 cm，同样的水灰比下，充填砂充填材料的扩展度为 16 cm，可以明显看出是有区别的，这是由于煤矸石的级配更为合理。当提升粉煤灰用量为 20% 时，煤矸石充填材料的扩展度为 22 cm，基本没有变化，但是充填砂充填材料的扩展度出现了一定的变化，扩展度达到了 21 cm，两种充填材料的扩展度达到相似的程度，说明粉煤灰的充填作用更加明显，使煤矸石和充填砂的工作性能相似。继续提高使用量，当粉煤灰的掺入量达到 40% 时，两种充填材料的扩展度都出现了一定程度上升，其中煤矸石充填材料的扩展度达到了 26 cm，充填砂充填材料的扩展度达到了 24 cm，说明粉煤灰的掺入使得两种充填材料的工作性能都变得更好。这可能是由于粉煤灰的颗粒粒度较小，可以填充骨料之间的空隙，使得充填材料的性能提升。此时两种充填骨料的差异，也有一定的差别，说明级配对于骨料的影响也是由于不同粒级的含量不同，前文曾述及，0.15 mm 以下颗粒的含量对于级配非常重要，这里煤矸石的 0.15 mm 以下颗粒的含量多于充填砂的此粒级含量，因此煤矸石骨料的充填材料的工作性能更好。

　　继续提高粉煤灰使用量至 60% 时，煤矸石骨料的充填材料充填性能变化不大，扩展度到了 26 cm，充填砂充填材料的工作性能出现了一定程度下降，扩展度达到了 23 cm，但是变化不大，难以计入变化之中，前文分析，这可能是由于粉煤灰的用量提升的同时，整个体系中的粉体的量同时也有提升，此时比表面积增大，使得体系的需水量增加，整个体系的流动度变化不明显，此时两种骨料对于流动度影响增大，达到了 3 cm，可以看出此时由于粉煤灰的加入，两种骨料的差异变大，由于充填作用，导致两者的水胶比出现变化，差异由此产生。在当粉煤灰的掺入量达到 80% 时，此时两种充填材料的扩展度都出现了一定程度下降，分别达到了 25 cm 和 21 cm，这时体系充填作用并不明显，反而是粉煤灰的蓄水量上升，使得充填材料的扩展度出现了一定程度下降，两者都区别也更大，达到了 4 cm。当不使用水泥时，在煤矸石-粉煤灰体系中，整个体系的流动度出现变化，又有一定程度的上升，扩展度达到了 27 cm，同样的充填砂充填材料的扩展度也发生了相同的变化，这是由于煤矸石和充填砂的级配不同。可以看出两种骨料的差异较大，同时由于粉煤灰的充填作用，导致两者的水胶比出现变化，差异由此产生。

　　5）煤矸石和尾砂两种骨料对扩展度影响比较

　　本实验使用了煤矸石和尾砂两种骨料，尾砂主要是各种黄金选矿中产生的矿石之后经过破碎生产的，主要区别在于化学成分的不同，同时可以直观看出两者的差异，黄金尾矿的细颗粒含量较多，但是如之前所述化学成分的区别对于工作性能的影响不大，其中主要产生影响的是不同砂石的级配。实验开始时，首先将两种砂石的充填材料控制扩展度接近，之后调整水的用量，可以看出两种水胶比相差较大，细颗粒对于充填材料的工作性能影响较大。以下研究不同水胶比下充填骨料的充填材料的扩展度。

由表 3-27 可以看出，两种砂石的级配区别较大，0.15 mm 以下的含量，尾砂含量为 48.57%，而煤矸石的含量仅为 22.21%，此粒级的含量变化，对后面的结果产生影响。两种骨料均使用粉煤灰掺和料，同时都没有的外加减水剂。由表 3-28 可以看到，没有掺入粉煤灰时，控制扩展度相同到 17 cm，煤矸石充填材料的水胶比为 1.67，而尾砂充填材料的水灰比为 3.6，这是由于煤矸石的级配更为合理。之后使用相同的水灰比，当提升粉煤灰用量至 20%时，煤矸石充填材料的扩展度为 20 cm，但是充填砂充填材料的扩展度出现了较大的变化，达到了 22 cm，两种充填材料的扩展度达到相似的程度，说明粉煤灰的充填作用更加明显，使煤矸石和尾砂的工作性能相似。继续提高用量，当粉煤灰的掺入量达到 40%时，两种充填材料的扩展度都出现了较大的变化，其中煤矸石充填材料的扩展度达到了 18 cm，充填砂充填材料的扩展度达到了 28 cm，此时两种充填骨料的差异也有了较大的差别，达到了 10 cm，说明级配对于骨料的重要程度。继续提高粉煤灰使用量到 60%时，此时煤矸石骨料的充填材料充填性能变化不大，扩展度达到了 19 cm，而尾砂充填材料的工作性能出现了一定程度下降，达到了 25 cm，但是变化不大，难以计入变化之中，前文分析，这可能是由于粉煤灰的用量提升的同时，整个体系中的粉体的量同时也有提升，此时比表面积增大，使得体系的需水量增加，整个体系的流动度变化不明显，两种骨料对于流动度影响增大，达到了 6 cm。

表 3-27　煤矸石和尾砂骨料筛分结果

粒级/mm	尾砂		煤矸石	
>4.75	16	1.60%	58.07	11.64%
2.36~4.75	32.7	3.27%	140.16	28.09%
1.18~2.36	88.7	8.87%	73.78	14.78%
0.6~1.18	265.4	26.54%	48.31	9.68%
0.3~0.6	160.2	16.02%	64.85	13%
0.15~0.3	437	43.70%	25.45	5.10%
0.075~0.15	16	1.60%	32.96	6.60%
<0.075	32.7	3.27%	55.44	11.11%

表 3-28 其他水胶比不同骨料实验配比

No.	水胶比	胶集比	水泥	粉煤灰	砂(煤矸石)	水	减水剂	扩展度/cm
0	7/6	0.2	270	0	1350	315	0	17
1	7/6	0.2	216	54	1350	315	0	20
2	7/6	0.2	162	108	1350	315	0	18
3	7/6	0.2	108	162	1350	315	0	19
4	7/6	0.2	54	216	1350	315	0	20
5	7/6	0.2	0	270	1350	315	0	25
No.	水胶比	胶集比	水泥	粉煤灰	砂(尾砂)	水	减水剂	扩展度/cm
6	3.6	0.1	135	0	1350	486	0	17
7	3.6	0.1	108	27	1350	486	0	22
8	3.6	0.1	81	54	1350	486	0	28
9	3.6	0.1	54	81	1350	486	0	25
10	3.6	0.1	27	108	1350	486	0	24
11	3.6	0.1	0	135	1350	486	0	26

当粉煤灰的掺入量达到 80%时，两种充填材料的扩展度都出现了一定程度变化，分别达到了 20 cm 和 24 cm，这时体系的填充工作性能的变化同前文叙述，此时充填作用并不明显，反而是粉煤灰的蓄水量上升，使得充填材料的扩展度出现了一定程度下降，两者区别达到了 4 cm。继续增加粉煤灰掺入量，煤矸石充填材料中，当不使用水泥时，在煤矸石-粉煤灰体系中，整个体系的流动度出现变化，又有一定程度的上升，扩展度又达到了 25 cm。同样，尾砂充填材料的扩展度也发生了相同的变化，达到了 26 cm，此时两种骨料的差异与前文相同，可以明显看出是由于煤矸石和尾砂的级配不同。

骨料对于充填材料的工作性能的影响，主要来自于级配以及细颗粒的含量，不同的级配对于工作性能的影响较大。

3.2.4 化学外加剂对充填胶结材料工作性能的影响

近年来，为提高充填体性能，国内外广泛开展了添加剂在充填方面的应用研究，其主要品种有絮凝剂、减水剂、早强剂、泵送剂等。在选择添加剂的类型和确定其掺量时，应进行满足充填材料和充填工艺要求的试验。

在水胶比为 0.6、胶集比为 0.8、总胶凝材料不变、水泥用量为总胶凝材料

25%、FA/CFB 为 2∶3 条件下，研究了不同外加剂掺量（占总胶凝材料的百分比）对 CLSM 材料工作性能和硬化浆体性能的影响，实验配合比如表 3-29 所示，实验结果如表 3-30 所示。

表3-29　外加剂掺量变化配合比表

No.	水胶比	胶集比	FA∶CFB	外加剂掺量	水泥/kg	粉煤灰/kg	CFB/kg	矸石/kg >0.6mm	矸石/kg <0.6mm	水/kg	外加剂/g	容重/(kg/m³)
22	0.6	0.8	2∶3	3/‰	3	3.6	5.4	13.5	1.5	7.2	36	2010
23	0.6	0.8	2∶3	4/‰	3	3.6	5.4	13.5	1.5	7.2	48	1990
24	0.6	0.8	2∶3	5/‰	3	3.6	5.4	13.5	1.5	7.2	60	2000
25	0.6	0.8	2∶3	6/‰	3	3.6	5.4	13.5	1.5	7.2	72	1890
26	0.6	0.8	2∶3	7/‰	3	3.6	5.4	13.5	1.5	7.2	84	1950

表3-30　外加剂掺量对 CLSM 的工作性能和力学性能影响结果

No.	坍落度/mm 30 s	坍落度/mm 30 min	坍落度/mm 60 min	扩展度/mm	泌水率/%	含气量/%	离析	抗压强度/MPa 3 d	抗压强度/MPa 28 d	孔隙率/%
22	280	260	240	560	2.94	7.3	严重	3.14	6.73	9.25
23	265	250	240	540	2.21	5.4	严重	3.71	7.82	9.16
24	255	250	245	525	1.43	4.5	无	4.02	8.26	8.89
25	250	245	243	520	1.31	4.1	无	3.84	8.44	7.98
26	245	240	240	515	1.15	3.7	无	3.79	8.56	6.23

1. 坍落度和扩展度

外加剂是改善 CLSM 性能的主要成分之一，不仅可以改善新拌浆体的性能，增加坍落度，降低泌水、沉降概率；同时也能提高硬化浆体的强度。外加剂掺量对 CLSM 新拌浆体坍落度和扩展度的影响如图 3-8 所示。在胶凝材料用量、用水量、集料用量不变的情况下，随着外加剂掺量的增加，CLSM 硬化浆体的坍落度、扩展度均减小。当外加剂掺量增至 5/‰时，坍落度、扩展度损失迅速减少，分别减少了 8.9%和 7.1%；当外加剂掺量增加至 7/‰时，坍落度、扩展度损失减少较为缓慢，分别减少了 3.9%和 1.9%。这是因为试验所用外加剂为复合外加剂，主要成分为纤维素醚，将复合外加剂掺入 CLSM 浆体中，特别是在掺量较高情况下，能够使浆体变得黏稠，浆体的屈服应力增加，即黏度增大，流动度减小。

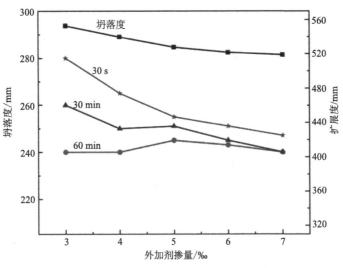

图 3-8　外加剂掺量对 CLSM 坍落度、扩展度的影响

2. 泌水率和含气量

　　CLSM 的高流动性与抗离析泌水性往往是相互矛盾的，CLSM 在追求高流动性时易出现离析泌水现象，一般通过增加胶集比或掺入外加剂以满足泵送要求。泌水导致 CLSM 表面与底部出现水胶比差异，从而使 CLSM 的硬化强度存在差异；在 CLSM 硬化过程中导致表面收缩大，孔隙也大量增加，形成疏松多孔表层，从而影响 CLSM 的强度及耐久性能。不同外加剂掺量对 CLSM 新拌浆体泌水率影响规律如图 3-9 所示。泌水率随外加剂掺量的增加而降低；当外加剂掺量增加至 5/‰

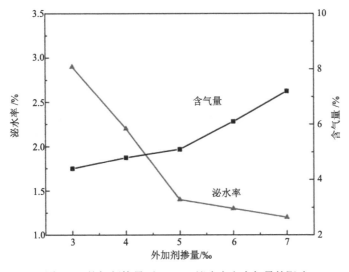

图 3-9　外加剂掺量对 CLSM 泌水率和含气量的影响

时，泌水率迅速减小，减少了 50.68%；当外加剂掺量继续增加至 7‰时，泌水率逐渐减小，减小了 19.58%。这是因为外加剂增加了 CLSM 浆体的黏度，改善了骨料和浆体间（界面过渡区）的作用，使 CLSM 新拌浆体稳定性增加，屈服应力值也增加，从而提高了 CLSM 浆体抗离析性能。

CLSM 硬化浆体含气量随外加剂掺量增加的变化规律如图 3-9 所示。随外加剂掺量的增加，CLSM 新拌浆体的含气量也逐渐增加，几乎呈线性增长趋势。这可能是因为复合外加剂中的纤维素醚能够引入大量的气泡，也可提高 CLSM 浆体黏度，使引入的气泡封闭在 CLSM 浆体中无法破裂或逃离。大量气泡的存在，增加了 CLSM 浆体的和易性，即提高了 CLSM 浆体的抗离析泌水性。

3. 减水剂对扩展度影响

对比表 3-31，相同水胶比、胶集比下，在使用减水剂的情况时，扩展度与没有加减水剂的情况有较大的不同，在排除其他因素的干扰下，减水剂对于扩展度有提高的效果，但是不同的粉煤灰掺量情况下的结果是不同的，也就是减水剂对于不同的粉煤灰掺量效果是不同的。当不使用减水剂时，充填材料的扩展度为 16 cm；当使用 2%减水剂时，扩展度提升至 22 cm，可以明显看出是有区别的，这是由于减水剂的效果是减少了细颗粒之间的与水的接触，因此工作性能有明显的提升。当提升粉煤灰用量在 20%时，使用减水剂的充填材料的扩展度为 22 cm，基本没有变化，但是不加入减水剂的充填材料的扩展度出现了一定的变化，达到了 21 cm，两种充填材料的扩展度达到相似的程度，说明粉煤灰的充填作用更加明显，使煤矸石和充填砂的工作性能相似，但是减水剂的效果不明显。继续提高用量，当粉煤灰的掺入量达到 40%时，两种充填材料的扩展度都出现了一定程度上升，其中使用减水剂的充填材料的扩展度达到了 26 cm，不使用减水剂的充填材料的扩展度达到了 24 cm，如之前所述，粉煤灰的掺入使得两种充填材料的工作性能都变得更好，这可能是由于粉煤灰的颗粒粒度较小，可以填充骨料之间的空隙，但是此时两种充填材料的差距开始变大，减水剂用量的影响小于粉煤灰的作用。

表 3-31　0.8 水胶比不同骨料充填材料流动性表

No.	水胶比	胶集比	水泥	粉煤灰	砂(煤矸石)	水	减水剂(2%)	扩展度/cm
0	0.8	0.2	180	0	900	144	3.6	22
1	0.8	0.2	144	36	900	144	3.6	22
2	0.8	0.2	108	72	900	144	3.6	26
3	0.8	0.2	72	108	900	144	3.6	26
4	0.8	0.2	36	144	900	144	3.6	25
5	0.8	0.2	0	180	900	144	3.6	27

续表

No.	水胶比	胶集比	水泥	粉煤灰	砂(尾砂)	水	减水剂	扩展度/cm
6	0.8	0.2	243	0	1350	189	0	16
7	0.8	0.2	189	54	1350	216	0	21
8	0.8	0.2	135	108	1350	216	0	24
9	0.8	0.2	81	162	1350	216	0	23
10	0.8	0.2	27	216	1350	216	0	21
11	0.8	0.2	0	243	1350	216	0	23

　　继续提高粉煤灰使用量，当粉煤灰使用量达到 60%时，此时不使用减水剂的充填材料充填性能变化不大，充填材料的扩展度到了 26 cm，使用减水剂的充填材料的工作性能，出现了一定程度下降，扩展度达到了 23 cm 的，但是变化不大，难以计入变化之中，原因可能是由于粉煤灰的用量提升的同时，整个体系中的粉体的量同时也有提升，此时比表面积增大，使得体系的需水量增加，整个体系的流动度变化不明显，但是减水剂的使用使得差异达到了 3 cm。在当粉煤灰的掺入量达到 80%时，此时两种不同减水剂添加量充填材料的扩展度都出现了一定程度下降，分别达到了 25 cm 和 21 cm，此时充填作用并不明显，反而是粉煤灰的需水量上升，使得充填材料的扩展度出现了一定程度下降，两者区别更大，达到了 4 cm。当不使用水泥时，在煤矸石-粉煤灰体系中，整个体系的流动度出现变化，又有一定程度的上升，使用减水剂的充填材料的扩展度又达到了 27 cm，同样的不使用减水剂的充填材料的扩展度也发生了相同的变化，可以看出在煤矸石-粉煤灰体系中，减水剂的使用量在不同水平时，对于充填材料的工作性能的提升很明显，但是总的来说，在高用量时，不能得到与水泥体系中相同的效果。

　　从表 3-32 可以看出，在相同水胶比(为 1)、胶集比下，在使用减水剂的情况时，与没有加减水剂的情况有较大的不同，但是可以看出与前文不同。在水灰比 0.8 情况下，减水剂对于扩展度有提高的效果与水灰比为 1 的情况是不同的，同时也可以看出在不同的粉煤灰掺量情况下的结果依然是不同的，也就是减水剂对于不同的粉煤灰掺量效果是不同的。当不使用减水剂时，充材料的扩展度为 18 cm；当使用 0.5‰减水剂时，扩展度提升至 30 cm，有明显的区别，一方面由于减水剂的效果是减少细颗粒之间的与水的接触，因此工作性能有明显的提升，同时可以看出在高水灰比下，减水剂对于工作效果的提升更加明显。当提升粉煤灰用量，即在加入 20%的粉煤灰时，使用减水剂的充填材料的扩展度为 17 cm，变化较大，但是不加入减水剂的充填材料的扩展度出现了一定的变化，扩展度达到了 21 cm，说明粉煤灰的充填作用更加明显，使煤矸石和充填砂的工作性能相似，但是加入减水剂组的扩展度出现了较大的变化，可能是由于使用粉煤灰对于减水剂的吸附效果较好。

表 3-32   1.0 水胶比不同骨料充填材料流动性表

No.	水胶比	胶集比	水泥	粉煤灰	砂(煤矸石)	水	减水剂	扩展度/cm
0	1	0.2	270	0	1350	270	5‰	30
1	1	0.2	216	54	1350	270	5‰	17
2	1	0.2	162	108	1350	270	5‰	20
3	1	0.2	108	162	1350	270	5‰	17
4	1	0.2	54	216	1350	270	5‰	26
5	1	0.2	0	270	1350	270	5‰	29
No.	水胶比	胶集比	水泥	粉煤灰	砂(尾砂)	水	减水剂	扩展度/cm
6	1	0.2	270	0	1350	270	0	18
7	1	0.2	216	54	1350	270	0	21
8	1	0.2	162	108	1350	270	0	22
9	1	0.2	108	162	1350	270	0	23
10	1	0.2	54	216	1350	270	0	24
11	1	0.2	0	270	1350	270	0	28

当粉煤灰掺入量为 40% 时，两种充填材料的扩展度都出现了一定程度上升，其中使用减水剂的充填材料的扩展度达到了 20 cm，不使用减水剂的充填材料的扩展度达到了 22 cm，如之前所说明粉煤灰的掺入使得两种充填材料的工作性能都变得更好，这可能是由于粉煤灰的颗粒粒度较小，填充了骨料之间的空隙，但是此时两种充填材料的差距开始变大，减水剂用量的影响小于粉煤灰的作用，但是减水剂的效果并不明显，甚至使得扩展度出现了一定程度的下降，这可能是由于使用量较低，同时高水灰比下，减水剂的效果更加不明显。

继续提高粉煤灰使用量，当粉煤灰使用量达到 60% 时，此时不使用减水剂的充填材料充填性能变化不大，充填材料的扩展度到了 23 cm，使用减水剂的充填材料的工作性能出现了一定程度下降，扩展度达到了 17 cm，此处变化较大，主要原因一方面是可能如前文分析，另一方面也可能是由于粉煤灰的用量提升的同时，整个体系中的粉体的量同时也有提升，此时比表面积增大，使得体系的需水量增加，整个体系的流动度变化不明显，但是减水剂的使用使得两种差异增大，达到了 6 cm，而且减水剂的使用在粉煤灰提高到 60%掺量时，变化与前文不同，出现了降低。提高粉煤灰的掺入量达到 80%时，此时两种是否添加减水剂的充填材料的扩展度都出现了不同程度的变化，不使用减水剂的充填材料充填性能变化不大，充填材料的扩展度达到了 24 cm，使用减水剂的充填材料的充填性能增加较多，扩展度达到了 26 cm，这时体系的填充工作性能的变化出现可能是由于此时粉煤灰的使用增加，导致整个体系中的填充效果最好。当不使用水泥时，在煤矸石-粉煤灰体系中，整个体系的流动度出现变化，又有一定程度的上升，使用减水剂的充填材料的扩展度达到了 29 cm，同样的不使用减水剂的充填材料的扩展度也发生了相同的变化，达到了 28 cm，可以看出在煤矸石-粉煤灰体系中，减水剂在较高的水灰比的情况下，出现的变化与前文不尽相同，但是最终在高粉煤灰掺量的情况下，扩展度因为减水剂的加入而产生一定程度上升，总体来讲使得充填材料的工作性能有一定的提升。

3.3　矿井充填胶结材料的凝结时间

膏体凝结时间对矿山充填作业极为重要。膏体凝结时间越短，其早期强度越高，但是为了确保管道输送的安全，膏体凝结时间又不宜过短，否则可能导致堵管事故发生；凝结时间过长(缓凝)则不利于矿山生产，因为缓凝会延长采充周期，降低生产效率。总之，在保证膏体顺利输送的前提下，采场内膏体的凝结时间越短越好。

3.3.1　充填胶结材料拌合物的凝结时间

1. 凝结时间的概念

对于水泥净浆，凝结时间分为初凝时间与终凝时间。而混凝土与砂浆仅有凝结时间这一笼统的指标，对于初凝时间与终凝时间没有严格的规定。混凝土与砂浆的凝结时间判据都是达到指定贯入阻力的时间，但混凝土的贯入阻力较大，为 2.5 MPa，砂浆的贯入阻力只有 0.75 MPa。由于膏体充填体强度没有混凝土高，接近于低强度砂浆，故以砂浆的凝结时间测定方法作为标准。

同时，由于膏体材料与建筑砂浆的粒度相似，可借鉴砂浆凝结时间的测定方法来测定膏体的凝结时间。凝结时间为充填物料加水拌和起，至膏体完全失去塑性并开始产生强度所需的时间。

2. 凝结时间的测试方法

膏体凝结时间的测定通常采用砂浆凝结时间测定仪，如图 3-10 所示。其原理是，由手柄施加压力使试针垂直向下运动，将试针插入试模内样品。由于样品随着时间延长而凝结，使试针受到不同的贯入阻力，从而在压力显示器上显示不同的压力值。

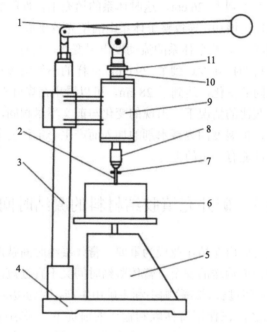

图 3-10　凝结时间测试仪结构图

1.手柄；2.试针；3.立柱；4.底座；5.压力显示器；6.试模；7.接触片；8.钻夹头；9.支架；10.主轴；11.限位螺母

3. 膏体凝结时间测定步骤

膏体凝结时间不是直接测试出来的，而是记录每次测试的贯入阻力，得到贯入阻力与时间的关系曲线，运用插值法得到设定贯入阻力的时间，即凝结时间。

（1）制备好的膏体装入容器内，低于容器上口 10 mm，轻轻敲击容器并予抹平，将装有膏体的容器放在室温条件下养护。

（2）膏体表面泌水不清除，测定贯入阻力值。用截面为 30 mm^2 的贯入试针与膏体表面接触，在 10 s 内缓慢而均匀地垂直压入，向下行程为 25 mm。每次贯入时记录仪表读数 N_p。贯入杆至少离开容器边缘或任何已有贯入部位 12 mm。

（3）实际的贯入阻力值在成型 2 h 后开始测定（从搅拌加水时起算），然后每隔半小时测定一次，至贯入阻力达到 0.3 MPa 后，改为每 15 min 测定一次，直至贯入阻力达到 0.5 MPa 为止。

（4）将实验数值代入式(3-1)，可得到膏体贯入阻力值。

$$F_{\mathrm{P}} = \frac{N_{\mathrm{P}}}{A_{\mathrm{P}}} \tag{3-1}$$

式中，F_{P} 为贯入阻力值，MPa；N_{P} 为贯入深度为 25 mm 时的静压力，N；A_{P} 为贯入试针截面积，30 mm^2。

贯入阻力值计算精确至 0.01 MPa。由测得的贯入阻力值，可按下列方法确定膏体的凝结时间。

（1）分别记录时间和相应的贯入阻力值，根据实验所得各阶段的贯入阻力与时间关系绘图，由图求出贯入阻力达到 0.5 MPa 时所需的时间，此值即为膏体的凝结时间。

（2）膏体凝结时间测定应一个试样测试一次，共做两次测试，以两次测试结果的平均值作为该膏体的凝结时间值。两次实验结果的误差不应大于 30 min，否则应重新测定。

4. 凝结时间的影响因素

1）水泥凝结时间测定影响因素

（1）计量仪器。在国家标准 GB/T 1346－2011《水泥标准稠度用水量、凝结时间、安定性检验方法》中具有相关规定，使用的量筒或是滴定管的精度必须在 ±0.5 mL 范围之内。在专业检验所内，如果必须配置的量水器具有的精度未能达到标准，即会导致在计量水泥的使用量及增水使用量时不能够精确计量，从而形成在水泥凝结时间所测定的水泥浆并不是标准水泥稠度的净浆，对水泥的凝结时间产生影响，经过实际试验数据显示，通常会在每一次添加的水为 1.0 mL 容积时，即会导致最初凝结时间在 3～10 分钟范围之内发生变化。

（2）实验环境条件。由于水泥是一种水硬型的胶凝材质，需要充足的水分作用在其水化、凝结之后再硬化的过程，在进行保养维护时段必须注重对潮湿状态的保持，方能对其先期强度的进展有益，为在相异实验室的温度及湿度实验环境下保障水泥的检验结果具备可对比性。这是由于对水泥产生水化、凝结之后再硬化具有较大影响的是温度及湿度的环境。通常而言，温度越高，水泥就会越快形成水化及凝结之后再硬化，并且在相异的温度环境之下水化形成物的性质及样态具有差异性；倘若湿度较低就会影响到水化水泥的效果，形成水泥的砂浆或是净浆的干燥收缩并出现裂痕，导致表层破坏。处于相异的温度、湿度环境下，会产生较大的对水泥检验结果的影响。

（3）人为因素。一定要使用标准的稠度净浆用于测定凝结时间。合格与否的标准稠度净浆对于检验凝结时间的结果会产生直接性的影响。例如，在对标准稠度作为测定时，未进行校对零点或是在实际操作的整流程中未能依据 1.5 min 内的标准来达成，都会出现对检验的最终结果产生影响性的因素，因为实际操作较长的时间，会让水分产生蒸发，即会形成较短时间的凝结过程。

在对标准稠度作为测定时，由于在标准试杆沉入时水泥标准稠度净浆会对其形成必然的阻力。经过实际试验相异的含水量的水泥净浆的穿透性，来对水泥标准稠度净浆中所需要的增加水量数值作为确定。因此，试杆与浆体表层接触程度的高与低都会对测定的最终结果产生影响，倘若试杆与浆体表层具有较多接触之时，具有黏性的浆体会使下降的试杆遭受到相应的阻力，即会形成偏高的最终测定结果，在试杆较多地高于浆体表层之时，此时所遭受到较小的阻力，又同时会导致测定的最终结果出现偏低的现象，因此在进行测定之时，应让试杆与浆体表层形成恰好接触，将螺丝拧紧在 1～2 s 的范围之后，再迅速地松开，即会形成试杆进入水泥净浆是呈垂直性自由地下沉状况，在对停止下沉的试杆进行观察或将试杆释放至 30 s 时指针的相关读数在 ±6 mm 范围时，为达到标准稠度，此时的净浆方可用在测定凝结时间方面。

2）对水泥强度检验形成主要影响的因素

（1）对水泥强度检验中 ISO 标准砂产生的影响。主要用于水泥强度检验中的材质为 ISO 标准砂，直接对水泥强度检测结果产生影响的是标准砂的质量优与劣。优质的真标准砂与劣质的假标准砂相比，假 ISO 标准砂具有分布的砂颗粒，呈现不均匀的状态，含有较多的杂质砂，通常呈现出各龄期水泥胶砂都有偏低强度的现象。

（2）对水泥强度检验形成影响的水泥胶砂搅拌机。GB/T 17671－1999《水泥胶砂强度检验方法(ISO 法)》中具有明确的规定：行星式水泥胶砂搅拌机的叶扇片和锅底部、锅壁之间应为 3～5mm 的距离内。倘若出现较宽间隙就不能均匀搅拌胶砂，形成偏低的水泥胶砂强度；较窄间隙容易出现挤碎 ISO 标准砂的现象，形成偏高的水泥胶砂强度。同时在搅拌时间方面必须做到严格控制，以达到以 4 min 为准的搅拌标准程式，倘若达不到 4 min 就会形成不能均匀搅拌胶砂，会显著降低其强度。

（3）对水泥强度检验形成影响的振实台。JC/T 682－2005《水泥胶砂试体成型振实台》具有明确的规定：振实台频率 60 次/60 s，振幅 15.0 mm±0.3 mm。振动的振实台频率高，就会让水泥胶砂出现偏高的强度，反之就会出现偏低的强度。增大振动幅度，形成偏高的强度，降低振动幅度，即会出现排出气体困难，形成偏低的强度。因此必须定期性地对振实台进行校验。

（4）对水泥强度检验形成影响的恒温恒湿养护箱。恒温恒湿养护箱：温度控制在 (20 ± 3) ℃，湿度≥90%。试体养护池水温应严格控制在 (20 ± 1) ℃范围内，倘若具有偏高的温度，就会形成偏高的水泥胶砂强度，反之，形成偏低的水泥胶砂强度。温度对于水泥的影响先期强度较末期强度更大。在养护箱内必须定期性对养护架作水平校准，保障放置水泥试模之时能够呈现出水平型的状态，否则，较易出现两端试体的不一致性的密度，对水泥胶砂的强度产生影响。

（5）对水泥强度检验形成影响的水泥抗压夹具。当出现抗压夹具传压柱衬套间有异物混进之时会增大摩擦力，长时间未给抗压夹具球座添加润滑剂，不可自由调节球座就会出现偏差。

3）影响水泥凝结时间的因素

a. 湿度

湿度对水泥的凝结时间有着直接的影响，一定要严格控制，符合标准规范中的湿度要求。GB/T 1346−2011 中要求水泥试验的全过程都要严谨严格地控制环境条件，但是在做试验时会有一些疏漏，比如习惯性地在做试验之前才打开水泥恒温恒湿养护箱的湿度控制器，而一般恒温恒湿养护箱需要比较久的时间才能达到湿度的设定值。这种情况就很可能会出现水泥的初凝时间到了，但是恒温恒湿养护箱的湿度还没有达到标准要求的情形，这样就势必会造成水泥凝结时间测定结果的超差。再比如，在进行水泥凝结时间试验时，往往会担心养护箱湿度不满足要求，就把湿度开到最大，这种情况会间接地对水胶比造成影响，无形中增加掺水量，也势必会造成测得结果的超差。

在温度相同的条件下，虽然随着湿度的增加凝结时间会增加，但是也不能一味地增加湿度，湿度过大时，凝结时间的标准差和误差也会增大很多，只有在十分接近标准试验条件时，凝结时间的标准差和误差才都是最小的，测得的数据才是最接近真值，是最可靠的。

b. 粉体掺和料

粉煤灰作为一种调节型辅助性胶凝材料，它的掺入可以提高高性能混凝土的和易性、耐久性，充分利用工业废料，节约成本，有效节约资源和能源，减少环境污染，符合绿色高性能混凝土的发展方向，促进了混凝土技术的健康发展，因而被广泛使用。

施工使用的混凝土往往是商品混凝土，运输时间较长。在运送途中，时间越长，混凝土的坍落度就越小，就越不利于高强混凝土的施工。掺加粉煤灰势必对混凝土的凝结时间造成影响，水泥的凝结时间直接影响混凝土的凝结硬化强度，为了保证混凝土有充分的时间进行搅拌、运输、浇捣等一系列的施工过程，必须要求水泥有一个合理稳定的初凝时间。初凝时间过短，往往来不及施工，甚至来不及运输到施工工地。同时由于水泥的凝结时间对混凝土的凝结时间乃至性能有着重要影响。因此，需要对粉煤灰掺量对混凝土凝结时间的影响规律有所了解。

一般认为，掺入粉煤灰后，水泥的标准稠度用水量增加，凝结时间也相应延长，并且随着粉煤灰掺量的增加而增加。一方面是因为粉煤灰的颗粒相对细小，填充于水泥颗粒的空隙中，减少了水泥颗粒与水之间以及水泥颗粒相互之间的接触，稀释了水泥的浓度，且粉煤灰掺量越高，水泥的量越少，生成的水化产物也越少，从而延缓了水泥的凝结时间；另一方面是粉煤灰的水化活性远比水泥熟料低，相当于阻止了水泥的水化，从而延长了凝结时间。

粉煤灰对低水灰比(水灰比 0.28)下凝结时间的影响：低水灰比(水灰比 0.28)下，掺入粉煤灰超过 20%以后，凝结时间缩短。这主要是因为：低水胶比水泥浆体掺有大量粉煤灰作为掺合料时，粉煤灰颗粒较水泥颗粒小很多，比表面积增大，用于包裹粉煤灰颗粒的水分自然要增多，当粉煤灰掺量进一步增大时，包裹粉煤灰颗粒所需的水分大大超过粉煤灰颗粒所能释放出的水分，高活性的水泥与粉煤灰掺合料迅速水化，较快地消耗了水泥浆体内本来较少的水分，供水不足成为影响它们充分水化的主要问题。同时，粉煤灰活性低、水化较缓慢，体系中熟料矿物减少，使水化初期浆体中控制水泥水化速度的实际有效水灰化增大，用于熟料矿物水化的相对水量增加，使水泥的水化条件相对改善，凝结时间变短。

普通硅酸盐水泥一般掺入 20%左右的粉煤灰，往往还要再加入一些混合材料，混凝土的水灰比一般比 0.28 大一些，但是加上砂、石后，要吸收一部分水，能够参与水化的水灰比也与 0.28 差不多了，为了能够满足施工要求，对粉煤灰的掺量要有一定的控制。

对于粉煤灰、煤矸石、硅灰等，掺量超过一定量时，比表面积的增大，势必对水泥凝结时间产生一定影响，使用时应值得注意。在粉煤灰掺量相同的条件下，标准稠度下水泥初凝时间均比水灰比 0.28 下水泥凝结时间有不同程度的延长。这是由于水泥的水化存在诱导期，水解产生的 Ca^{2+} 和 OH^- 进入溶液，只有待溶液中 $Ca(OH)_2$ 达到一定饱和浓度时，$Ca(OH)_2$ 析晶，诱导期才结束，进而开始水化。粉煤灰掺量越多，标准稠度需水量越大，$Ca(OH)_2$ 越难达到饱和，凝结时间也越长。

天然石膏和脱硫石膏的化学成分、结晶水含量及 pH 值一致，都呈中性，而且被作为水泥生产的调凝剂使用时，对水泥凝结时间和强度的影响是一样的。

磷石膏同天然石膏和脱硫石膏相比，化学成分及结晶水含量差异不大。但反映其重要特性的指标 pH 值低于 7 的磷石膏呈酸性。尽管一次改性磷石 pH 值达到 7 以上，但按照既要保证水泥凝结时间合理，又要保证水泥强度最高的原则，找出二者最佳结合点，判定 P·O42.5 水泥的 SO_3 最佳含量为 2.2%，P·C32.5R 水泥的 SO_3 最佳含量为 1.8%。另外，即便是 P·O42.5 水泥的 SO_3 含量按照 2.2%、P·C32.5R 水泥的 SO_3 含量按照 1.8%进行控制，按照通常现场混凝土施工控制水泥凝结时间：初凝时间≤240 min，终凝时间≤300 min 的上限要求，水泥凝结时间仍然偏长约 40 min，水泥 3 d 抗压强度偏低约 2 MPa。充分说明，尽管用生石灰对磷石的改性使得 pH 值≥7，但改性磷石应用于水泥生产在水泥凝结时间和强度上有一定的局限性，还不能完全很好地被通用水泥作为正常调凝剂应用。

无论是 P·O42.5 水泥还是 P·C32.5R 水泥，水泥的凝结时间都能满足通常现场施工要求，并且在 P·O42.5 水泥的 SO_3 最佳含量为 2.2%左右、P·C32.5R 水泥的 SO_3，最佳含量为 1.8%左右的条件下，水泥的 3 d、28 d 抗压强度完全与使用天然石膏和脱硫石膏一样。工业副产品磷石膏不改性，直接作为水泥的调凝剂使用，会延长水泥的凝结时间，并使水泥的 3 d 抗压强度有所下降。工业副产品磷石膏改性除满足 pH 值不低于 7 的技术要求之外，还要满足通常现场混凝土施工对水泥凝结时间以及保证水泥早期强度不得下降等技术要求。

利用生石灰和快凝增强无机盐两种材料对工业副产品磷石膏进行改性，才能全部使用改性磷石膏完全代替天然石膏作为水泥的调凝剂。改性磷石膏完全代替天然石膏作为水泥的调凝剂使用，既可变废为宝提高企业经济效益，又可消纳固体废物保护环境，获得企业效益和社会效益的双赢。

5. 膏体凝结时间的影响因素

影响膏体凝结时间的因素主要有灰砂比、重量浓度、颗粒级配与添加剂等。

1）灰砂比

在重量浓度一定的情况下，膏体的凝结时间随胶结材料含量的增加而缩短，其原因主要是胶结材料含量越高，早期生成的水化产物越多，导致凝结时间缩短。

图 3-11 为膏体物料中灰砂比与膏体凝结时间关系曲线。从图中可以看出，不同浓度水平，膏体的凝结时间均随灰砂比的降低而增加，即膏体物料配比中的灰砂比越大，膏体的凝结时间越短。灰砂比对膏体凝结时间的影响并不难理解，膏体内水泥含量越多，在相同时间内膏体内部水化反应产物就越多，达到某一强度所需的时间就越短，相应的凝结时间就越短。尽管当灰砂比由 1∶16 升高至 1∶4 时，膏体的凝结时间缩短了 1/2 左右，但其经济性却大打折扣，因为水泥成本大幅度增加。

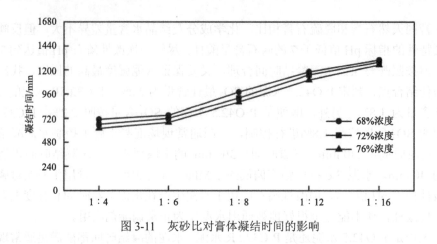

图 3-11   灰砂比对膏体凝结时间的影响

2）重量浓度

在同等条件下，膏体重量浓度越大，其水灰比越小。这意味着充填体水化反应速度加快，凝结时间缩短。

图 3-12 为膏体重量浓度对其凝结时间的影响情况。从图中可以看出，随着膏体重量浓度的增加，膏体的凝结时间呈现减小的趋势。相比灰砂比对膏体凝结时间的影响，膏体重量浓度对其影响相对较为平缓。在不同灰砂比情况下，浓度由 68% 提高至 76%，膏体凝结时间缩短幅度较小。这主要是因为凝结时间的测量实际上是对膏体强度性能的间接反映，而膏体强度的发展主要依赖于水泥水化反应。

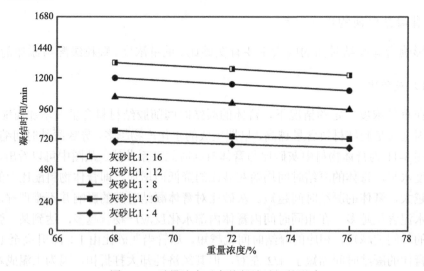

图 3-12   重量浓度对膏体凝结时间的影响

此外，在室内实验过程中，即使浓度较低，也不会造成水泥的大量流失，因此，料浆内部的水泥会迅速发生水化反应。而实际充填采场中，如果充填浓度较低，滤水过程中会造成大量水泥的流失，导致相同水泥含量的料浆凝结时间在低浓度时灰砂比远大于高浓度情况。

3）颗粒级配

尾砂粒度对膏体凝结时间有显著影响，特别是–20 μm 尾砂含量较高时，其凝结时间较长。由于超细物料的比表面积大、孔隙率大、吸水率大，它消耗的水量自然也大。消耗水量大导致膏体重量浓度降低，这样就需要消耗更多的胶结材料，膏体才能凝结。也就是说，在重量浓度和水泥用量一定的条件下，超细物料含量的增加导致膏体凝结时间的延长和强度的降低。

4）添加剂

影响膏体凝结性能的添加剂有促凝剂与缓凝剂。在充填工艺中，缓凝剂使用较少，在此不作详细叙述。

a. 促凝剂

能缩短凝结时间和提高膏体早期强度，并对后期强度无显著影响的外加剂称为促凝剂。在胶凝充填材料中添加促凝剂，是为了满足某些需要早强的工艺要求。促凝剂的种类很多，作者以水玻璃为例进行了相关实验，探讨其对膏体凝结性能的影响。云南某铅锌矿尾砂配制成重量浓度 80%，灰砂比和水玻璃含量不同的膏体之后，其凝结时间随灰砂比和水玻璃添加量的变化情况见图 3-13。

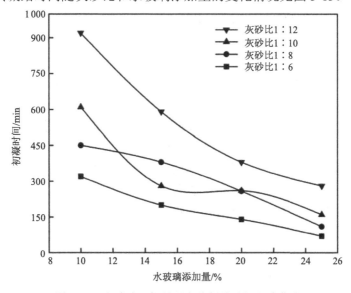

图 3-13　水玻璃添加量对膏体凝结时间影响曲线

可以看出，水玻璃添加量每增加 5%，膏体凝结时间平均缩短 38.18%，最高达到 59.63%。水玻璃添加量由 10% 增加到 15% 时，其促凝效果最佳。在一定范围内，膏体的凝结时间随着促凝剂添加量的提高不断地缩短，说明添加促凝剂后能显著缩短膏体凝结时间。

b. 聚酰胺乳胶

灰砂比一定，控制稠度值大致相同的情况下，乳胶掺量的增加会使用水量小幅度增加。乳胶掺量越大，分层度值越小，说明砂浆的保水性能越好。随着乳胶掺量的增加，拌和物的流动性明显增大，但稠度值并没有明显增加，且分层度值减小，可知砂浆不仅保水性增加，而且黏聚性能也增大。掺加乳胶会使砂浆的凝结时间延长，有缓凝作用。乳胶掺量在 5% 以内时，凝结时间显著增加，但掺量大于 5% 时，凝结时间增加不明显。

5）聚合物改性

聚合物改性水泥砂浆是在砂浆拌制时加入聚合物改性剂，聚合物改性剂会在砂浆基体中生成连续的三维网状膜结构使得砂浆性能得到改善。较之普通砂浆表现出不少优越之处：有较高的抗弯折性能、抗渗性能、黏结性能及良好的延性。不难看出，聚合物改性水泥砂浆具有广阔的应用前景，在不少具有防腐性的环境工程及有混凝土构件表面的修补中得以大量应用。乳化剂在聚合物改性水泥砂浆中应用较多，以获得理想的施工性能，但乳化处理的结果会使聚合物改性剂拌制过程中产生较多气泡，对聚合物改性水泥砂浆性能产生负面作用。消泡剂的加入可以大大弥补这一缺陷，其原理为：形成稳定的不平衡表面张力，原体系的表面弹性和黏度被破坏，小气泡合并成为大气泡，最终破裂而达到减少气泡数量的目的。

在聚灰比低的情况下，随着消泡剂掺量的增加，聚合物改性水泥砂浆的终凝时间均呈现出延迟的效应，初凝及终凝延迟最多。但是，低聚灰比消泡剂掺量的增幅不大，而提高消泡剂的掺量后的增幅明显增加，延长时间分别为 75 min、90 min 和 105 min。可见，在聚灰比为 0.05 时，消泡剂低掺量对聚合物改性砂浆终凝时间的影响不大。随着消泡剂掺量的增加，改性砂浆的初凝时间变化规律大致与终凝时间变化规律一致，只是在消泡剂掺量为 0.3%、0.5%、0.7% 时，初凝时间近似为一定值，这表明消泡剂在一个较大的掺量范围内（至少是 3%~7%），聚合物改性砂浆初凝时间的顺延程度变化不大。综合比较：消泡剂对改性砂浆凝结时间的影响受聚灰比大小的影响较大，这种情形在较大聚灰比下表现得尤为突出。即在聚灰比为 0.05、0.1、0.15 时，对应的终凝时间分别增加为 90 min、70 min和 10 min，延迟程度表现出渐次减弱规律。聚合物改性水泥砂浆的凝结时间随着消泡剂掺量的增加表现出顺延的现象。综合考虑聚合物改性水泥砂浆消泡效果和凝结时间，当采用本试验所使用消泡剂及乳液改性剂制备聚合物改性水泥砂浆时，推荐消泡剂掺量为3%、聚灰比取为0.1。

近年来，国内外很多学者对聚合物改性水泥砂浆做了大量研究，但大多还集中于对聚合物乳液改性水泥砂浆的研究。聚合物干粉由于比聚合物乳液具有易于包装、储存、运输和供应、抗冻和无生酶、生细菌的问题，以及可与水泥和砂等预拌包装制成单组分产品，用量较小，且加水即可使用的优点，因此，聚合物干粉正逐渐替代聚合物乳液用于改性水泥砂浆。为使砂浆有充分的时间进行搅拌、运输、浇捣或砌筑，有必要研究聚合物干粉品种及掺量对改性水泥砂浆性能及其凝结时间影响的关系。

偶联剂可将两类性质相差悬殊的材料以化学键形式偶联起来，获得良好的结合，能在无机骨料的表面形成亲水性硅酸盐薄壳，改善骨料与水泥浆体的亲和作用，还能降低砂浆拌合物的黏性、延长其适用期、增加其力学性能和抗开裂能力，但也使树脂改性水泥砂浆的凝结时间增长。聚合物改性砂浆，尤其是用作修补材料时，减小其自身收缩开裂及其与被修补基体变形不协调引起的剥离，是评定修补效果的一个重要指标。因此，在聚合物改性水泥砂浆中加入减缩剂以减少毛细孔内液体表面张力进而减少其收缩，改善其抗开裂性能以保证获得理想的修补效果。

为便于施工，往往用乳化剂对聚合物改性剂进行乳化处理，导致施工拌制时产生大量的气泡，产生负面影响，降低了聚合物改性水泥砂浆的抗压强度。因此常常在聚合物改性水泥砂浆中加入消泡剂，破坏发泡体系表面黏度和弹性，使小气泡集合成为大气泡，进而破裂而达到消泡目的。

聚合物改性水泥砂浆的凝结时间较普通水泥砂浆有所延长，且随着聚灰比的增大而增加，但是增长程度越来越弱。聚合物改性水泥砂浆的凝结时间随着偶联剂、减缩剂、消泡剂掺量的增加均表现出增大的现象，但是增长速率随着聚灰比的增加而减弱。无水酒精作偶联剂稀释剂时，聚合物改性水泥砂浆的凝结时间增加程度加剧。在偶联剂、减缩剂、消泡剂掺量一定的情况下，增加聚灰比会使改性水泥砂浆凝结时间延长，尤其是外加剂高掺量时，延迟程度更为明显。聚灰比对凝结时间的影响程度高于偶联剂、减缩剂、消泡剂。

在 EVA 型(乙烯-醋酸乙烯酯共聚物)可再分散乳胶掺量为 0~20%时，砂浆的自由收缩变形随时间的发展均呈现先膨胀后收缩的变形特征。EVA 能在一定程度上降低砂浆的有效自由收缩变形量，减小砂浆早龄期有害变形量，且随着 EVA 掺量的增加，降低效果越明显，相比于未掺 EVA 的砂浆，掺 EVA 的砂浆有效自由收缩变形量减小。EVA 乳胶粉能延缓水泥水化，延长砂浆的凝结时间，延缓有害变形发生的时间，改善砂浆的固化性能，且 EVA 掺量越多，效果越明显。由塑性自由收缩试验法测得砂浆的凝结时间。这可能是由于 EVA 乳胶粉能在砂浆界面过渡区孔隙中凝聚成膜使界面过渡区更为致密，以及形成的膜结构还与水泥水化产物相互缠绕形成互穿的网络结构，因此起到在一定程度上限制砂浆颗粒组分的塑性流动作用，使得只需要较少的固相生成物即可达到固化状态。因此，EVA 乳胶粉改性砂浆的极限剪切应力并未达到采用贯入阻力法确定砂浆凝结时间时所对应的极限剪切应力水平，同时也说明了采用自由收缩变形-时间曲线测得的砂浆凝结时间要早于采用贯入阻力法测得的砂浆凝结时间，前者更能真正反映砂浆混凝土材料由塑性流动状态向固相转变的过程。相比于贯入阻力法，塑性自由收缩试验法更能真实反映砂浆混凝土材料由塑性流动状态向固体状态转变的过程，能较准确得出砂浆混凝土的凝结时间。

3.3.2 固废粉体对充填胶结材料凝结时间的影响

本小节实验中主要使用的粉体为粉煤灰和赤泥，以下主要讨论赤泥和粉煤灰对于凝结时间的影响。

富含 Al_2O_3、SiO_2、Fe_xO 等组分的粉煤灰是由发电厂燃煤产生的一种固体废弃物，其来源广、成本低，适合大规模应用。有学者通过试验研究发现，使用富含硅铝氧化物组分的粉煤灰能制备出在微观上与偏高岭土基地聚合物类似的地质聚合物，而且在某些性能上优于偏高岭土基地聚合物。但粉煤灰有低钙灰和高钙灰，高钙灰的活性较高，反应速率较快，凝结时间很短，导致可操作性较低，而且高钙灰中的高钙含量会使材料的干燥收缩变大。低钙灰则与之相反，由于粉煤灰中玻璃体的聚合度较高使其活性较低，难以激发，从而导致碱激发粉煤灰胶凝材料的凝结时间长，室温养护下获得的强度较低。有学者通过研究发现，矿渣的掺入使粉煤灰地聚合物的凝结时间缩短，强度提高，降低碱激发剂的需求量，但矿渣掺入过量会导致材料收缩变大、抗裂性能降低。粉煤灰地聚合物力学性能的影响因素中，碱激发剂的影响程度最大，矿渣掺量及水胶比次之。随着碱浓度的增加，抗压强度先提高后降低。这是因为在一定程度范围内，随着激发剂碱浓度的增加，硅铝质原料溶解度更高，反应生成更多的地聚合物凝胶，填充内部空隙，使基体更加密实，抗压强度提高。但当碱浓度过高时，金属阳离子在粉煤灰颗粒表面发生钝化反应，会降低粉煤灰和矿渣的溶解速率，反应产物包裹在未反应颗粒表面，导致抗压强度降低。

具体实验设计和结果如下所述。

从 A 组实验结果(表 3-33)中可以看出，在不同的体系中，不同固废粉体对于充填胶结材料的沉缩作用的影响以及程度是不同的。使用粉煤灰掺和料和煤矸石骨料，同时使用了外加的减水剂，可以看到没有掺入粉煤灰时，充填材料的凝结时间为 11 h；在加入 20% 的粉煤灰时，充填材料的凝结时间没有出现明显的变化，凝结时间仍然为 10.7 h；当粉煤灰的掺入量达到 40% 时，充填材料的凝结时间出现了一定程度上升，达到了 12.1 h，说明粉煤灰的掺入使得充填材料的凝结时间变长，但是变化不大，可能是由于填充效应明显；当粉煤灰使用量达到 60% 时，此时充填性能的提升并不是很明显，充填材料的凝结时间仍然是 12.5 h，这可能是由于粉煤灰的用量提升的同时，整个体系中的粉体的量同时也有提升，此时比表面积增大，使得体系的蓄水量增加，整个体系的凝结时间变化不明显；当粉煤灰的掺入量达到 80% 时，充填材料的凝结时间出现了一定程度上升，达到了 15.3 h，这时整个体系的填充作用并不明显，反而是粉煤灰的蓄水量上升，使得充填材料的凝结时间出现了一定程度上升；最后，当不使用水泥时，在煤矸石-粉煤灰体系中，整个体系的流动度出现变化，又有一定程度的上升，凝结时间达到了 19.5 h，因此，此时煤矸石-粉煤灰充填材料中粉煤灰粒度比较重要，使得高掺量时凝结时间上升，整个体系的凝结时间有一定的变化。可以看出，在使用粉煤灰时，整个体系的凝结时间出现了随粉煤灰添量逐渐上升，凝结时间有一定程度的上升，因此，粉煤灰在此体系中，会提高凝结时间。

表 3-33　A 组实验方案及结果

	水胶比	胶集比	水泥	粉煤灰	砂(煤矸石)	水	减水剂(2%)	凝结时间/h
0	0.8	0.2	180	0	900	144	3.6	11.0
1	0.8	0.2	144	36	900	144	3.6	10.7
2	0.8	0.2	108	72	900	144	3.6	12.1
3	0.8	0.2	72	108	900	144	3.6	12.5
4	0.8	0.2	36	144	900	144	3.6	15.3
5	0.8	0.2	0	180	900	144	3.6	19.5

　　B 组实验中，与 A 组的体系相同，同样是水泥-粉煤灰-煤矸石体系，同样的在使用粉煤灰时，体系的凝结时间随粉煤灰的量逐渐上升时，凝结时间有一定程度的上升，因此，在不同水灰比的相同体系中，粉煤灰在此体系中会提高凝结时间。使用粉煤灰掺和料和煤矸石骨料，同时使用了 5‰ 的外加减水剂，可以看到，没有掺入粉煤灰时，充填材料的凝结时间为 11.7 h；在加入 20% 的粉煤灰时，充填材料的凝结时间出现了较为明显的变化，凝结时间达到了 14.4 h；

之后提升粉煤灰的用量，最终凝结时间到达最高，为 22.5 h(表 3-34)。因此，此时煤矸石-粉煤灰充填材料中的填充作用最大，细颗粒含量高，整个体系的凝结时间最长。可以看出，在相同体系中，不同水灰比下，体系的变化规律基本相同。

表 3-34 B 组实验方案及结果

	水胶比	胶集比	水泥	粉煤灰	砂(煤矸石)	水	减水剂	凝结时间/h
0	1	0.2	270	0	1350	270	5‰	11.7
1	1	0.2	216	54	1350	270	5‰	14.4
2	1	0.2	162	108	1350	270	5‰	16.4
3	1	0.2	108	162	1350	270	5‰	17.3
4	1	0.2	54	216	1350	270	5‰	17.7
5	1	0.2	0	270	1350	270	5‰	22.5

　　C 组实验中，同前两组实验相同，即使用粉煤灰掺和料和煤矸石骨料，改变了水灰比，但是没有使用外加的减水剂，可以看到，没有掺入粉煤灰时，充填材料的凝结时间为 16.9 h，与前两组相比，初始凝结时间出现了明显的变化，这主要是由于水量上升；在加入 20%的粉煤灰时，充填材料的凝结时间出现了一定程度的上升，填充效应明显，凝结时间达到了 17.6 h；当使用 40%～100%的粉煤灰的掺入量时，充填材料的凝结时间一直上升，最终在 100%粉煤灰掺量时达到了 28.3 h(表 3-35)。可以看出，粉煤灰在此体系中，会有一定程度的降低性能的作用，与前两组整个体系的凝结时间出现了相同的变化，即在粉煤灰的量逐渐上升时，凝结时间又有一定程度的上升，但是由于减水剂未使用，在细节上的变化同样是不可忽视的，具体发生的变化，还待进一步的讨论。

表 3-35 C 组实验方案及结果

	水胶比	胶集比	水泥	粉煤灰	砂(煤矸石)	水	减水剂	凝结时间/h
0	7/6	0.2	270	0	1350	315	0	16.9
1	7/6	0.2	216	54	1350	315	0	17.6
2	7/6	0.2	162	108	1350	315	0	20.2
3	7/6	0.2	108	162	1350	315	0	21.3
4	7/6	0.2	54	216	1350	315	0	24.5
5	7/6	0.2	0	270	1350	315	0	28.3

D 组实验中，此时，体系发生了变化，骨料由煤矸石变为尾砂，即使用了粉煤灰掺和料和尾砂骨料，同时没有使用外加的减水剂，尾砂的筛分如表 3-36 所示。

表 3-36　尾砂筛分表

粒级/mm	含量/g	占比/%
>4.75	57.12	11.50
2.36~4.75	71.15	14.33
1.18~2.36	51.7	10.41
0.6~1.18	35.57	7.16
0.3~0.6	85.42	17.20
0.15~0.3	72.42	14.59
0.075~0.15	92.29	18.59
<0.075	30.84	6.21

从表中可以看出，0.15 mm 以下的含量较多，同时 0.075 mm 以下的含量达到了 30.84 g，整个体系中的细颗粒含量变多，因此在没有使用外加剂的情况下，要想保证凝结时间，需要较多的水。在此体系中可以看到，没有掺入粉煤灰时，充填材料的凝结时间为 39 h，此时的凝结时间与在加入 20% 的粉煤灰时，充填材料的凝结时间出现了一定程度的上升，凝结时间达到了 40.6 h，当提高粉煤灰的掺入量达到 40%~100% 时，体系的凝结时间逐渐增加，最终达到 45.1 h（表 3-37）。可以看出，在不同的体系中，使用级配不是很好的骨料时，粉煤灰加入时，整个体系的凝结时间出现了一定程度的上升，在粉煤灰的量逐渐上升时，凝结时间又有一定程度的波动但是总体上依旧是上升，最终的变化比煤矸石组的变化小，因此，粉煤灰在此体系中会有一定程度的提升凝结时间。

表 3-37　D 组实验方案及结果

	水胶比	胶集比	水泥	粉煤灰	砂（尾砂）	水	减水剂	凝结时间/h
0	3.6	0.1	135	0	1350	486	0	39.0
1	3.6	0.1	108	27	1350	486	0	40.6
2	3.6	0.1	81	54	1350	486	0	43.4
3	3.6	0.1	54	81	1350	486	0	43.3
4	3.6	0.1	27	108	1350	486	0	47.0
5	3.6	0.1	0	135	1350	486	0	45.1

E 组实验中，此时使用商用的充填砂作为充填骨料，即使用水泥、粉煤灰掺和料和商用充填砂骨料，同时没有使用减水剂。充填砂的筛分数据如表 3-38 所示。

表 3-38 充填砂筛分表

粒级	数量	占比/%
<0.075	16	1.60
0.075~0.15	32.7	3.27
0.15~0.3	88.7	8.87
0.3~0.6	265.4	26.54
0.6~1.18	160.2	16.02
>1.18	437	43.70

可以看到：没有掺入粉煤灰时，充填材料的凝结时间为 15.4 h；在加入 20% 的粉煤灰时，充填材料整个体系的凝结时间又有一定的变化，凝结时间上升为 17.7 h；当提高粉煤灰的掺入量达到胶凝材料的 40%～100%时，充填材料的凝结时间一直以一定程度上升，最终达到了 24.9 h，此时充填砂-粉煤灰充填材料中的填充作用最大，因此整个体系的凝结时间一直上升。可以看出，在较好的级配骨料的体系中，在使用粉煤灰时，整个体系的凝结时间出现了一定程度的上升，随粉煤灰的量逐渐上升，凝结时间也是一直上升，最终的变化率介于煤矸石与尾砂骨料充填材料之间。

表 3-39 E 组实验方案及结果

	水胶比	胶集比	水泥	粉煤灰	砂(充填砂)	水	减水剂	凝结时间/h
0	1	0.2	270	0	1350	270	0	15.4
1	1	0.2	216	54	1350	270	0	17.7
2	1	0.2	162	108	1350	270	0	19.6
3	1	0.2	108	162	1350	270	0	22.8
4	1	0.2	54	216	1350	270	0	23.9
5	1	0.2	0	270	1350	270	0	24.9

F 组实验中，与前一组相同，但是此时，赤泥作为胶凝材料的一部分被加入到实验中，以消纳更多的固废粉体。可以看出，在使用粉煤灰时，整个赤泥-粉煤灰-充填砂体系的凝结时间出现了一定程度的上升，在粉煤灰的量逐渐上升时，

凝结时间又有一定程度的波动，但是总体来讲是增加的。即使用粉煤灰掺和料和
煤矸石骨料，同时使用了外加的减水剂，可以看到，没有掺入粉煤灰时，充填材
料的凝结时间为 16 h，由于赤泥的粉体颗粒粒度不同，与相同水灰比的凝结时间
不同；在加入 20%的粉煤灰时，充填材料的凝结时间上升，凝结时间提高达到了
18 h，同时掺加量为 40%～100%时，充填材料的凝结时间持续上升，凝结时间达
到 26.7 h（表 3-40）。因此，赤泥-粉煤灰-充填砂体系的凝结时间变化与之前相同，
并且总体的变化率也有一定上升。

表 3-40　F 组实验方案及结果

	水胶比	胶集比	水泥	粉煤灰	赤泥	砂（充填砂）	水	凝结时间/h
0	1	0.2	243	0	27	1350	270	16.0
1	1	0.2	189	54	27	1350	270	18.0
2	1	0.2	135	108	27	1350	270	20.4
3	1	0.2	81	162	27	1350	270	22.6
4	1	0.2	27	216	27	1350	270	25.3
5	1	0.2	0	243	27	1350	270	26.7

　　H 组实验中，使用了赤泥作为掺和料的一部分，使用粉煤灰掺和料和充填
砂骨料，同时提高了赤泥的用量。此组的赤泥用量上升，同时水灰比的变化导
致组别的梯度变少，同时没有使用外加的减水剂。可以看到，没有掺入粉煤灰
时，充填材料的凝结时间为 15 h；在加入 20%的粉煤灰时，充填材料的凝结时
间出现一定程度的上升，凝结时间达到了 16 h；当粉煤灰的掺入量达到 40%～
100%时，凝结时间持续增加（表 3-41）。可以看出，在大剂量使用赤泥时，也使
用粉煤灰，在粉煤灰的量逐渐上升时，骨料的级配合理时，整个体系的凝结时
间出现了一定程度的上升，但是变化率更小，因此，赤泥的加入使得充填材料
的凝结时间下降。

表 3-41　H 组实验方案及结果

	水胶比	胶集比	水泥	粉煤灰	赤泥	砂（充填砂）	水	凝结时间/h
0	1	0.2	216	0	54	1350	270	15.0
1	1	0.2	162	54	54	1350	270	16.0
2	1	0.2	108	108	54	1350	270	17.4
3	1	0.2	54	162	54	1350	270	19.2
4	1	0.2	0	216	54	1350	270	22.4

　　K 组实验中，仍使用了赤泥作为掺和料，同时降低了水胶比，在低水胶比的情况下，使用赤泥-粉煤灰掺和料和充填砂骨料，同时部分使用了外加的减水剂。可以看出，在掺入粉煤灰代替水泥，粉煤灰的量逐渐上升时，凝结时间又有一定程度的上升。没有掺入粉煤灰时，充填材料的凝结时间为 8.2 h，为所有组中最小，同时在加入 20%的粉煤灰时，充填材料的凝结时间出现了一定程度上升。凝结时间提升了 15.6%、40%、60%、80%、100%时，充填材料的凝结时间分别为 10.6 h、12.4 h、14.3 h、15.8 h、18.0 h，说明赤泥的掺入使得充填材料的性能变好（表 3-42）。具体原因参见上文，赤泥可以在一定程度上加速凝结。

表 3-42　K 组实验方案及结果

	水胶比	胶集比	水泥	粉煤灰	赤泥	砂（充填砂）	水	凝结时间/h
0	0.8	0.2	243	0	27	1350	189	8.2
1	0.8	0.2	189	54	27	1350	216	10.6
2	0.8	0.2	135	108	27	1350	216	12.4
3	0.8	0.2	81	162	27	1350	216	14.3
4	0.8	0.2	27	216	27	1350	216	15.8
5	0.8	0.2	0	243	27	1350	216	18.0

3.3.3　固废骨料对充填胶结材料凝结时间的影响

　　固废骨料对充填胶结材料凝结时间的影响的实验设计及结果如表 3-43 所示。

表 3-43　水胶比 1 下不同骨料凝结时间对比

	水胶比	胶集比	水泥	粉煤灰	砂（煤矸石）	水	凝结时间/h
0	1	0.2	270	0	1350	270	11.7
1	1	0.2	216	54	1350	270	14.4
2	1	0.2	162	108	1350	270	16.4
3	1	0.2	108	162	1350	270	17.3
4	1	0.2	54	216	1350	270	17.7
5	1	0.2	0	270	1350	270	22.5

	水胶比	胶集比	水泥	粉煤灰	砂（充填砂）	水	凝结时间/h
0	1	0.2	270	0	1350	270	15.4
1	1	0.2	216	54	1350	270	17.7
2	1	0.2	162	108	1350	270	19.6
3	1	0.2	108	162	1350	270	22.8

续表

	水胶比	胶集比	水泥	粉煤灰	砂(煤矸石)	水	凝结时间/h
4	1	0.2	54	216	1350	270	23.9
5	1	0.2	0	270	1350	270	24.9

对比表 3-43 可以看出，不同骨料的充填材料的凝结时间还是不同的，同时在不同的粉煤灰掺量情况下，对于充填材料的凝结时间影响是不同的，即低粉煤灰掺量的情况下，使用充填砂骨料的情况下使得较充填材料的凝结时间有一定的提升。随着粉煤灰的掺入量的提高，使用充填砂骨料的充填材料的性能在后面的实验组别中凝结时间均高于使用煤矸石骨料的组别，同时可以看出在掺入粉煤灰的量为 100% 的情况下，两组的差距最大，有可能是商用充填砂的骨料级配突显，水泥接触水的机会降低，使得凝结时间高于煤矸石的充填材料，但是在加入粉煤灰的情况下，粉煤灰的粒度使得凝结时间增长，粉煤灰和煤矸石骨料组成的整个体系，级配更加合理，比充填砂的骨料级配更加合理，所以凝结时间低于充填砂的充填材料。已知，在水胶比为 1 的情况下，不使用粉煤灰掺入时充填砂骨料的凝结时间较高，之后提高粉煤灰的掺量，充填砂骨料的充填材料凝结时间都高于煤矸石充填材料。

之后设计实验在水胶比为 0.8 的情况下，煤矸石和充填砂的性能对比，实验设计与结果如表 3-44 所示。

表 3-44　水胶比为 0.8 下不同骨料凝结时间对比

	水胶比	胶集比	水泥	粉煤灰	砂(煤矸石)	水	凝结时间/h
0	0.8	0.2	180	0	900	144	11.0
1	0.8	0.2	144	36	900	144	10.7
2	0.8	0.2	108	72	900	144	12.1
3	0.8	0.2	72	108	900	144	12.5
4	0.8	0.2	36	144	900	144	15.3
5	0.8	0.2	0	180	900	144	19.5

	水胶比	胶集比	水泥	粉煤灰	砂(充填砂)	水	凝结时间/h
0	0.8	0.2	180	0	900	144	8.2
1	0.8	0.2	144	36	900	144	10.6
2	0.8	0.2	108	72	900	144	12.4
3	0.8	0.2	72	108	900	144	14.3
4	0.8	0.2	36	144	900	144	15.8
5	0.8	0.2	0	180	900	144	18.0

对比水胶比为 1 的情况下，可以看出水胶比为 0.8 时，不同骨料的充填材料的凝结时间还是不同的，但是此水灰比下在不同的粉煤灰掺量情况下，对于充填材料的凝结时间影响是相同的，即未掺入粉煤灰的情况下，使用煤矸石骨料的情况下使得充填材料的凝结时间低于充填砂骨料的充填材料，在粉煤灰 20%～40%掺量时，两者的凝结时间相差较小，但是随着粉煤灰的掺入量的提高，使用充填砂骨料的充填材料的凝结时间更加短，同时最后两组粉煤灰高掺量的实验组别中凝结时间均低于使用煤矸石骨料的组别，同时可以看出，在低水胶比时，未掺入粉煤灰的情况下，商用充填砂的骨料级配影响变小，使得凝结时间接近煤矸石的充填材料，但是在加入粉煤灰的情况下，粉煤灰的粒度使得粉煤灰和煤矸石骨料组成的整个体系比充填砂的骨料级配更加合理，所以凝结时间高于充填砂的充填材料，与低水灰比下的规律并不相同，具体的原因还待进一步研究。

3.3.4   化学外加剂对充填胶结材料凝结时间的影响

在水胶比为 0.6、胶集比为 0.8、总胶凝材料不变、水泥用量为总胶凝材料 25%、FA/CFB 为 2：3 条件下，研究不同外加剂掺量(占总胶凝材料的百分比)对 CLSM 材料工作性能和硬化浆体性能的影响，实验配合比如表 3-45 所示，实验结果如表 3-46 所示。

表 3-45   外加剂掺量变化配合比表

No.	水胶比	胶集比	FA：CFB	外加剂掺量	水泥/kg	粉煤灰/kg	CFB/kg	矸石/kg >0.6 mm	矸石/kg <0.6 mm	水/kg	外加剂/g	容重/(kg/m³)
22	0.6	0.8	2：3	3/‰	3	3.6	5.4	13.5	1.5	7.2	36	2010
23	0.6	0.8	2：3	4/‰	3	3.6	5.4	13.5	1.5	7.2	48	1990
24	0.6	0.8	2：3	5/‰	3	3.6	5.4	13.5	1.5	7.2	60	2000
25	0.6	0.8	2：3	6/‰	3	3.6	5.4	13.5	1.5	7.2	72	1890
26	0.6	0.8	2：3	7/‰	3	3.6	5.4	13.5	1.5	7.2	84	1950

表 3-46   外加剂掺量对 CLSM 的工作性能和力学性能影响结果

No.	坍落度/mm 30 s	坍落度/mm 30 min	坍落度/mm 60 min	扩展度/mm	泌水率/%	含气量/%	离析	凝结时间/h	孔隙率/%
22	280	260	240	560	2.94	7.3	严重	23.1	9.25
23	265	250	240	540	2.21	5.4	严重	19.8	9.16

续表

No.	坍落度/mm			扩展度/mm	泌水率/%	含气量/%	离析	凝结时间/h	孔隙率/%
	30 s	30 min	60 min						
24	255	250	245	525	1.43	4.5	无	18.2	8.89
25	250	245	243	520	1.31	4.1	无	18.4	7.98
26	245	240	240	515	1.15	3.7	无	18.6	6.23

不同的外加剂掺量对 CLSM 硬化浆体的影响：CLSM 硬化浆体凝结时间随外加剂掺量的增加呈先降低再增加的变化趋势。当外加剂的掺量增加至 5/‰时，CLSM 硬化浆体凝结时间最小，为 18.2 h；当外加剂掺量继续增加至 7/‰时，CLSM 硬化浆体凝结时间逐渐增加，同时孔隙率缓慢增加。这是因为复合外加剂在掺量较高情况下，引入大量的纤维素醚，而纤维素醚具有缓凝和引气作用，对凝结时间不利，从而使凝结时间增加。

3.4　矿井充填胶结材料的早期力学性能

矿山矸石是矿床开采过程中排放的主要固体废物源之一，主要有井下掘进矸石、回采过程中的剔除矸石以及露天采场剥离矸石。根据开采工艺不同，其矸石的产出率差别很大。采用全固废充填地下空区是解决极厚矿体矿柱回采的贫化率、损失率大，"三下"资源开采安全性低以及深部岩体地压控制的有效途径。自 20 世纪 30 年代开始，国内外学者进行了大量充填材料的力学特质、料浆管道输送技术以及低成本胶结剂替代品的研究。

充填体的强度是节约充填成本和保障采场安全作业的重要因素之一。充填体强度力学特性取决于充填材料的颗粒粒径级配、物质组成成分、胶结剂类型、配比以及料浆浓度，不同种类矿石和经不同选矿流程后的尾砂，其尾砂性质差异较大。因此，为了全面地掌握全固废材料的力学强度特性与规律，对不同浓度、配比以及龄期条件下的全尾砂胶凝固结机理、微观特性及强度变化规律进行研究十分必要。

充填体的强度是评价充填体质量的重要指标，是指充填胶结硬化体所能承受的外力破坏能力，通常用 MPa 表示。鉴于目前国内充填采用的胶结材料大部分为硅酸盐类水泥和硅酸盐类固结剂，硅酸盐类水泥具有快硬、早强的特点，因而充填体的强度指标通常可用 7 d、14 d 和 28 d 的充填试块单轴抗压强度值 σ_c 表示。

不同灰砂比、不同浓度和不同充填材料的充填试块强度不同；不同的采矿方法和开采强度对充填体的强度要求不统一。

胶结充填体强度条件是采场围岩能否维持稳定的关键前提，充填料浆凝固是一个复杂的物理化学过程，受尾砂颗粒级配组成、化学成分、胶结剂配比、凝固龄期以及料浆浓度等多因素影响。因此，研究不同因素对其强度特性影响的分析十分必要。本节利用正交实验设计，进行全尾砂胶结充填体单轴抗压强度力学特性实验，研究龄期、料浆浓度以及灰砂配比三因素对充填体强度的影响权重，揭示各因素对其强度的影响程度。

抗压强度是膏体凝固后充填体的主要力学性能，这里仅叙述单轴抗压强度的测试与影响因素。单轴抗压强度是指膏体试样在单向受压至破坏时，单位面积上所承受的最大压应力，如式(3-2)所示：

$$\sigma_c = \frac{P}{A} \qquad (3\text{-}2)$$

式中，σ_c 为膏体的单轴抗压强度，MPa；P 为破坏荷载，N；A 为垂直于加荷方向试样截面积，mm^2。

将充填物料浇入试模制成试块，在规定的龄期时间内通过压力机进行破坏实验，其强度即为充填体的强度。

1. 抗压强度的测试方法

在实验室进行膏体抗压强度测试时，首先要进行充填体试件的制备。为了模拟膏体充填的环境，还要对试件在一定条件下进行养护。

1）试件的制作

试件的制作分为以下四个步骤。

（1）制作试件时，首先在有底试模内壁须事先涂刷薄层机油或脱模剂。

（2）向试模内一次注满膏体，用捣棒均匀地由外向里按螺旋方向插捣 25 次。为了防止低稠度料浆插捣后可能留下孔洞，允许用油灰刀沿模壁插数次，使料浆高出试模顶面 6~8 mm。

（3）当膏体料浆失去流动性之后(15~30 min)，将高出部分的膏体沿试模顶面削去抹平。

（4）试件制作后，应在(20±3)℃温度环境下停置一昼夜。当气温较低时，可适当延长时间但不应超过两昼夜。然后对试件进行编号，并拆模。试件拆模后应在标准养护条件下继续养护至龄期，然后进行试压。

2）试件养护

当无标准养护条件时，可采用自然养护。试件的标准养护条件如下：

（1）应在相对湿度为 95%、20℃的条件下（如养护箱中或不通风的室内）养护；

（2）养护期间可在试件表面覆盖碎布，并保持碎布处于潮湿状态。

应在规定的 3 天、7 天、14 天、28 天龄期时将试件从养护箱中取出进行单轴抗压强度测试。试件单轴抗压强度测试通常在压力机上进行，也可与单轴压缩变形实验同时进行，或用其他方法间接求得。

3）试件测试过程

抗压强度的测试过程分为以下三个步骤。

（1）试件从养护地点取出后应尽快进行实验。实验前，先将试件擦拭干净，测量尺寸并检查其外观。试件尺寸测量精确至 1 mm，并据此计算试件的承压面积。

（2）将试件安放在实验机的下压板上，试件的承压面应与成型时的顶面垂直。试件中心应与实验机下压板或下垫板中心对准。开动实验机，当上压板与试件或上垫板接近时，调整球座使接触面均衡受压。承压实验应连续而均匀地加载，加载速率应为每秒钟 0.5～1.5 kN（试件强度在 5 MPa 以下时，取下限为宜；试件强度在 5 MPa 以上时，取上限为宜）。当试件接近破坏而开始迅速变形时，停止调整实验机油门直至试件破坏，然后记录破坏荷载。

（3）试件抗压强度按式(3-2)计算，计算值应精确至 0.1 MPa。

为保证试验结果的准确性，试件抗压强度一般测试 3 次，取其平均值。

2. 抗压强度的影响因素

充填体强度必须满足采矿工艺要求，在控制充填总成本的前提下，选择合理的骨料级配，调整各种充填材料的含量，可以有效地保证充填体强度。膏体强度影响因素较多，此处重点阐述灰砂比、重量浓度、粒度、养护时间、早强剂等因素对膏体强度的影响。

1）灰砂比

膏体充填的主要目的是控制采场地压，其强度必须满足设计值。水泥耗量大，其强度必然高，但水泥成本是充填成本的主要构成。因此，工程中必须通过实验来确定水泥的最佳添加量，以保证既满足生产需要，又能使充填成本最低。

大量膏体充填室内实验过程中测得的灰砂比与试块抗压强度之间的关系都表明，随着灰砂比的提高，试块的每个龄期的抗压强度均不断增大，即膏体的抗压强度与灰砂比呈正相关关系。

2）重量浓度

膏体重量浓度主要影响两个方面：膏体的强度与膏体的可泵送性。膏体重量浓度较其他充填料浆浓度大，一般情况下，膏体重量浓度在 70%以上。

根据以往膏体充填室内实验，不同浓度下膏体固化后充填体每个龄期的强度都随浓度增大而增加。当养护龄期较短时，强度随浓度上升的幅度较小；当养护龄期较长时，强度的上升幅度明显增大。

膏体重量浓度越大，相应的充填体强度越大，但膏体的可泵送性会随之降低。因此，在提高膏体重量浓度的同时，需要综合考虑膏体的管道输送难易程度。

3）粒度

在充填物料中，细骨料与粗骨料之间存在最优配比。一般而言，充填骨料粒度越细，相同条件下的充填体强度越低；在一定范围内，充填骨料中粗颗粒含量越大，充填体强度越高。以下通过在山东某金矿分级尾砂中掺入不同含量的溢流尾砂，研究其试块的单轴抗压强度，来考察物料级配对充填体强度的影响。实验膏体的重量浓度分别为 68%、70%、72%，添加胶结剂为 10%、15%。不同溢流尾砂含量下，在胶凝剂含量为 10%时，溢流尾砂含量在 15%～20%时，试块强度最大，约是分级尾砂试块强度的 1.2 倍；在胶凝剂含量为 15%,溢流尾砂含量在 10%～15%时，试块强度最大，约是分级尾砂试块强度的 1.2 倍。

4）养护时间

一般而言，膏体的强度随时间的延长而逐渐增大。某铜矿膏体在灰砂比 1∶9，尾砂废石比 4∶1 时，不同浓度下，养护时间对充填体强度的影响明显。对混凝土强度的影响。早强剂对混凝土的早期强度有十分显著的影响，1 d、3 d 和 7 d 强度都能大幅度提高。在相同掺量下，单组分早强剂强度的提高一般较复合早强剂低些，尤其是 28 d 强度。早强减水剂可以通过降低水胶比来进一步提高混凝土早期强度，同时可以弥补后期强度的不足，使 28 d 强度也有所提高。

3.4.1　工业固废粉体对充填胶结材料早龄期力学性能的影响

1. 粉煤灰的掺量对 CLSM 性能的影响

本节在水胶比为 0.6、胶集比为 0.8 的条件下，研究不同 $m(C):m(FA)$ 对 CLSM 材料坍落度、扩展度、泌水率、含气量和抗压强度的影响，实验配合比如表 3-47 所示，实验结果如表 3-48 所示。

表 3-47 粉煤灰掺量变化配合比表

No.	水胶比	胶集比	C∶FA	水泥/kg	粉煤灰/kg	矸石/kg >0.6 mm	矸石/kg <0.6 mm	水/kg	外加剂/g	容重/(kg/m³)
11	0.6	0.8	1∶2	4.0	8.0	13.5	1.5	7.2	60	1890
12	0.6	0.8	1∶2.5	3.4	8.6	13.5	1.5	7.2	60	1830
13	0.6	0.8	1∶3	3.0	9.0	13.5	1.5	7.2	60	1840
14	0.6	0.8	1∶3.5	2.7	9.3	13.5	1.5	7.2	60	1830
15	0.6	0.8	1∶4	2.4	9.6	13.5	1.5	7.2	60	1900

表 3-48 粉煤灰掺量对 CLSM 的工作性能和力学性能影响结果

No.	坍落度/mm 30 s	坍落度/mm 30 min	坍落度/mm 60 min	扩展度/mm	泌水率/%	含气量/%	离析	抗压强度/MPa 3 d	抗压强度/MPa 28 d
11	290	275	265	560	2.75	2.8	严重	3.01	9.56
12	280	270	260	560	2.32	3.2	轻微	2.78	9.11
13	265	260	255	575	1.7	3.3	轻微	2.45	7.98
14	230	220	215	580	1.98	2.9	无	1.82	6.13
15	210	205	195	540	1.86	2.1	无	1.43	4.02

由图 3-14 可知，在用水量、集料用量、粉煤灰和水泥总量保持不变的情况下，CLSM 体系 3 d 和 28 d 抗压强度均随粉煤灰掺量的增加而减少。粉煤灰在水泥基

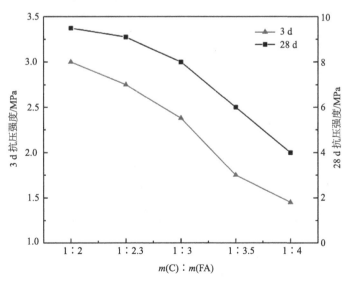

图 3-14 粉煤灰的掺量对 CLSM 3 d 和 28 d 抗压强度的影响

材料中存在"活性效应"、"形态效应"和"微集料效应"，将粉煤灰掺入浆体中，它可以通过二次火山灰反应大量消耗水泥水化所产生的 $Ca(OH)_2$，从而改善硬化浆体的界面过渡区，提高 CLSM 硬化浆体的强度；同时，掺入水泥基中的粉煤灰能促使高钙硅比的水化硅酸钙向低钙硅比的水化硅酸钙转化，使硬化浆体的强度提高，但后者提供的强度要远高于前者。然而，随着粉煤灰掺量增加，相应的 CLSM 胶凝体系中水泥用量就减少，水泥作为胶凝材料的主要成分，为硬化浆体能提供的强度也相应地减少；且水泥用量减少所产生的强度损失要远大于粉煤灰因活性效应所产生的强度增加。因此，随粉煤灰掺量增加，CLSM 硬化浆体表现出的总效应为抗压强度逐渐减小。

综上所述，CLSM 的流动性和泌水率均随粉煤灰掺量的增加而降低，但 CLSM 仍具有较好的流动度，且 FA 的掺入改善了 CLSM 新拌浆体泌水和沉降等和易性问题。但当粉煤灰掺量大于 1∶3 时，CLSM 的流动性相对较差，强度也较低。而粉煤灰掺量低于 1∶3 时，CLSM 具有较好的流动性，强度也相对较高，但水泥用量较大，制备 CLSM 成本相对较高；为尽可能将粉煤灰等固体废弃物资源化利用，综合经济效益和环保效益考虑，认为粉煤灰掺量为 1∶3 较合适。

其次，同时进行了不同掺量的粉煤灰对水泥-粉煤灰浆体体系的抗压强度的影响。试验在水灰比为 0.35，聚羧酸减水剂（PC）的掺量为 0.2%，水泥和粉煤灰的总质量为 400 g 条件下，测定水泥-粉煤灰二元浆体体系抗压强度。通过拟合得到各流变曲线的拟合方程以及相应的屈服应力 τ_0 和塑性黏度值 η 这两个流变参数的值，其流变参数及拟合曲线方程和抗压强度的结果如表 3-49 所示。

表 3-49　水泥-粉煤灰浆体体系流变参数和抗压强度

编号	m_C∶m_{FA}	流动度/mm	τ_0/Pa	η/(Pa·s)	修正系数	相似度	抗压强度/MPa		
							3 d	7 d	28 d
1	1∶0	340	1.158	0.254	$\tau=1.158+0.254r$	0.993	49.43	56.78	99.56
2	1∶2	336	0.374	0.264	$\tau=0.374+0.264r$	0.999	17.45	20.15	35.45
3	1∶2.5	330	0.539	0.281	$\tau=0.539+0.281r$	0.999	12.45	14.76	29.14
4	1∶3	316	0.798	0.287	$\tau=0.798+0.287r$	0.997	8.79	11.85	24.53
5	1∶3.5	301	0.953	0.293	$\tau=0.953+0.293r$	0.997	5.33	7.14	19.53
6	1∶4	286	1.048	0.309	$\tau=1.048+0.309r$	0.996	3.27	5.84	16.57
7	0∶1	267	1.127	0.315	$\tau=1.127+0.315r$	0.996	0	0	0

图 3-15 为不同掺量粉煤灰对水泥-粉煤灰二元胶凝体系抗压强度的影响。从图中可知，随着粉煤灰掺量的增加，水泥-粉煤灰硬化浆体的早期强度和后期强度均降低。当粉煤灰的掺量在 1∶0~1∶4 时，水泥-粉煤灰硬化浆体早期和后期强

度急剧降低，3 d、7 d 和 28 d 抗压强度变化范围分别为 17.45～3.27 MPa、20.15～
5.84 MPa 和 35.45～16.57MPa。且与纯水泥相比，水泥-粉煤灰硬化浆体的早期和
后期强度均较低。也就是说，粉煤灰的掺入降低了胶凝体系的强度。这是因为粉
煤灰本身不具有水硬性，只有在碱性[有 $Ca(OH)_2$ 存在]环境下，激发其活性，才
能显示其胶凝性。在水泥-粉煤灰二元胶凝体系中，粉煤灰的掺量较高，使二元体
系中水泥的含量较少，这使水泥水化产生的 $Ca(OH)_2$ 数量也相应地减少，粉煤灰
不能得到充分的激发，粉煤灰体系中大部分粉煤灰不能起胶凝材料的作用，结果
表现为水泥-粉煤灰二元胶凝体系的早期和后期强度均降低。

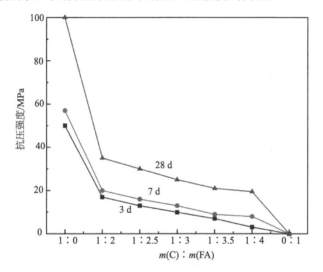

图 3-15　水泥-粉煤灰二元胶凝体系抗压强度随 FA 掺量的变化

2. 固硫灰掺量对 CLSM 的工作性能的影响

本节在水胶比为 0.6、胶集比为 0.8、总胶凝材料不变、水泥用量为总胶凝
材料 25%条件下，研究不同掺量固硫灰(即固硫灰占 FA 和固硫灰总质量百分比)
对 CLSM 材料工作性能和硬化性能的影响，实验配合比如表 3-50 所示，实验结
果如表 3-51 和表 3-52 所示。

表 3-50　固硫灰掺量变化配合比表

No.	水胶比	胶集比	$m(FA)$: $m(CFB)$	水泥/ kg	粉煤灰/ kg	固硫灰/ kg	矸石/kg		水/kg	外加剂/g	容重/ (kg/m³)
							>0.6 mm	<0.6 mm			
16	0.6	0.8	1 : 0	3	9	0	13.5	1.5	7.2	60	1980
17	0.6	0.8	4 : 1	3	7.2	1.8	13.5	1.5	7.2	60	1980

续表

No.	水胶比	胶集比	m(FA)：m(CFB)	水泥/kg	粉煤灰/kg	固硫灰/kg	矸石/kg		水/kg	外加剂/g	容重/(kg/m³)
							>0.6 mm	<0.6 mm			
18	0.6	0.8	3：2	3	5.4	3.6	13.5	1.5	7.2	60	1980
19	0.6	0.8	2：3	3	3.6	5.4	13.5	1.5	7.2	60	1980
20	0.6	0.8	1：4	3	1.8	7.2	13.5	1.5	7.2	60	1980
21	0.6	0.8	0：1	3	0	9	13.5	1.5	7.2	60	1980

表 3-51　固硫灰掺量对 CLSM 的工作性能影响结果

No.	坍落度/mm			扩展度/mm	泌水率/%	含气量/%	离析
	30 s	30 min	60 min				
16	265	260	255	575	1.7	3.3	轻微
17	260	250	245	560	1.61	3.1	严重
18	250	245	235	540	1.52	2.8	轻微
19	245	240	230	525	1.43	2.4	无
20	215	200	190	450	1.32	2.02	无
21	100	80	70	240	1.24	1.5	无

表 3-52　固硫灰掺量对 CLSM 的硬化性能影响结果

No.	抗压强度/MPa		孔隙率/%	膨胀率/%				
	3 d	28 d		3 d	7 d	14 d	28 d	56 d
16	2.45	7.98	15.82	0.0027	0.0064	0.0114	0.0141	0.0166
17	2.78	8.05	12.13	0.0025	0.0055	0.0089	0.0124	0.0137
18	3.21	8.11	9.28	0.0030	0.0057	0.0098	0.0131	0.0151
19	4.02	8.26	8.89	0.0023	0.0065	0.0146	0.0173	0.0183
20	3.43	8.18	9.16	0.0041	0.0092	0.0189	0.0235	0.0261
21	2.96	7.58	15.69	0.0068	0.0196	0.0283	0.0334	0.0352

固硫灰的掺量对 CFB-CLSM 硬化浆体 3 d 和 28 d 抗压强度的影响见图 3-16。由图可知，未掺固硫灰的 CLSM 的各龄期抗压强度均低于掺有固硫灰的 CFB-CLSM 的；且 CFB-CLSM 的 3 d 和 28 d 抗压强度均随固硫灰掺量的增加而增加，当掺量达到 60% 时，CLSM 的 3 d 和 28 d 抗压强度最高，分别为 4.02 MPa

和 8.26 MPa。这说明 CFB-CLSM 中固硫灰和粉煤灰协同作用，产生了强度叠加效应，使 CLSM 的强度明显增加。这是因为固硫灰中含有的硫酸盐能够促进粉煤灰中玻璃体的二次水化，加速水化反应速率，生成更多的水化产物，有研究者认为二次水化生成的水化产物为细小钙矾石（粒度＜12 μm），可以增加浆体密实度，但并不会对浆体产生有害膨胀，这些水化产物填充了硬化浆体的有害空隙，提高了 CLSM 硬化浆体的密实度，从而使 CFB-CLSM 具有较高的强度。但当固硫灰掺量大于 60%时，CFB-CLSM 硬化浆体 3 d 和 28 d 抗压强度又逐渐降低。

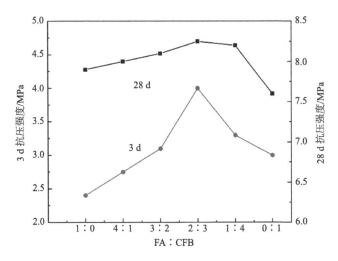

图 3-16　固硫灰掺量对 CLSM 浆体抗压强度的影响

同时还研究了不同掺量固硫灰对水泥-固硫灰二元胶凝体系抗压强度的影响。试验在水胶比为 0.53、聚羧酸减水剂（PC）的掺量为 0.2%、水泥和固硫灰总质量为 400 g 条件下，测定水泥-固硫灰浆体的抗压强度。并通过拟合得到各流变曲线拟合方程以及屈服应力 τ_0 和塑性黏度值 η 这两个流变参数。其流变参数、拟合曲线方程及抗压强度的结果如表 3-53 所示。

图 3-17 为不同掺量固硫灰对水泥-固硫灰二元胶凝体系抗压强度的影响。由图可知，水泥-固硫灰硬化浆体抗压强度随着固硫灰掺量的增加而降低，几乎呈线性变化。当固硫灰的掺量在 1∶2～0∶1 时，硬化浆体的 3 d、7 d 和 28 d 抗压强度分别在 7.65～1.53 MPa、10.88～3.45 MPa 和 17.85～6.54 MPa 范围内。这说明固硫灰在高掺时，水泥-固硫灰二元体系的早后期抗压强度均随掺量的增加而降低。这是因为固硫灰燃烧温度较低，玻璃体含量较少，其火山灰活性相对较低；此外，二元体系中水泥的含量很少，使水泥水化生成的 Ca(OH)$_2$量也减少，从而

激发固硫灰火山灰活性的 $Ca(OH)_2$ 也减少，结果表现为水泥-固硫灰硬化浆体早后期抗压强度均降低。

表 3-53　水泥-固硫灰流变参数和抗压强度

编号	$m_C:m_{FA}$	流动度/mm	τ_0/Pa	$\eta/(Pa·s)$	修正系数	相似度	抗压强度/MPa		
							3 d	7 d	28 d
8	1∶2	340	1.129	0.274	$\tau=1.129+0.274r$	0.996	7.65	10.88	17.85
9	1∶2.5	310	1.302	0.282	$\tau=1.302+0.282r$	0.993	5.98	8.24	12.76
10	1∶3	295	1.418	0.298	$\tau=1.418+0.298r$	0.996	4.74	6.84	10.15
11	1∶3.5	285	1.411	0.313	$\tau=1.411+0.313r$	0.994	3.84	6.12	9.42
12	1∶4	280	0.697	0.321	$\tau=0.697+0.321r$	0.995	2.73	4.42	7.67
13	0∶1	300	3.113	0.333	$\tau=3.113+0.333r$	0.995	1.53	3.45	6.54

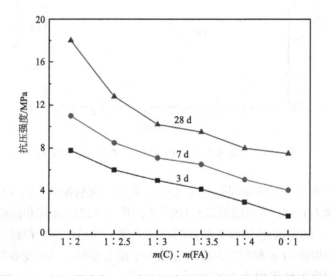

图 3-17　水泥-固硫灰二元胶凝体系抗压强度随固硫灰掺量的变化

同时笔者还研究了不同掺量的固硫灰对水泥-粉煤灰浆体体系抗压强度的影响；试验在水胶比为 0∶35，聚羧酸减水剂(PC)的掺量为 0.2%，水泥、粉煤灰和固硫灰总质量为 400 g 条件下，测定水泥-粉煤灰-固硫灰三元复合胶凝体系的抗压强度。并通过拟合得到各流变曲线拟合方程以及屈服应力 τ_0 和塑性黏度值 η 等流变参数。三元复合胶凝体系流变参数值、拟合曲线方程及抗压强度的结果如表 3-54 所示。

表 3-54　水泥-粉煤灰-固硫灰浆体流变参数和抗压强度

编号	$m_C : m_{FA}$	流动度/mm	τ_0/Pa	η/(Pa·s)	修正系数	相似度	抗压强度/MPa		
							3 d	7 d	28 d
4	1:3:0	316	0.798	0.287	$\tau=0.798+0.287r$	0.997	8.79	11.85	24.53
14	5:12:3	325	0.019	0.312	$\tau=0.019+0.312r$	0.997	9.78	12.97	25.21
15	5:9:6	300	0.700	0.417	$\tau=0.700+0.417r$	0.988	10.12	13.76	26.87
16	5:6:9	280	0.819	0.516	$\tau=0.819+0.516r$	0.992	11.53	14.69	27.14
17	5:3:12	0	—	—	—	—	10.67	11.98	23.27
18	1:0:3	0	—	—	—	—	9.24	10.53	15.82

图 3-18 为不同掺量固硫灰对水泥-粉煤灰二元胶凝体系抗压强度的影响。由图可知，随着固硫灰掺量的增加，水泥-粉煤灰-固硫灰三元复合浆体的抗压强度呈现增加后降低的趋势。当 $m_C : m_{FA} : m_{CFB}$ 从 1:3:0 增加至 5:6:9 时，三元复合浆体 3 d 抗压强度从 8.79 MPa 增加至 11.85 MPa，7 d 抗压强度从 11.85 MPa 增加至 14.69 MPa，28 d 抗压强度从 24.53 MPa 增加至 27.14 MPa，之后随着固硫灰掺量的增加，硬化浆体早后期抗压强度均降低。这说明三元体系中固硫灰和粉煤灰协同作用，产生了强度叠加效应，使三元复合硬化浆体强度明显增加。这可能是因为固硫灰中含有的硫酸盐能够促进粉煤灰中玻璃体的二次水化，加速水化反应速率，生成更多的水化产物，从而提高三元浆体的强度。

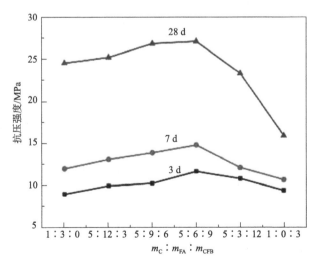

图 3-18　水泥-粉煤灰-固硫灰体系抗压强度随固硫灰掺量的变化

与纯水泥相比，水泥-粉煤灰二元胶凝体系的屈服应力均低于前者，塑性黏度均高于前者，抗压强度也较低。随着 FA 掺量的增加，复合体系的流动度逐渐减小，屈服应力和塑性黏度显著增加，抗压强度明显降低。在 FA 的掺量为 1：2.5～1：3.5 时，得到的 CLSM 浆体的流动性较好（330～310 mm），屈服应力相对较低（0.539～0.953 Pa），塑性黏度相对较高（0.281～0.293 Pa·s），3 d 抗压强度为 12.45～5.33 MPa，28 d 抗压强度为 29.14～19.53 MPa。

保持水胶比不变，随着固硫灰掺量的增加，水泥-固硫灰二元复合体系的流动度逐渐减小，屈服应力变化不大，塑性黏度显著增加，抗压强度明显降低。在固硫灰的掺量为 1：3～1：4 时，得到的 CLSM 浆体的流动性较好（280～260 mm），屈服应力相对较低（1.418～0.697 Pa），塑性黏度相对较高（0.298～0.321 Pa·s），3 d 抗压强度为 4.74 ～2.73 MPa，28 d 抗压强度为 10.15 ～7.67 MPa。

保持水胶比不变，固硫灰的掺量由 15% 增至 45% 时，CFB-水泥-粉煤灰三元复合体系的流动性较好，屈服应力和塑性黏度均增加，抗压强度先增加后减小。当 $m_C：m_{FA}：m_{CFB}$ 为 5：6：9 时，3 d 和 28 d 抗压强度分别为 11.53 MPa 和 27.14 MPa，此时强度最高，说明粉煤灰和固硫灰复掺，存在强度叠加效应。

3. 赤泥

1）强度特性

赤泥中均含有硅酸二钙等水硬性矿物，具有潜在的水硬活性，可以由碱性激化剂石灰（CaO）或酸性激化剂石膏（$CaSO_4·2H_2O$）激化其活性而产生凝固强度。由于赤泥溶出工艺的差异，混联法赤泥粒径较烧结法赤泥粗，沉降脱水较快。

长沙矿山研究院的姚中亮教授针对多处赤泥采取试样 R_0、R_1、R_2、R_3，进行了多组配方的性能试验，并对赤泥的胶结强度进行了系统的研究。通过试验与研究，得到了以试样 R_0 为基料的两组强度性能与工作性能较优的赤泥胶凝材料配方。

第一组配方的主要成分为赤泥与石灰，以石灰作为赤泥活性的激化剂。这种赤泥胶凝材料的配合简单、加工及原料成本较低。一般在加入粉煤灰作为掺和料后直接用来作为矿山胶结充填材料。如果将其作为胶凝材料使用时，用量较高，故称为普通赤泥胶结料或普强赤泥。

第二组配方主要成分为赤泥、石膏、石灰、矿渣，以石膏和石灰作为激化剂。这种赤泥胶凝材料所需原料成分较多，加工成本较高，但其胶结性能更好，用于矿山充填时，与矿山尾砂混合甚至超过普通 42.5 级硅酸盐水泥的胶结性能。因此，可以作为矿山充填的胶凝材料，称为高效赤泥胶结料或高强赤泥。

a. 普强赤泥强度特性

试验研究选用的赤泥试样为新鲜赤泥，存储期不超过 10 天。

普强赤泥的基本强度特性为：粉煤灰添加量越多，前期强度越低，而 28 天以后差距缩小；当粉煤灰与赤泥之比为 0.5，石灰与赤泥的最佳配比值为 0.25 时，无论是早期强度还是后期强度均达到最大值（表 3-55、表 3-56）。

添加碱性激化剂的赤泥胶凝材料最佳配合比为：赤泥∶粉煤灰∶石灰=2∶1∶0.5；最佳水灰比为 0.96，相应的料浆密度为 1.52 g/cm^2。

采取赤泥试样 R_1、R_2，按激化剂的最佳配合比进行的一组试验表明，不同产地的赤泥均具有相近的性质，但试块的单轴抗压强度的差别较大。由于混联法赤泥颗粒较粗，烘干后是否磨细对强度有很大影响（表 3-57、表 3-58）。其中 R_1 试样烘干磨细后的赤泥试块强度发展较快，不磨细的试块强度则明显降低；而 R_2 试样的试块强度则普遍较 R_1 试样的强度低。

表 3-55　粉煤灰添加量对普强赤泥胶结特性的影响

编号	配比 (赤泥∶粉煤灰∶石灰)	水灰比	体积密度/ (g/m^2)	凝结时间/min		各龄期强度/MPa				
				初凝	终凝	6 h	1 d	3 d	7 d	28 d
1	2∶0.8∶0.5	0.96	1.52	70	205	2.13	3.37	4.43	5.42	7.86
2	2∶1.2∶0.5	0.96	1.51	150	310	1.23	3.03	3.29	4.11	6.78
3	2∶1.6∶0.5	0.96	1.5	150	310	0.83	2.06	2.34	3.23	6.24

表 3-56　石灰添加量对普强赤泥胶结特性的影响

编号	配比 (赤泥∶粉煤灰∶石灰)	水灰比	体积密度/ (g/m^2)	凝结时间/min		各龄期强度/MPa				
				初凝	终凝	6 h	1 d	3 d	7 d	28 d
1	2∶1∶0.4	0.96	1.52	85	280	1.43	2.65	4.2	4.31	6.24
2	2∶1∶0.5	0.96	1.52	45	170	1.85	3.27	4.98	5.61	7.76
3	2∶1∶0.6	0.96	1.5	80	245	1.66	2.43	3.65	4.81	6.97

表 3-57　R_1 试样普强赤泥胶结特性

编号	水灰比	试块体积密度/ (g/cm^3)	初凝时间/ min	各龄期强度/MPa				备注
				1 d	3 d	7 d	28 d	
1	0.96	1.48	80	1.01	2.08	3.98	6.08	粗赤泥烘干磨细
2	0.86	1.47	320	0.36	0.97	2.05	3.9	粗赤泥烘干不磨细

表 3-58　R₂ 试样普强赤泥胶结特性

编号	水灰比	试块体积密度/(g/cm³)	初凝时间/min		各龄期强度/MPa				备注
			初凝	终凝	1 d	3 d	7 d	28 d	
1	0.96	1.46	65		0.43	0.95	2.7	4.11	粗赤泥烘干磨细
2	0.86	1.4	300		0.47	0.45	1.34	3.01	粗赤泥烘干不磨细
3	0.96	1.48	80	300	0.65	1.42	2.63	4.32	全粒级赤泥

b. 高强赤泥强度特性

对赤泥试样 R₁ 进行进一步的试验研究后，可获得胶结能力更强的高强赤泥（表 3-59），可以应用这种高强赤泥作为胶凝材料，与浮选尾砂集料或废石集料配合成胶结充填料。

高强赤泥组分配合比为：赤泥∶矿渣∶石膏∶石灰=1∶0.66∶0.3∶0.04；水灰比为 0.5。

试样基本性能为：净浆试块体积密度 1.75～1.80 g/cm²；初凝 65 min，终凝 120 min。

表 3-59　高强赤泥各龄期单轴抗压强度

养护龄期/d	1	3	7	28	240
单轴抗压强度/MPa	6～8	10～12	15～20	20～30	>45

2）前期实验

前期进行多组实验，实验方案及 7 d 强度结果如表 3-60、表 3-61、表 3-62、图 3-19、图 3-20 所示。

表 3-60　F 组实验方案及结果

	水胶比	胶集比	水泥	粉煤灰	赤泥	砂(充填砂)	水	抗折强度/MPa	抗压强度/MPa
0	1	0.2	243	0	27	1350	270	2.7	9.3
1	1	0.2	189	54	27	1350	270	2.3	7.1
2	1	0.2	135	108	27	1350	270	1.4	4.7
3	1	0.2	81	162	27	1350	270	0.7	1.5
4	1	0.2	27	216	27	1350	270	0.3	0.6
5	1	0.2	0	243	27	1350	270	0.1	0.5

表 3-61　H 组实验方案及结果

	水胶比	胶集比	水泥	粉煤灰	赤泥	砂（充填砂）	水	抗折强度/MPa	抗压强度/MPa
0	1	0.2	216	0	54	1350	270	2.1	8
1	1	0.2	162	54	54	1350	270	1.8	4.5
2	1	0.2	108	108	54	1350	270	1.6	4.2
3	1	0.2	54	162	54	1350	270	0.1	1.1
4	1	0.2	0	216	54	1350	270	0.3	0.1

表 3-62　K 组实验方案及结果

	水胶比	胶集比	水泥	粉煤灰	赤泥	砂（充填砂）	水	抗折强度/MPa	抗压强度/MPa
0	0.8	0.2	243	0	27	1350	189	2.9	13.6
1	0.8	0.2	189	54	27	1350	216	1.3	6.4
2	0.8	0.2	135	108	27	1350	216	1.1	4.7
3	0.8	0.2	81	162	27	1350	216	0.3	2.3
4	0.8	0.2	27	216	27	1350	216	0.3	1.2
5	0.8	0.2	0	243	27	1350	216	0.1	0.7

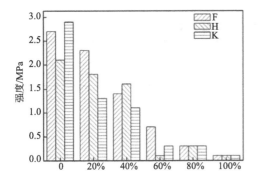

图 3-19　赤泥充填材料 7 d 抗折强度

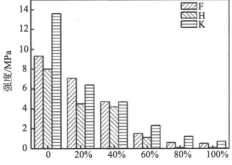

图 3-20　赤泥充填材料 7 d 抗压强度

上述实验中，F 组与 H 组为相同水胶比，F 组与 K 组为相同赤泥赤泥掺量，通过 F 组与 H 组比较不同充填材料在相同水灰比下，不同的赤泥掺量对于充填材料的影响，可以看出，在不同掺量下，提高赤泥掺量都会对充填材料产生一定的影响，也就是会降低充填材料的早期抗压强度和抗折强度，其中在掺量为 20%时，强度下降最为明显，抗折强度方面，在不考虑粉煤灰的影响下，可以看出，在掺入赤泥的情况下，早期强度的影响相比于抗压强度更加明显；F 组与 K 组比较相同的赤泥产量，在不同的水胶比下，对于充填材料的性能影响，抗折强度方面，除了对比组，即未掺入粉煤灰、高水胶比的情况下，赤泥的加入使得充填材料的抗折强度有一定的提升，但是随着粉煤灰的掺入量的提高，高水胶比的充填材料的性能开始下降，并且在后面的实验组别中抗折强度均低于低水胶比的 F 组，同时在抗压强度方面，情况是相同的，也就是在空白组未加入粉煤灰时，F 组的抗压强度小于 K 组，之后提高粉煤灰的掺入，使得 K 组的抗压强度小于 F 组，这可能是因为粉煤灰的影响，使得拜耳法赤泥中的碱效用变低，同时粉煤灰或为影响充填材料强度的主要因素，具体的影响原因有待于进一步的研究。

从上述实验中可以得出结论，即提高赤泥的掺量会一定程度地降低充填材料的早期强度，同时在低水胶比的充填材料中，赤泥的加入影响会更小，粉煤灰的加入可能产生强于赤泥的强度影响因素。

3.4.2 固废骨料对充填胶结材料早龄期力学性能的影响

在充填物料中，细骨料与粗骨料之间存在最优配比。一般而言，充填骨料粒度越细，相同条件下的充填体强度越低；在一定范围内，充填骨料中粗颗粒含量越大，充填体强度越高。

本节实验设计及结果如表 3-63 所示。

表 3-63 水灰比 1 下不同骨料早期强度对比

	水胶比	胶集比	水泥	粉煤灰	砂(煤矸石)	水	7 d 抗折强度/MPa	7 d 抗压强度/MPa
0	1	0.2	270	0	1350	270	2.8	9.6
1	1	0.2	216	54	1350	270	2.35	8
2	1	0.2	162	108	1350	270	1.85	6.2
3	1	0.2	108	162	1350	270	1.2	4.7
4	1	0.2	54	216	1350	270	0.75	2.75
5	1	0.2	0	270	1350	270	0.5	1.8

	水胶比	胶集比	水泥	粉煤灰	砂(充填砂)	水	7 d 抗折强度/MPa	7 d 抗压强度/MPa
0	1	0.2	270	0	1350	270	3.6	11.8
1	1	0.2	216	54	1350	270	2.1	7
2	1	0.2	162	108	1350	270	1.7	5.3
3	1	0.2	108	162	1350	270	1.2	3.5
4	1	0.2	54	216	1350	270	0.4	0.9
5	1	0.2	0	270	1350	270	0.2	0.7

对比图 3-21 和图 3-22，可以看出，不同骨料的充填材料的早期强度还是不同的，但是在不同的粉煤灰掺量情况下，对于充填材料的早期强度影响是不同的。抗折强度方面，除了对比组，即未掺入粉煤灰的情况下，使用煤矸石骨料的情况下使得充填材料的抗折强度有一定的提升。但是随着粉煤灰的掺入量的提高，使用充填砂骨料的充填材料的性能开始下降，并且在后面的实验组别中抗折强度均低于使用商用煤矸石骨料的组别。同时可以看出，在掺入粉煤灰的量为 80% 的情况下，两组的差距最大，达到了 0.35 MPa。这有可能是由于商用充填砂的骨料级配更加合理使得早期强度高于煤矸石的充填材料，但是在加入粉煤灰的情况下，粉煤灰的粒度使得粉煤灰和煤矸石骨料组成的整个体系的级配更加合理，比充填砂的骨料级配更加合理，所以早期强度高于充填砂的充填材料。在抗压强度方面，情况是相同，也就是在空白组未加入粉煤灰时，使用煤矸石骨料的情况下使得充填材料的抗压强度下降，同样地，在高粉煤灰的情况下，矸石组的强度均高于充填砂的骨料煤充填材料抗压强度，最大的差距同样出现在 80% 的粉煤灰掺量下。具体原因与前所述相同，已知在水灰比为 1 的情况下，不使用粉煤灰掺入时煤矸石骨料的强度较低，但是之后提高粉煤灰的产量，充填砂骨料的充填材料的抗折和抗压强度都低于的煤矸石骨料充填砂。

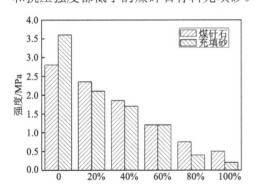

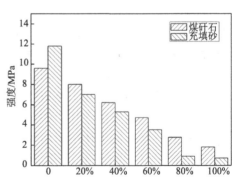

图 3-21　水灰比 1 不同骨料 7 d 抗折强度　　图 3-22　水灰比 1 不同骨料 7 d 抗压强度

之后设计实验进行水灰比为 0.8 的情况下，煤矸石和充填砂的性能对比。实验设计与结果如表 3-64 所示。

表 3-64　水灰比 0.8 下不同骨料早期强度对比

	水胶比	胶集比	水泥	粉煤灰	砂(煤矸石)	水	7 d 抗折强度/MPa	抗压强度/MPa
0	0.8	0.2	180	0	900	144	2.4	12.5
1	0.8	0.2	144	36	900	144	1.4	4.8

续表

	水胶比	胶集比	水泥	粉煤灰	砂(煤矸石)	水	7 d	
							抗折强度/MPa	抗压强度/MPa
2	0.8	0.2	108	72	900	144	1.1	3.2
3	0.8	0.2	72	108	900	144	0.9	3.1
4	0.8	0.2	36	144	900	144	0.7	3
5	0.8	0.2	0	180	900	144	0.4	2.7

	水胶比	胶集比	水泥	粉煤灰	砂(充填砂)	水	7 d	
							抗折强度/MPa	抗压强度/MPa
0	0.8	0.2	180	0	900	144	2.9	13.6
1	0.8	0.2	144	36	900	144	1.3	6.4
2	0.8	0.2	108	72	900	144	1.1	4.7
3	0.8	0.2	72	108	900	144	0.3	2.3
4	0.8	0.2	36	144	900	144	0.3	1.2
5	0.8	0.2	0	180	900	144	0.1	0.7

对比水灰比为 1 的情况下，可以看出，水灰比为 0.8 时不同骨料的充填材料的早期强度还是不同的，但是此水灰比下在不同的粉煤灰掺量情况下，对于充填材料的早期强度影响是不同的(图 3-23、图 3-24)。抗折强度方面，与水灰比为 1 的充填材料的情况相同，即未掺入粉煤灰的情况下，使用煤矸石骨料使得充填材料的抗折强度相较于充填砂骨料的充填材料较低。但是随着粉煤灰的掺入量的提高，使用充填砂骨料的充填材料的性能下降明显，并且在后面的实验组别中抗折强度均低于使用商用煤矸石骨料的组别。同时可以看出，在未掺入粉煤灰的情况下，两组的差距最大，达到了 0.5 MPa。原因如前所述，由于商用充填砂的骨料级配更加合理，使得早期强度高于煤矸石的充填材料，但是在加入粉煤灰的情况下，粉煤灰的粒度使得粉煤灰和煤矸石骨料组成的整个体系的级配更加合理，比充填砂的骨料级配更加合理，所以早期强度高于充填砂的充填材料，但是在抗压强度方面，情况有一定的不同，也就是在空白组及粉煤灰加入量为 20% 和 40% 的情况下，使用煤矸石骨料的充填材料使得抗压强度更高，同样的，在高粉煤灰的情况下，矸石组的强度均高于充填砂骨料充填材料抗压强度，最大的差距出现在 100% 的粉煤灰掺量下。具体原因与前所述相同，同时在低水灰比情况下，可能由于水的含量较低，使得粉体的吸水效应不明显，早期强度不够，已知在水灰比为 1 的情况下，低粉煤灰掺量时煤矸石骨料的强度较低，但是之后提高粉煤灰的产量，充填砂骨料充填材料的抗折和抗压强度都低于煤矸石骨料充填材料的。

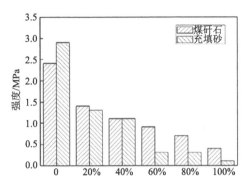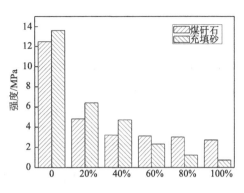

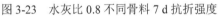

图 3-23　水灰比 0.8 不同骨料 7 d 抗折强度　　　图 3-24　水灰比 0.8 不同骨料 7 d 抗压强度

3.4.3　化学外加剂对充填胶结材料早龄期力学性能的影响

在充填开采过程中充填和采煤是两个矛盾的双方，充填作业过程将严重影响充填工作面的煤炭产量，而充填材料的凝结时间是充填时间的最主要组成部分，因此要想缩短充填时间，提高充填工作面产量，就要相应地缩短胶结充填材料的凝结时间。其解决办法主要有两个：其一是增加胶结料的含量，但是会增加充填成本；其二是添加化学添加剂(早强剂或早强减水剂)缩短胶结充填材料的凝结时间。由于受充填成本的限制，在胶结充填材料中胶结料的含量相对较少，再加上水泥的凝结硬化本身就需要一定的时间，所以要想使胶结充填材料在规定的时间内达到要求的强度值，就需要更长的时间。在此借鉴混凝土工程中的一些经验，在其中添加适量的早强剂或早强减水剂来达到缩短胶结充填材料凝结时间的目的。对此我们对添加早强剂或早强减水剂后膏体充填材料的凝结时间及早期强度等指标进行了考察。胶结充填中掺用外加剂，就是利用外加剂的各种优良性能，获得胶结充填的综合经济效益，达到降低充填成本、改善充填体性能的目的。在现有技术条件下，从胶结充填材料角度出发，降低充填成本主要通过提高水泥活性、降低水泥用量及提高充填浓度来实现。为此，笔者查阅有关资料获得启示并通过探索性试验得出结论：胶结充填中掺用木素普通减水剂是可行的。木素普通减水剂大都以纸浆废液为原料，经生物发酵除去糖分后再加入一些其他化学成分制得。选用木素减水剂，不仅来源广泛，价格低廉，制备工艺简单(甚至直接掺用未经处理的纸浆废液也有一定效果)，而且变废为宝，具有很好的社会效益和广泛的实用性。木素也是其他许多种类外加剂的组成成分，更具普遍意义。

1. 早强剂

早强剂是一种能加速混凝土早期强度发展、提高混凝土早期强度并对后期强度无显著不利影响的外加剂。早强剂的使用最初是从无机早强剂单独使用开始的，后来采取了无机与有机复合使用，目前已经变成早强与减水剂复合使用，既保证了减水、增强、密实的作用，又充分发挥了早强的优势。

1）无机物类早强剂

（1）氯盐类。常用的氯盐类早强剂是氯化钙和氯化钠，掺量是水泥质量的 0.5%～1.0%，3 d 强度提高 50%～100%，7 d 强度提高 20%～40%，同时能降低水的冰点。但是氯盐会使充填体的收缩增加，在潮湿养护条件下，收缩值增加 25%～50%，养护不良时收缩值各增加 1 倍。

（2）硫酸盐类。常用的硫酸盐类早强剂是硫酸钠和硫酸钙。硫酸钙中主要应用二水石膏（$CaSO_4 \cdot 2H_2O$，又称生石膏）和半水石膏（$CaSO_4 \cdot \frac{1}{2}H_2O$，又称熟石膏），掺量为水泥质量的 1%～2%，掺量过多将使凝结过快及体积产生不均匀膨胀。硫酸钙能提高充填体的早期强度，对增进后期强度也有效果。硫酸钠中主要用无水硫酸钠（Na_2SO_4）（又称为元明粉，为白色粉状物）及无水芒硝，也可应用结晶硫酸钠（$Na_2SO_4 \cdot 10H_2O$）（俗称芒硝）。硫酸钠有较好的早强效果，当掺量为水泥质量的 1%～2%时，达到胶结充填体设计强度 70%的时间可缩短一半左右，其中在矿渣水泥中的效果较明显，对干缩影响不大。但后期强度有所降低，与三乙醇胺复合使用时干缩有所增加。

2）有机胺类早强剂

三乙醇胺是无色或淡黄色油状液体，呈碱性，无毒，不易燃烧，易溶于水。掺量为水泥质量的 0.03%～0.05%时，水泥的凝结时间延迟 1～3 h，早期强度提高 50%左右，后期强度不变或者略有提高，其中对普通水泥的早强作用大于矿渣水泥。但当掺量大于 0.1%时，反而会使胶结充填体的强度显著下降。

3）复合早强剂

复合早强剂可以是无机材料与无机材料的复合，也可以是无机材料与有机材料或者有机材料与有机材料的复合。复合早强剂往往比单组分早强剂具有更优良的早强效果，掺量也可以比单组分早强剂有所降低，其中以三乙醇胺与无机盐型复合早强剂效果较好，应用面最广。三乙醇胺-硫酸钠复合早强剂是最常用的复合早强剂。复合早强剂在低温下效果更加明显，在低于 20℃使用时随着养护温度的降低，复合早强剂的早期强度和后期强度都有显著的增加。三乙醇胺-硫酸钠复合早强剂的早强效果大于单独使用三乙醇胺和硫酸钠复合早强剂，而且 28 d 强度比不掺的有明显提高。

2. 早强减水剂

早强减水剂是一种兼有早强和减水功能的外加剂，是由早强剂和减水剂复合而成。减水剂主要是指普通减水剂，因为缓凝高效减水剂一般本身就具有早强作用。而普通减水剂一般都有一些混凝，早期强度差一些。常见的早强减水剂主要是木钙与硫酸钠、硫酸钙、三乙醇胺的复合剂，也有木钙与硝酸盐和亚硝酸盐的复合剂。木钙与早强剂复合以后除具有早强、减水作用外，还有些微缓凝与引气作用，可对混凝土的耐久性产生良好的影响。

在水胶比为 0.6、胶集比为 0.8、总胶凝材料不变、水泥用量为总胶凝材料 25%、FA/CFB 为 2:3 条件下，研究不同外加剂掺量(占总胶凝材料的百分比)对 CLSM 材料工作性和硬浆体化性能的影响，实验配合比如表 3-65 所示，实验结果如表 3-66 所示。

表 3-65　外加剂掺量变化配合比表

No.	水胶比	胶集比	FA:CFB	外加剂掺量	水泥/kg	粉煤灰/kg	CFB/kg	矸石/kg >0.6 mm	矸石/kg <0.6 mm	水/kg	外加剂/g	容重/(kg/m³)
22	0.6	0.8	2:3	3/千	3	3.6	5.4	13.5	1.5	7.2	36	2010
23	0.6	0.8	2:3	4/千	3	3.6	5.4	13.5	1.5	7.2	48	1990
24	0.6	0.8	2:3	5/千	3	3.6	5.4	13.5	1.5	7.2	60	2000
25	0.6	0.8	2:3	6/千	3	3.6	5.4	13.5	1.5	7.2	72	1890
26	0.6	0.8	2:3	7/千	3	3.6	5.4	13.5	1.5	7.2	84	1950

表 3-66　外加剂掺量对 CLSM 的工作性能和力学性能影响结果

No.	坍落度/mm 30 s	坍落度/mm 30 min	坍落度/mm 60 min	扩展度/mm	泌水率/%	含气量/%	离析	抗压强度/MPa 3 d	抗压强度/MPa 28 d	孔隙率/%
22	280	260	240	560	2.94	7.3	严重	3.14	6.73	9.25
23	265	250	240	540	2.21	5.4	严重	3.71	7.82	9.16
24	255	250	245	525	1.43	4.5	无	4.02	8.26	8.89
25	250	245	243	520	1.31	4.1	无	3.84	8.44	7.98
26	245	240	240	515	1.15	3.7	无	3.79	8.56	6.23

　　不同的外加剂掺量对 CLSM 硬化浆体的影响如图 3-25 所示。CLSM 硬化浆体早期强度随外加剂掺量的增加呈先增加后降低的变化趋势，且后期强度随掺量增加而不断增加。当外加剂的掺量增加至 5/‰时，CLSM 硬化浆体早期强度增加至最大，为 4.02 MPa；而后期强度增加至 8.26 MPa；当外加剂掺量继续增加至 7/‰时，CLSM 硬化浆体早期强度逐渐减小，而后期强度则缓慢增加，几乎不变。这是因为复合外加剂在掺量较高情况下，引入大量的纤维素醚，而纤维素醚具有缓凝和引气作用，对早期强度不利，从而使早期强度降低。

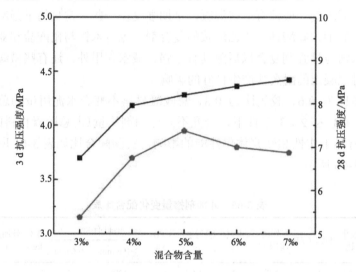

图 3-25　外加剂掺量对 CLSM 硬化浆体抗压强度的影响

参 考 文 献

白建飞. 2004. 湿排粉煤灰的改性. 水泥工程, (1): 80-81.

蔡嗣经, 王洪江. 2012. 现代充填理论与技术. 北京: 冶金工业出版社.

费祥俊. 1994. 浆体与粒状物料输送水力学. 北京: 清华大学出版社.

冯波, 贺纪国, 耿庆阳. 2012. 新型胶结充填系统优化与革新. 深圳: 2012 中国高效采矿技术与装备论坛.

高泉. 1995. 高浓度全尾砂胶结充填料胶结机理研究. 矿业研究与开发, 15(2): 1-4.

郭庆国. 1998. 粗粒土的工程特性及应用. 郑州: 黄河水利出版社.

胡家国, 古德生, 郭力. 2003. 粉煤灰胶凝性能的探讨. 金属矿山, (6): 48-52.

康查 F, 张兴仁, 雨田. 2004. 20 世纪浓缩技术发展史. 国外金属矿选矿, 41(10): 4-11.

赖兰萍, 周李蕾, 韩磊, 等. 2008. 赤泥综合回收与利用现状及进展. 四川有色金属, (1): 43-48.

李茂辉, 高谦, 南世卿. 2012. 泡沫剂对充填胶结材料强度和流变特性的影响. 金属矿山, 9: 43-47.

李云武, 陈闻舞. 2004. 碎石膏体充填材料试验研究. 中国矿山工程, 33(2): 4-6.

林绣贤. 1988. 柔性路面设计. 北京: 人民交通出版社.

林绣贤. 2003. 沥青混凝土合理集料组成的计算公式. 华东公路, (1): 82-84.

刘明. 2002. 内蒙古查干银矿 3#矿体上向进路尾砂胶结充填采矿方法试验研究. 长沙: 中南大学.

刘同有. 2001. 充填采矿技术与应用. 北京: 冶金工业出版社.

刘同有, 等. 2001. 充填采矿技术与应用. 北京: 冶金工业出版社.

沈旦申, 吴正严. 1987. 现代混凝土设计. 上海: 上海科学技术文献出版社.

王新明, 等. 1998. 柿竹园有色金属矿充填料和胶凝材料试验研究. 长沙: 中南大学.

肖国清, 等. 1994. 诸暨金矿胶结充填采矿法试验研究报告. 长沙: 长沙矿山研究院.

姚中亮. 2006. 全尾砂结构流体胶结充填的理论与实践. 矿业研究与开发, (S1): 15-18, 48.

姚中亮, 等. 2003. 矿渣充填材料试验报告. 长沙: 长沙矿山研究院.

姚中亮, 等. 2006. 结构流全尾砂胶结充填及无间柱分层充填采矿法. 长沙: 长沙矿山研究院.

尹慰农, 等. 1990. 凡口铅锌矿全尾砂胶结充填试验研究报告(成果鉴定报告). 长沙: 长沙矿山研究院.

周爱民. 1998. 碎石水泥浆胶结充填料直淋混合工艺与参数. 中国有色金属学报, 8(3): 529-534.

周爱民. 2004. 基于工业生态学的矿山充填模式与技术. 长沙: 中南大学.

周爱民, 等. 1990. 奥地利与德国充填采矿技术. 长沙: 长沙矿山研究院.

周爱民, 等. 1996. 丰山铜矿分段碎石胶结充填采矿法试验研究报告. 长沙: 长沙矿山研究院.

周爱民, 等. 2000. 铜绿山铜矿露天与地下联合开采技术研究. 长沙: 长沙矿山研究院.

周爱民, 等. 2001. 高效低耗胶结充填技术. 长沙: 长沙矿山研究院.

Bolomey J. 1927. Determination of the compressive strength of mortar sand concretes. Bulletin Technique De La Suisse Romande, (16): 22-24.

Cicek T, Tanriverdi M. 2007. Lime based steam autoclaved fly ash bricks. Construction and Building Materials, 21(6): 1295-1300.

Farsangi P, Hara A. 1993. Consolidated rockfill design and quality control at Kidd Creek Mines. CIM Bulletin, 973: 68-74.

Farsangi P, Hayward A, Hassani F. 1996. Consolidated rockfill optimization at Kidd Creek Mines. CIM Bulle-tin, 1001: 129-134.

Fuller W B, Thompson J E. 1907. The laws of proportioning concrete. Transactions of the American Society of Civil Engineers, LIX(2): 67-162.

Gao Y L, Zhou S Q. 2005. Influence of ultra-fine fly ash on hydration shrink age of cement paste. Journal of Central South University of Technology, 12(5): 596-600.

Gaul T, Hoppe E. 1987. Schwerspatgrube Dreislar-Die Entwicklung einer kleinen Ganglagerstatte zu einem mode-men, leistungsfahigen Bergwerk. Erzametall, (5): 225-231.

Gonzalez A, Navia R, Moreno N. 2009. Fly ashes from coal and petroleum coke combustion: Current and innovative potential applications. Waste Management & Research, 27(10): 976-987.

Talbot A N, Riehart F E. 1923. The strength of concrete and its relation to the cement aggregates and water. Bulletin, No: 137, University of Illinois.

第 4 章

矿井充填胶结材料长期性能

4.1 大宗工业固废对充填胶结材料长期力学性能的影响

4.1.1 固废粉体对充填胶结材料长期力学性能的影响

水硬期包括硅化期和扩散期,时间大约在 14～90 天之间。硅化期是指粉煤灰颗粒受碱性包裹层的侵蚀,其中的硅酸根负离子团和 Ca^{2+} 开始结合,在颗粒表层生成 $C·S·H$ 凝胶。扩散期是指在粉煤灰颗粒表面上形成的 $C·S·H$ 凝胶中的 Ca^{2+} 向粉煤灰颗粒内部扩散,形成一定的 $C·S·H$ 过渡层。

在硅化期阶段,粉煤灰颗粒表面的玻璃相在 $Ca(OH)_2$ 的包裹层的侵蚀下发生 $Si-O$ 键和 $Al-O$ 键断裂,玻璃网络解体。由于包裹层内外存在钙、硅酸根、铝酸根等离子的浓度差而产生渗透压,使得包裹层逐渐膨胀鼓起。当渗透压达到一定压力时,膜破裂,两种离子相遇从而形成 $C·S·H$ 凝胶和其他水化物沉淀。充填料中 pH 值越高,可以加速粉煤灰形成 $C·S·H$ 凝胶。

当胶结充填料中存在 $CaSO_4$ 时,硫酸根离子比氢氧根离子反应快,它优先与溶出的少量铝酸根离子和 Ca^{2+} 作用生成钙钒石,使液相中 Ca^{2+} 的浓度下降,同时又使粉煤灰表面发生解离。于是加速了粉煤灰和 $Ca(OH)_2$ 包裹层的化学吸附和离子交换,生成更多的 $C·S·H$ 凝胶而提高强度。

在扩散期阶段,除了碱性 $Ca(OH)_2$ 硅化外,反应的速度由扩散控制。一方面 Ca^{2+} 穿过粉煤灰颗粒表面进入内部与玻璃体中的硅酸根离子结合,另一方面硅酸根离子在渗透压及静电引力的驱动下产生一定的迁移。这两种离子(团)的扩散以 Ca^{2+} 的迁移为主。

Ca^{2+} 向粉煤灰颗粒内部迁移,进入无规则连续网络中间,出现移位和间隙扩散。特别是磨细的粉煤灰颗粒表面,由于出现了较多的 $Si-O$ 键断裂,使粉煤灰颗粒表面处于电性不平衡状态,Ca^{2+} 会很快与其反应生成 $C·S·H$ 凝胶。因此,在断开的玻璃微珠表面的断裂处,比其他部位有更多的 $C·S·H$。

扩散过程是一个长期的自始至终的过程,而且相当复杂。在扩散阶段,因

C·S·H 凝胶体明显增多，强度曲线已经凸起，试体具有明显的耐水性。

• 粉煤灰的掺量对 CLSM 性能的影响

本节在水胶比为 0.6、胶集比为 0.8 的条件下，研究不同 $m(C):m(FA)$ 对 CLSM 材料坍落度、扩展度、泌水率、含气量和抗压强度的影响，实验配合比如表 4-1 所示，实验结果如表 4-2 所示。

表 4-1　粉煤灰掺量变化配合比表

No.	水胶比	胶集比	C：FA	水泥/kg	粉煤灰/kg	矸石/kg >0.6 mm	矸石/kg <0.6 mm	水/kg	外加剂/g	容重/(kg/m³)
11	0.6	0.8	1：2	4.0	8.0	13.5	1.5	7.2	60	1890
12	0.6	0.8	1：2.5	3.4	8.6	13.5	1.5	7.2	60	1830
13	0.6	0.8	1：3	3.0	9.0	13.5	1.5	7.2	60	1840
14	0.6	0.8	1：3.5	2.7	9.3	13.5	1.5	7.2	60	1830
15	0.6	0.8	1：4	2.4	9.6	13.5	1.5	7.2	60	1900

表 4-2　粉煤灰掺量对 CLSM 的工作性能和力学性能影响结果

No.	坍落度/mm 30 s	坍落度/mm 30 min	坍落度/mm 60 min	扩展度/mm	泌水率/%	含气量/%	离析	抗压强度/MPa 3 d	抗压强度/MPa 28 d
11	290	275	265	560	2.75	2.8	严重	3.01	9.56
12	280	270	260	560	2.32	3.2	轻微	2.78	9.11
13	265	260	255	575	1.7	3.3	轻微	2.45	7.98
14	230	220	215	580	1.98	2.9	无	1.82	6.13
15	210	205	195	540	1.86	2.1	无	1.43	4.02

由图 4-1 可知，在用水量、集料用量、粉煤灰和水泥总量保持不变的情况下，CLSM 体系 28 d 抗压强度随粉煤灰掺量的增加而减少。粉煤灰在水泥基材料中存在"活性效应"、"形态效应"和"微集料效应"，将粉煤灰掺入浆体中，它可以通过二次火山灰反应大量消耗水泥水化所产生的 $Ca(OH)_2$，从而改善硬化浆体的界面过渡区，提高 CLSM 硬化浆体的强度；同时，掺入水泥基中的粉煤灰能促使高钙硅比的水化硅酸钙向低钙硅比的水化硅酸钙转化，使硬化浆体的强度提高，但后者提供的强度较要远高于前者。然而，随着粉煤灰掺量增加，相应的 CLSM 胶凝体系中水泥用量就减少，水泥作为胶凝材料的主要成分，为硬化浆体能提供的强度也相应地减少；且水泥用量减少所产生的强度损失要远大于粉煤灰因活性效应所产生的强度增加。因此，随粉煤灰掺量增加，CLSM 硬化浆体表现出的总效应为抗压强度逐渐减小。

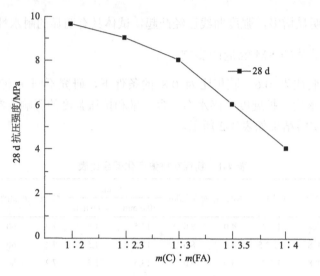

图 4-1　粉煤灰的掺量对 CLSM 28 d 抗压强度的影响

综上所述，CLSM 的流动性和泌水率均随粉煤灰掺量的增加而降低，但 CLSM 仍具有较好的流动度，且 FA 的掺入改善了 CLSM 新拌浆体泌水和沉降等和易性问题。但当粉煤灰掺量大于 1∶3 时，CLSM 的流动性相对较差，强度也较低。而粉煤灰掺量低于 1∶3 时，CLSM 具有较好的流动性，强度也相对较高，但水泥用量较大，制备 CLSM 的成本相对较高；为尽可能将粉煤灰等固体废弃物资源化利用，综合经济效益和环保效益考虑，认为粉煤灰掺量为 1∶3 较合适。

其次，同时进行了不同掺量的粉煤灰对水泥-粉煤灰浆体体系的抗压强度的影响。试验在水灰比为 0.35、聚羧酸减水剂（PC）的掺量为 0.2%、水泥和粉煤灰的总质量为 400 g 条件下，测定水泥-粉煤灰二元浆体体系抗压强度。并通过拟合得到各流变曲线的拟合方程以及相应的屈服应力 τ_0 和塑性黏度值 η 这两个流变参数的值，其流变参数及拟合曲线方程和抗压强度的结果如表 4-3 所示。

表 4-3　水泥-粉煤灰浆体体系流变参数和抗压强度

No.	m_C∶m_{FA}	流动度/mm	τ_0/Pa	η/(Pa·s)	拟合方程	相关系数	28 d
1	1∶0	340	1.158	0.254	$\tau=1.158+0.254r$	0.993	99.56
2	1∶2	336	0.374	0.264	$\tau=0.374+0.264r$	0.999	35.45
3	1∶2.5	330	0.539	0.281	$\tau=0.539+0.281r$	0.999	29.14
4	1∶3	316	0.798	0.287	$\tau=0.798+0.287r$	0.997	24.53
5	1∶3.5	301	0.953	0.293	$\tau=0.953+0.293r$	0.997	19.53
6	1∶4	286	1.048	0.309	$\tau=1.048+0.309r$	0.996	16.57
7	0∶1	267	1.127	0.315	$\tau=1.127+0.315r$	0.996	0

　　图 4-2 为不同掺量粉煤灰对水泥-粉煤灰二元胶凝体系抗压强度的影响。由图可知，随着粉煤灰掺量的增加，水泥-粉煤灰硬化浆体的早期强度和后期强度均降低。当粉煤灰的掺量在 1∶0～1∶4 时，水泥-粉煤灰硬化浆体早期和后期强度急剧降低，28 d 抗压强度变化范围分别为 35.45～16.57 MPa。且与纯水泥相比，水泥-粉煤灰硬化浆体的早期和后期强度均较低。也就是说，粉煤灰的掺入降低了胶凝体系的强度。这是因为粉煤灰本身不具有水硬性，只有在碱性[有 $Ca(OH)_2$]存在环境下，激发其活性，才能显示其胶凝性。在水泥-粉煤灰二元胶凝体系中，粉煤灰的掺量较高，使二元体系中水泥的含量较少，这使水泥水化产生的 $Ca(OH)_2$ 数量也相应地减少，粉煤灰不能得到充分的激发，大部分粉煤灰不能起胶凝材料的作用，结果表现为水泥-粉煤灰二元胶凝体系的早期和后期强度均降低。

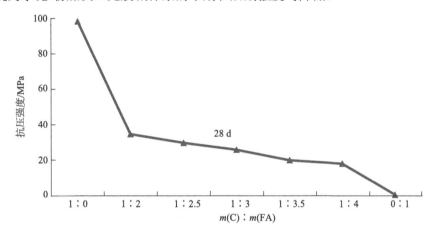

图 4-2　水泥-粉煤灰二元胶凝体系抗压强度随 FA 掺量的变化

4.1.2　固废骨料对充填胶结材料长期力学性能的影响

　　在充填物料中，细骨料与粗骨料之间存在最优配比。一般而言，充填骨料粒度越细，相同条件下的充填体强度越低；在一定范围内，充填骨料中粗颗粒含量越大，充填体强度越高。

　　本节实验设计及结果如表 4-4 所示。

表 4-4　水胶比 1 下不同骨料长期强度对比

编号	水胶比	胶集比	水泥	粉煤灰	砂（煤矸石）	水	28 d	
							抗折强度/MPa	抗压强度/MPa
0	1	0.2	270	0	1350	270	3.15	18.9
1	1	0.2	216	54	1350	270	1.6	6.9

续表

编号	水胶比	胶集比	水泥	粉煤灰	砂(煤矸石)	水	28 d	
							抗折强度/MPa	抗压强度/MPa
2	1	0.2	162	108	1350	270	1.3	4.1
3	1	0.2	108	162	1350	270	1.25	4
4	1	0.2	54	216	1350	270	1.1	4
5	1	0.2	0	270	1350	270	0.7	3.5

编号	水胶比	胶集比	水泥	粉煤灰	砂(充填砂)	水	28 d	
							抗折强度/MPa	抗压强度/MPa
0	1	0.2	270	0	1350	270	4.8	15.4
1	1	0.2	216	54	1350	270	2.5	6.8
2	1	0.2	162	108	1350	270	1.4	7.4
3	1	0.2	108	162	1350	270	0.8	3.3
4	1	0.2	54	216	1350	270	0.3	1.2
5	1	0.2	0	270	1350	270	0.2	0.8

对比图 4-3 和图 4-4 可以看出，不同骨料的充填材料的长期强度是不同的，同时在不同的粉煤灰掺量情况下，对于充填材料的长期强度影响也是不同的。抗折强度方面，除了对比组，即低粉煤灰掺量的情况下，使用充填砂骨料的情况下使得较充填材料的抗折强度有一定的提升，但是随着粉煤灰的掺入量的提高，使用充填砂骨料的充填材料的性能开始下降，并且在后面的实验组别中抗折强度均低于使用商用煤矸石骨料的组别。同时可以看出，在未掺入粉煤灰的情况下，两组的差距最大，有可能是龄期变长使得商用充填砂的骨料级配突显，长期强度高于煤矸石充填材料的，但是在加入粉煤灰的情况下，粉煤灰的粒度使得粉煤灰和煤矸石骨料组成的整个体系比充填砂的骨料级配更加合理，所以早期强度高于充填砂充填材料的。在抗压强度方面，情况是不同的，即在空白组未加入粉煤灰时，

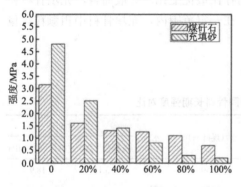

图 4-3　水灰比 1 不同骨料 28 d 抗折强度

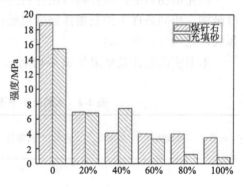

图 4-4　水灰比 1 不同骨料 28 d 抗压强度

使用煤矸石骨料的情况下使得充填材料的抗压强度得到提升，同样地，在高粉煤灰的情况下，矸石组的强度均高于充填砂骨料充填材料的抗压强度，最大的差距同样出现在未掺粉煤灰下。具体原因与前所述相同，已知在水灰比为 1 的情况下，未掺入粉煤灰时煤矸石骨料的强度较高，但是之后提高粉煤灰的产量，充填砂骨料的充填材料抗折和抗压强度都高于煤矸石骨料充填材料的。

　　之后设计实验进行水灰比为 0.8 的情况下，煤矸石和充填砂的性能对比。实验设计与结果如表 4-5、图 4-5、图 4-6 所示。

表 4-5　水灰比 0.8 下不同骨料长期强度对比

	水胶比	胶集比	水泥	粉煤灰	砂(煤矸石)	水	28 d	
							抗折强度/MPa	抗压强度/MPa
0	0.8	0.2	180	0	900	144	4.8	14
1	0.8	0.2	144	36	900	144	4	12.1
2	0.8	0.2	108	72	900	144	3	10.6
3	0.8	0.2	72	108	900	144	2	6.2
4	0.8	0.2	36	144	900	144	1.3	3.7
5	0.8	0.2	0	180	900	144	0.9	2.5

	水胶比	胶集比	水泥	粉煤灰	砂(充填砂)	水	28 d	
							抗折强度/MPa	抗压强度/MPa
0	0.8	0.2	180	0	900	144	4.8	16.4
1	0.8	0.2	144	36	900	144	3.28	14.2
2	0.8	0.2	108	72	900	144	2.86	7.6
3	0.8	0.2	72	108	900	144	1.47	6.6
4	0.8	0.2	36	144	900	144	1.02	1.7
5	0.8	0.2	0	180	900	144	0.6	1.4

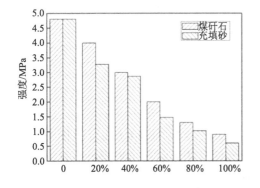

图 4-5　水灰比 0.8 不同骨料 28 d 抗折强度

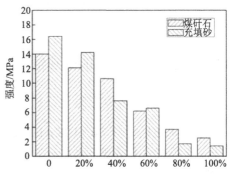

图 4-6　水灰比 0.8 不同骨料 28 d 抗压强度

　　对比水灰比为 1 的情况，可以看出，在水灰比为 0.8 时，不同骨料的充填材料的长期强度还是不同的，但是在此水灰比下，在不同的粉煤灰掺量情况下，对于充填材料的强度影响是不同的。抗折强度方面，与水灰比为 1 的充填材料的情况相同，即未掺入粉煤灰的情况下，使用煤矸石骨料的情况下使得较充填材料的抗折强度与充填砂骨料的充填材料相近，但是随着粉煤灰掺入量的提高，使用充填砂骨料的充填材料的性能下降更加明显，并且在后面的实验组别中抗折强度均低于使用煤矸石骨料的组别。同时可以看出，在低水灰比时，未掺入粉煤灰的情况下，商用充填砂的骨料级配影响变小，使得长期强度接近煤矸石的充填材料，但是在加入粉煤灰的情况下，粉煤灰的粒度使得粉煤灰和煤矸石骨料组成的整个体系级配更加合理，比充填砂的骨料级配更加合理，所以强度高于充填砂充填材料的。但是在抗压强度方面，情况有一定的不同，也就是在空白组情况下，使用充填砂骨料的充填材料下使得抗压强度更高，同样的，在高粉煤灰的情况下，矸石组的强度均高于充填砂骨料的充填材料抗压强度，最大的差距出现在 40%的粉煤灰产量下。具体原因与前所述相同，同时在低水灰比情况下，可能由于水的含量较低，使得粉体的吸水效应不明显，强度不够。已知在水灰比为 0.8 的情况下，低粉煤灰掺量时煤矸石骨料的强度较低，但是之后提高粉煤灰的产量，充填砂骨料的充填材料抗折和抗压强度都低于煤矸石骨料充填材料。

4.2　充填胶结材料的微观结构演变

　　赤泥的胶结性能可归功于其中含有的大量 $\beta\text{-}C_2S$ 及 CASH 等水硬性矿物。$\beta\text{-}C_2S$ 在没有激化剂存在时是较难水解的，但添加活性激化剂后，即可加速 $\beta\text{-}C_2S$ 的水化反应，使之生成硅酸钙凝胶及钙矾石等。赤泥的胶结机理就是其水解水化过程。下面结合不同配比与龄期的赤泥胶结料试块的 X 射线衍射分析来阐述赤泥的胶结机理。

4.2.1　充填胶结材料的微观结构分析

1. 粉煤灰充填材料微观结构分析

　　粉煤灰充填材料 7 d 和 28 d 的 SEM 分别如图 4-7 和图 4-8 所示。从图中可以看出，充填材料中微观下水泥石和骨料有比较明显的区别。7 d 时煤矸石骨料周围的水泥石中孔隙较多，同时又有较多未反应的水泥颗粒，界面过渡区的孔隙较多，有一些纤维状的 C-S-H 凝胶生成，但是并没有较为粗壮的晶体生成，可以看到部分未反应的粉煤灰颗粒，表面黏结的水泥石较少。28 d 时骨料和水泥石之间的黏结更加紧密，界面过渡区的孔隙减少，水泥石更加致密，未反应的水泥颗粒减少，同时可以明显看到定向排列的晶体，使得界面过渡区的结构更加紧密。

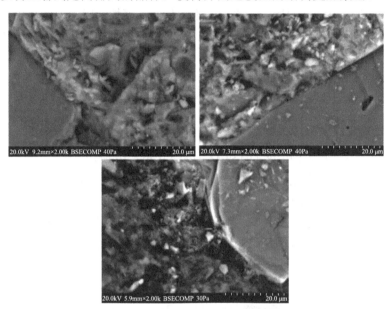

图 4-7　不同水胶比充填材料 7 d 的 SEM 图

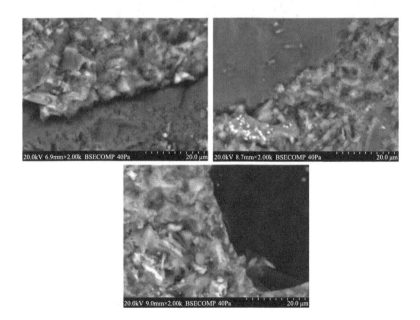

图 4-8　不同水胶比充填材料 28 d 的 SEM 图

（1）水泥水化产生 $Ca(OH)_2$（CH），粉煤灰表面形成水膜；

（2）CH 在粉煤灰表面上结晶发育，形成碱性薄膜溶液；

（3）粉煤灰表面被碱性薄膜溶液腐蚀，发生火山灰反应；

（4）随着养护龄期的增长，水分的不断供给，碱性薄膜溶液在粉煤灰表面继续存在，并透过水化物间隙进一步对粉煤灰腐蚀，直到粉煤灰中活性矿物成分完全水化。

粉煤灰在胶结充填料中与水泥、集料体系共同作用的水化反应是一个分阶段、多层次的水化反应过程。

2. 赤泥充填材料微观结构分析

赤泥充填材料的 7 d 和 28 d 的 SEM 如图 4-9 和 4-10 所示。从图中可以看出，赤泥充填材料中微观下水泥石和骨料有比较明显的区别，7 d 时煤骨料周围的水泥石与充填材料相似，中孔隙较多，由于赤泥充填材料中的其他材料更多，受粗骨料的影响，微界面过渡区的孔隙更多，同时未反应的水泥颗粒也更多，很难看到有纤维状的 C-S-H 凝胶生成以及网状结构的晶体。28 d 时骨料和水泥石之间的黏结更加紧密，从水泥石网状结构中可以看到纤维状的 C-S-H 凝胶生成，且粉煤灰颗粒表面有反应产生的晶体黏结，未反应的水泥颗粒减少，同时可以明显看到定向排列的晶体。

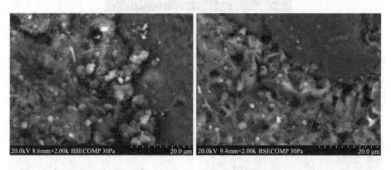

图 4-9　充填材料 7 d 的 SEM 图

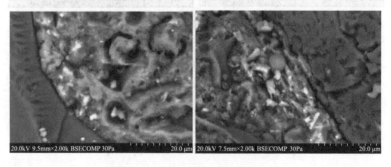

图 4-10　充填材料 28 d 的 SEM 图

（1）水化 1 天，基本显微结构为花朵状构造，其间有一些不定形物穿插，早期主要是 C_3S 的水化。

（2）水化 7 天，其主要结构仍为花朵状构造，但有一些条状物存在，C_3S 继续水化，β-C_3S 参与了水化，C_3A 在没有 SO_4^{2-} 存在条件下也开始形成一种较稳定的水合物。

（3）水化 28 天，其结晶形状以板桥状为主，仍有一些花朵状结构，还存在一些柱状结晶，水化已进入稳定阶段，形成了一些较稳定的水化产物。试块强度也达到一定量值，大部分水化反应已完成。

4.2.2　充填胶结材料粉煤灰的物相演变

粉煤灰的火山灰质特性，具有一定的钙质活性。在胶结充填料中加入一定量的粉煤灰，可以提高充填体的强度，特别是后期强度。但加入粉煤灰也会增大料浆的黏度，从而增大了料浆的屈服应力和管道摩擦阻力。因此，对于料浆的配制，在满足充填料细粒级含量的基本条件下，若要通过添加粉煤灰来提高充填体的强度，则粉煤灰代替水泥的量不宜超过水泥用量的 30%～50%。

4.2.3　充填胶结材料的界面过渡区演变规律

水泥基材料是一个复杂的体系，将水泥基材料分解为骨料、砂浆、界面过渡区等多个组分，对于研究水泥基材料具有重要的意义。而研究水泥砂浆的界面过渡区(ITZ)在水泥基材料硬化的作用和破坏过程中对于外力的响应程度，深入了解界面过渡区在整体材料性能表现中的作用，最终探明是否可以通过强化界面过渡区来提高水泥基材料的整体性能，对于充填材料的性能研究也有重要的意义。测试方法如下所述。

1）扫描电镜-能谱分析(SEM-EDS)

将经过抗压强度测试的砂浆试样进行挑选，选取合适尺寸的薄片进行 SEM 测试。本实验采用扫描电子显微镜及能谱分析仪对水泥砂浆的界面过渡区厚度进行判定，结果如图 4-11 所示。实验采用扫描电镜将试件放大至一定倍数后寻找颗粒大小相近的煤矸石颗粒，保证微界面过渡区的清晰，然后找到颗粒和水泥的微界面过渡区，接着以界面过渡区边界上的一点为起点，采用能谱分析仪对界面过渡区法线向微界面区一侧间隔距离 5 μm 或 10 μm 的 6 个点的元素进行 EDS 定量分析，如图 4-12 所示，得到元素定量分析结果（表 4-6）后，根据钙硅比绘制曲线，突变最低点确定该点即为界面过渡区边界。

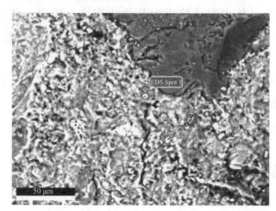

图 4-11　EDS 扫描示意图

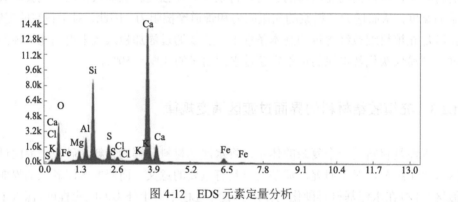

图 4-12　EDS 元素定量分析

表 4-6　EDS 元素定量分析结果

元素	质量分数/%	原子分数%	Net Int.	误差/%	K-ratio	Z	R	A	F
O	38.78	58.59	1348.25	10.23	0.0565	1.0803	0.9494	0.1348	1.0000
Mg	1.55	1.54	315.31	8.71	0.0072	1.0011	0.9855	0.4597	1.0078
Al	3.43	3.08	884.44	6.22	0.0200	0.9646	0.9932	0.5977	1.0126
Si	11.34	9.76	3384.76	4.51	0.0790	0.9862	1.0004	0.6972	1.0134
S	2.70	2.04	751.61	4.53	0.0215	0.9667	1.0138	0.7964	1.0328
Cl	0.59	0.40	157.88	7.21	0.0049	0.9199	1.0200	0.8485	1.0515
K	0.54	0.33	137.26	14.96	0.0052	0.9161	1.0315	0.9373	1.1203
Ca	38.05	22.95	7646.97	1.83	0.3456	0.9331	1.0367	0.9613	1.0128
Fe	3.01	1.30	286.88	6.53	0.0255	0.8334	1.0604	0.9663	1.0538

2）纳米压痕技术

利用环氧树脂对样品进行固化，然后使用不同目数的砂纸对试件表面进行打磨，然后选取煤矸石砂粒周围的 4×5 个点，通过将特定尺寸的压头压入试件表面，记录压力-位移曲线，从而确定测点处的硬度值，纳米压痕测试压头加载及卸载速率均为 12 mN/s。

1. 不同水胶比、不同龄期粉煤灰充填材料微界面过渡区的关系

计算不同水胶比、不同龄期粉煤灰充填材料微界面过渡区的硬度和厚度，得到粉煤灰充填材料龄期与微界面的关系如图 4-13 和图 4-14 所示。

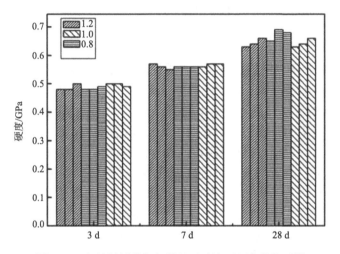

图 4-13　充填材料龄期与微界面过渡区硬度的关系图

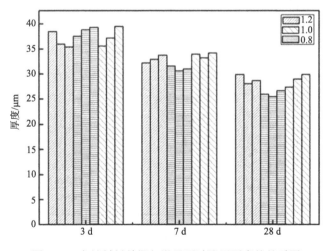

图 4-14　充填材料龄期与微界面过渡区厚度的关系图

　　从图 4-13 可以看出，不同水胶比的粉煤灰充填材料 3 d、7 d、28 d 微界面硬度的变化趋势相同，都是随着龄期的增长，微界面过渡区的硬度增加。根据研究，水泥水化产物的硬度不超过 2 GPa，超出这一限值的区域可以认为是未水化的水泥颗粒，同时可以看出，在粉煤灰充填材料早期，不同水胶比的充填材料之中微界面过渡区的硬度相差不大，28 d 时微界面过渡区的强度稍有变化。从图 4-14 可以看出，不同水胶比的充填材料 3 d、7 d、28 d 微界面厚度随着龄期的增长，微界面过渡区的厚度度减小。不同研究表明，界面过渡区的厚度在 5～100 μm，同时可以看出，在煤矸石充填材料 3 d 时，不同水胶比的充填材料之中微界面过渡区的厚度度相差不大，7 d 和 28 d 时微界面过渡区的厚度相差较大，水胶比 0.8 的界面过渡区厚度较小。

2. 充填材料强度与微界面过渡区的关系

　　记录充填材料不同龄期抗压强度，得到充填材料强度和微界面过渡区的关系如图 4-15 和图 4-16 所示。

　　从图 4-15 中分析可得，对于不同的宏观强度和其中取得的点的微观强度对应，部分点较为集中，在三个阶段强度上出现的概率较大，同时较为符合一次函数的线性关系。进行一次函数拟合后，可以看出，充填材料强度与微界面过渡区硬度大概呈现随着微界面过渡区硬度增加，充填材料的宏观强度也增加，同时一次拟合的 R^2 为 0.847，较为符合实际的关系，可以推测，微界面过渡区对宏观强度有较为明显的影响。从图 4-16 中分析可得，对于不同的宏观强度和其中取得的点的微界面过渡区厚度对应，散点的分布比较均匀，也比较符合一次线性关系，进行拟合后，可以看出，充填材料强度与微界面过渡区厚度的关系，

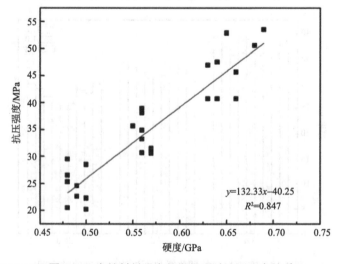

图 4-15　充填材料强度与微界面过渡区硬度关系

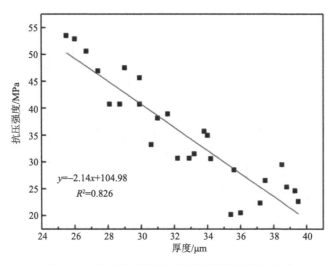

图 4-16 充填材料强度与微界面过渡区厚度关系

呈现随着微界面过渡区厚度增加，充填材料的宏观强度减小，同时一次拟合的 R^2 为 0.826，较为符合实际的关系，微界面过渡区厚度对宏观强度有较为明显的影响。

可以看出，在不同充填材料中，水泥基的硬度要高于界面过渡区，同时骨料的硬度也较高，微界面过渡区的厚度和硬度同时决定着充填材料的强度，且两种界面过渡区的特性和宏观抗压强度之间大体符合一次线性关系。

3. 不同骨料充填材料龄期与微界面过渡区的关系

计算两种不同骨料充填材料不同龄期水泥-细骨料微界面过渡区的厚度和硬度，得到充填材料龄期与微界面的关系，见图 4-17 和图 4-18。

从图 4-17 可以看出，不同强度等级的煤矸石充填材料 3 d、7 d、28 d 微界面硬度的变化趋势相同，都是随着龄期的增长，微界面过渡区的硬度增加，同时也可以看出，在煤矸石充填材料早期，不同强度和煤矸石充填材料之中微界面过渡区的硬度相差不大，甚至有部分煤矸石充填材料的微观强度大于充填砂充填材料，但是 28 d 时充填砂充填材料微界面过渡区的强度高于煤矸石充填材料。从图 4-18 可以看出，不同骨料充填材料 3 d、7 d、28 d 微界面厚度随着龄期的增长，微界面过渡区的厚度减小，同时可以看出，在煤矸石充填材料 3 d 时，其微界面过渡区的厚度稍高于充填砂充填材料，7 d 和 28 d 时微界面过渡区的厚度相差不大。可以看出，不同强度的煤矸石充填材料微界面的厚度和硬度对龄期的变化规律相似，但是相同龄期时充填砂和煤矸石充填材料微界面厚度和硬度相差不大，这可能是煤矸石充填材料中组分更加复杂，影响因素更多，使得不同强度之间的差异较小。

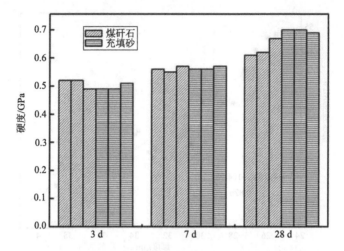

图 4-17　不同骨料充填材料龄期与微界面过渡区硬度关系

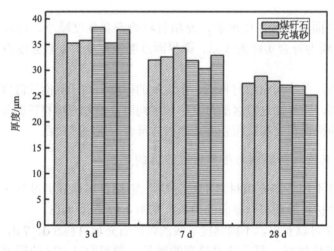

图 4-18　不同骨料充填材料龄期与微界面过渡区厚度关系

4. 不同骨料充填材料强度与微界面过渡区的关系

记录不同骨料充填材料不同龄期抗压强度，得到充填材料强度和微界面过渡区的关系，见图 4-19 和图 4-20。

从图 4-19 中分析可得，对于不同骨料充填材料的宏观强度和其中取得的点的微观强度对应，煤矸石充填材料和充填砂充填材料的情况并不相同，点分布更加分散。对两种强度的点进行一次函数拟合后，可以看出，煤矸石充填材料强度与微界面过渡区硬度的关系，大概呈现随着微界面过渡区硬度增加，充填材料的宏观强度也增加，同时一次拟合的 R^2 为 0.76，较为符合实际的关系。可以推测，煤矸石充填材料中微界面过渡区对宏观强度有一定的影响。但是从一次线性拟合数据可以看出，一次拟合的 R^2 为 0.485，宏观强度和微界面过渡区硬度的关系并不符合一次线性关系，线性相关度较小，从图 4-20 中分析可得，煤矸石充填材料和充填砂充填材料的情况也并不相同，点分布同样更加分散。对两种充填材料点进行一次函数拟合后，可以看出，煤矸石充填材料强度与微界面过渡区厚度的关系，大概呈现随着微界面过渡区厚度减小，充填材料的宏观强度也增加，同时一次拟合的 R^2 为 0.842，可以看出基本符合实际关系，但是从一次线性拟合数据可以看出，一次拟合的 R^2 为 0.381，宏观强度和微界面过渡区厚度的关系并不符合一次线性关系，一次线性相关度较小。

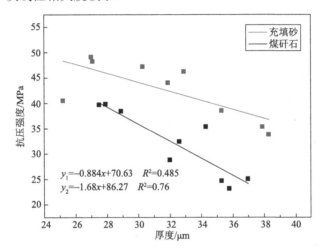

图 4-19　不同骨料充填材料强度与微界面过渡区厚度关系

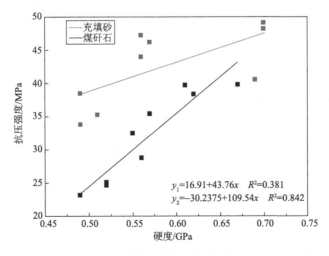

图 4-20　不同骨料充填材料微界面过渡区硬度与强度关系

可以看出，在不同骨料充填材料中，宏观强度和微界面过渡区的特性的相关性并不相同，煤矸石充填材料中宏观强度和微界面过渡区的厚度和硬度的相关度较大，但是充填砂充填材料中宏观强度和微界面过渡区的厚度和硬度的相关度较小。这可能是因为，煤矸石充填材料中各相分布更加复杂，粗骨料对于微界面的影响较大，同时充填材料的石子含量上升，使得这种影响更加明显。

4.3 充填胶结材料变形性能

在膏体凝结过程中，会出现收缩与膨胀现象。收缩现象比较常见，严重时会出现开裂，影响充填体远期强度的增长。良好的充填体应具有微膨胀特性，适当的膨胀有利于充填体接顶程度的提高。

随着膏体充填技术的发展，充填体的收缩沉降问题受到了工程技术人员越来越多的关注。充填体收缩是影响充填膏体长期性、耐久性、稳定性的主要因素，其研究具有一定的现实意义。

混凝土的收缩主要包括自收缩、干燥收缩、塑性收缩、化学收缩、碳化收缩以及温度收缩。其中，混凝土的自收缩、干燥收缩及塑性收缩占据了其收缩的大部分，因此，关于混凝土收缩的研究主要集中于混凝土的自收缩、干燥收缩及塑性收缩。

为了应对充填体收缩引起的开裂问题，并提高充填接顶率，国内外做了许多相关方面的研究。但从整体情况来看，利用膨胀剂是解决这一问题的有效办法之一。在我国，目前主要是在制备膏体时加入一定量的膨胀剂，掺加膨胀剂易于控制膨胀量，操作灵活方便，因此被广泛采用。周俊龙发现在膏体中掺加膨胀剂，会增加细粉料的含量，同时也增大了接触拌和水的表面积，从而导致泌水的速率降低；但其中含铝组分水化速率较快，也会对塑性收缩有一定影响，这两种因素的综合作用造成了对塑性收缩开裂趋势的影响。

膨胀充填材料在煤矿应用中较为广泛，如淄博市王庄煤矿研制了一种低成本、低浓度、可膨胀、高强度的充填材料，并对此新型充填材料的膨胀和承载性能进行了相关测试研究。该充填材料的主要成分为粉煤灰、水泥、生石灰、石膏、发泡剂和水等，固水比为 0.3∶0.7，相对密度约为 1.35。该矿现场监测了充填体的膨胀率，在某工作面中部充填袋上方布置 4 个量程 8 MPa 的土压力盒，发现压力盒压力变化为充填之后各压力盒的压力值持续增长，1.5～2.0 h 内，自下而上的 1-41、t-39、t-40、t-42 号压力盒依次出现第一个峰值压力值。由于充填料浆的初凝时间大约是 2 h，此期间的压力是由开始的液体压力和初凝前的膨胀压力引起的。从充填后的 18～20 h 到第 3 天左右，各压力盒的压力值有所浮动，但变化不大。此后开始缓慢增长直到 23 天左右转入快速增长，说明前 3 天充填体处于固化期，塑性变形大。后期压力增高说明随着固化强度的提高，充填体开始承受比较大的顶板压力。在充填体凝固后的 3 天时间内，充填体便开始固化膨胀，达到一定的稳定状态之后，膨胀性增速减缓。但是随着充填体凝固时间的增加，其强度在 20 天之后开始明显上升，50 天以后达到相对稳定的状态，其中最大监测压力达到 3.5 MPa，膨胀率达 8%～10%。

4.3.1　充填胶结材料的沉缩性及影响因素

1. 充填胶结材料的沉缩性

最初关于胶凝材料的沉缩性研究出现在混凝土领域。混凝土的收缩是由多种原因引起的收缩量的叠加，其收缩可分为干燥收缩、自收缩、塑性收缩、化学收缩、碳化收缩和温差收缩六大类。

1）干燥收缩

干燥收缩简称干缩，是指充填体停止养护后，在不饱和空气中失去混凝土内部毛细孔和凝胶孔中的吸附水而发生的不可逆收缩。干燥收缩的测量时间较长，一般要测到 90 天，甚至一年，因为膏体内部毛细孔和胶凝孔中的水分蒸发是一个漫长的过程。膏体的干燥收缩受周围环境、膏体重量浓度、水灰比、骨料、粉煤灰掺量、水泥掺量、养护时间等因素的影响。

2）自收缩

随着水泥水化程度的加大，膏体内部相对湿度降低，毛细孔中的水分不饱和而使毛细孔承受负压作用，由此引起的混凝土收缩即为自收缩。影响膏体自收缩的因素主要有水泥掺量、粒度、浓度、养护环境等。

3）塑性收缩

塑性收缩是由膏体内部毛细管压力和塑性沉降等引起的，主要发生在膏体凝结前，持续时间较短。影响膏体塑性收缩的主要因素有膏体的凝结时间、水灰比、周围环境温度、风速、相对湿度等。

4）化学收缩

化学收缩是指由于水泥水化而引起的膏体绝对体积的减少。

5）碳化收缩

膏体碳化是指膏体内部本身含有大量的毛细孔，空气中二氧化碳与充填膏体内部的游离氢氧化钙反应生成碳酸钙，降低了充填膏体的碱性，收缩率增大。

6）温差收缩

膏体因外部环境温度骤降或在结硬过程中的干缩而产生的体积收缩，称为温差收缩。上述收缩理念是根据混凝土材料得出的，目前，我国并没有专门针对膏体收缩性能进行过相关研究。国外对于膏体充填体收缩性能的研究也刚刚开始，加拿大某学者对直径为 20 cm、高度为 150 cm 的实验柱进行了尾砂膏体养护过程中不同龄期干燥收缩性能的研究。

膏体物料配比为水泥含量 4.5%，水灰比为 7.6，膏体坍落度为 18 cm。对膏体固化后充填体的干燥收缩量进行了 6～150 天的监测，150 天的干燥收缩量接近 3.5 mm/m，当养护期达到 65 天之后，干燥收缩率增加变缓。这也说明，干燥收缩主要发生在充填体养护早期。值得注意的是，在混凝土领域，自由收缩程度达到 1 mm/m，混凝土就有龟裂的风险。因此，干燥收缩这一现象在今后膏体充填研究中应当加强。

2. 混凝土收缩的影响因素

影响混凝土收缩的因素有很多，如水泥颗粒细度、水灰比、养护时间、养护温度、减水剂的种类及掺量、矿物掺合料掺量等。

水泥颗粒细度对收缩的影响较大，其影响主要体现在混凝土早期水化速率上，随着水泥颗粒比表面积增大，混凝土的早期收缩随之相应增大。在混凝土质量评价体系中，混凝土的强度占据着举足轻重的位置，其中影响强度的因素主要包括水胶比、养护条件等，同时这些因素也对混凝土的耐久性产生着重要影响。研究者通过试验发现，在相同龄期下，混凝土水灰比越低，其收缩值越小；其他研究者也发现延长混凝土的养护时间可以明显减少混凝土的干燥收缩值；养护温度对混凝土的收缩也有较大影响，通常情况下，混凝土的养护温度越高，其 28 d 收缩值越大。随着混凝土制备技术的不断发展，越来越多的矿物掺合料应用在了混凝土生产中，并逐步成为混凝土生产中不可或缺的原材料，不同品种、掺量和细度的矿物掺合料对混凝土的收缩值会产生不同的影响，有研究者认为，矿粉的掺量对混凝土的干燥收缩值影响不大，掺加矿粉的混凝土较不掺的混凝土收缩值仅相差 3%，但适量优质粉煤灰的掺入则会降低混凝土的收缩，这种影响在一定范围内随着粉煤灰掺量的增加，影响逐渐显著。

通过对混凝土收缩的影响因素可以发现，目前国内外对于混凝土收缩影响的研究已经逐步由宏观转向了微观研究，由水胶比、养护条件等对混凝土收缩的影响研究转变为了矿物掺合料掺量及胶凝材料颗粒级配对收缩的影响以及其影响机理的研究。因此，在进行混凝土收缩的研究时，应着重于关注矿物掺合料颗粒级配对混凝土微观结构的影响，进而实现混凝土收缩的宏观调控。

3. 混凝土收缩的控制措施

1）使用减缩剂

减缩剂旨在降低混凝土的收缩应力，从而降低混凝土开裂的风险。通过对比掺加减缩剂的混凝土以及标准混凝土的收缩性能，发现添加减缩剂的混凝土 28 d 收缩率可减少 30%~60%，尤其对于早期收缩率的影响更为明显。但掺入过量的减缩剂会对混凝土的早期强度产生不利影响，且加入减缩剂后混凝土的整体造价会适当提高，在工程中普及使用难度较大。

2）掺加工程纤维

在混凝土中掺入纤维可以起到增强增韧的作用，增强混凝土的抗裂性能，但当混凝土中掺入的纤维过量或选择的纤维品种不适合时，则会增大混凝土材料的不均匀性，影响混凝土的耐久性能。有学者研究了钢纤维及玄武岩纤维对混凝土早期收缩性能的影响，结果表明 2%的钢纤维掺量和 1.5%的玄武岩纤维掺量可有效降低混凝土的早期收缩。

3）内养护法

在水泥基材料中掺入饱水（蓄水）材料，如轻骨料（light-weight aggregates，LWA）、超吸水树脂（super-absorbent polymer，SAP）等，可提高混凝土混合物内部含水量和相对湿度，降低收缩应力，减小混凝土收缩变形。通过内养护，可以降低高性能混凝土在硬化过程中的干燥收缩且不损害混凝土的强度和耐久性。

4）掺加膨胀剂

混凝土中掺加膨胀剂主要作用为补偿混凝土的收缩，防止或减少裂纹的产生。但目前国内外对于膨胀剂的使用仍存在较大的争议，有研究者认为，在混凝土中使用膨胀剂时，并非越多越好，如果使用不当，不仅不能起到减小收缩的作用，同时会对混凝土的强度产生不利影响。

5）合理选用矿物掺合料掺量及级配

优质粉煤灰及矿粉的掺入可改善混凝土硬化浆体的微观结构，使其结构更加密实，从而显著降低多组分混凝土的收缩，当在混凝土中双掺粉煤灰和磨细矿渣时，其掺量处于最优值时混凝土的收缩达到最小值。以上这些研究均是基于矿物掺合料对混凝土收缩的定性研究，但是关于矿物掺合料对于收缩的具体影响程度还鲜有研究，且没有从微观角度对其影响程度进行合理剖析。

4.3.2 试验方案和过程

根据矿山采空区充填用尾砂混凝土，沉缩率的试验方法参见标准 JC/T 2478－2018。

检测仪器：①容积为 500 mL 的锥形量筒。②精度为 0.1 g 的天平。

试验方法：将矿山采空区充填用尾砂混凝土倒入量筒中直至 500 mL 刻度线处，称其质量为 m_1。称量后静置，若出现泌水情况，用吸管将明水吸出。在温度 (20±5)℃、相对湿度不大于 50% 条件下放置 28 d 后，称其质量为 m_2，沉缩率 S 按公式(4-1)计算：

$$S = \frac{(m_1 - m_2)/\rho_{水}}{500} \times 100\% \qquad (4-1)$$

式中，S 为沉缩率，%；m_1 为试验开始时量筒和尾砂混凝土的总质量，g；m_2 为 28 d 后量筒和尾砂混凝土的总质量，g；$\rho_{水}$ 为水的密度，取 1 g/cm³。

具体实验设计及结果见表 4-7 至表 4-14。

表 4-7　A 组实验方案及结果

No.	水胶比	胶集比	水泥	粉煤灰	砂(煤矸石)	水	减水剂 (2%)	沉缩/g 前	沉缩/g 后	沉缩率 S
0	0.8	0.2	180	0	900	144	3.6	1102.5	1022.4	16.0%
1	0.8	0.2	144	36	900	144	3.6	1044.4	965.8	15.7%
2	0.8	0.2	108	72	900	144	3.6	1095.9	1010.2	17.1%
3	0.8	0.2	72	108	900	144	3.6	1065.8	978.3	17.5%
4	0.8	0.2	36	144	900	144	3.6	1054.2	952.9	20.3%
5	0.8	0.2	0	180	900	144	3.6	1051.8	929.5	24.5%

表 4-8　B 组实验方案及结果

No.	水胶比	胶集比	水泥	粉煤灰	砂(煤矸石)	水	减水剂	沉缩/g		沉缩率 S
								前	后	
0	1	0.2	270	0	1350	270	5‰	1053.5	970.1	16.7%
1	1	0.2	216	54	1350	270	5‰	1087.5	990.4	19.4%
2	1	0.2	162	108	1350	270	5‰	1089.6	982.8	21.4%
3	1	0.2	108	162	1350	270	5‰	1070.3	959.0	22.3%
4	1	0.2	54	216	1350	270	5‰	1130.5	1016.9	22.7%
5	1	0.2	0	270	1350	270	5‰	1039.5	901.8	27.5%

表 4-9　C 组实验方案及结果

No.	水胶比	胶集比	水泥	粉煤灰	砂(煤矸石)	水	减水剂	沉缩/g		沉缩率 S
								前	后	
0	7/6	0.2	270	0	1350	315	0	1080.8	971.5	21.9%
1	7/6	0.2	216	54	1350	315	0	1062.6	949.5	22.6%
2	7/6	0.2	162	108	1350	315	0	1061.2	935.3	25.2%
3	7/6	0.2	108	162	1350	315	0	1069.3	938.0	26.3%
4	7/6	0.2	54	216	1350	315	0	1089.9	942.3	29.5%
5	7/6	0.2	0	270	1350	315	0	1084.3	917.6	33.3%

表 4-10　D 组实验方案及结果

No.	水胶比	胶集比	水泥	粉煤灰	砂(尾砂)	水	减水剂	沉缩/g		沉缩率 S
								前	后	
0	3.6	0.1	135	0	1350	486	0	1014.7	794.5	44.0%
1	3.6	0.1	108	27	1350	486	0	989.3	761.3	45.6%
2	3.6	0.1	81	54	1350	486	0	969.5	727.6	48.4%
3	3.6	0.1	54	81	1350	486	0	951.7	710.4	48.3%
4	3.6	0.1	27	108	1350	486	0	963.9	704.0	52.0%
5	3.6	0.1	0	135	1350	486	0	960.3	709.9	50.1%

表 4-11　E 组实验方案及结果

No.	水胶比	胶集比	水泥	粉煤灰	砂(充填砂)	水	减水剂	沉缩/g		沉缩率 S
								前	后	
0	1	0.2	270	0	1350	270	0	1170.8	1068.7	20.4%
1	1	0.2	216	54	1350	270	0	1140.0	1026.3	22.7%
2	1	0.2	162	108	1350	270	0	1121.8	999.0	24.6%

续表

No.	水胶比	胶集比	水泥	粉煤灰	砂(充填砂)	水	减水剂	沉缩/g 前	沉缩/g 后	沉缩率 S
3	1	0.2	108	162	1350	270	0	1110.9	971.7	27.8%
4	1	0.2	54	216	1350	270	0	1155.0	1010.5	28.9%
5	1	0.2	0	270	1350	270	0	1138.9	989.3	29.9%

表 4-12　F 组实验方案及结果

No.	水胶比	胶集比	水泥	粉煤灰	赤泥	砂(充填砂)	水	沉缩/g 前	沉缩/g 后	沉缩率 S
0	1	0.2	243	0	27	1350	270	1145.9	1040.9	21.0%
1	1	0.2	189	54	27	1350	270	1128.4	1013.4	23.0%
2	1	0.2	135	108	27	1350	270	1143.7	1016.7	25.4%
3	1	0.2	81	162	27	1350	270	1158.2	1020.0	27.6%
4	1	0.2	27	216	27	1350	270	1128.2	976.6	30.3%
5	1	0.2	0	243	27	1350	270	1130.2	972.0	31.7%

表 4-13　H 组实验方案及结果

No.	水胶比	胶集比	水泥	粉煤灰	赤泥	砂(充填砂)	水	沉缩/g 前	沉缩/g 后	沉缩率 S
0	1	0.2	216	0	54	1350	270	966.0	865.8	20.0%
1	1	0.2	162	54	54	1350	270	952.7	847.9	21.0%
2	1	0.2	108	108	54	1350	270	982.2	870.0	22.4%
3	1	0.2	54	162	54	1350	270	975.8	854.9	24.2%
4	1	0.2	0	216	54	1350	270	969.9	832.7	27.4%

表 4-14　K 组实验方案及结果

No.	水胶比	胶集比	水泥	粉煤灰	赤泥	砂(充填砂)	水	沉缩/g 前	沉缩/g 后	沉缩率 S
0	0.8	0.2	243	0	27	1350	189	970.6	904.8	13.2%
1	0.8	0.2	189	54	27	1350	216	927.9	849.6	15.6%
2	0.8	0.2	135	108	27	1350	216	985.6	898.4	17.4%
3	0.8	0.2	81	162	27	1350	216	981.8	885.2	19.3%
4	0.8	0.2	27	216	27	1350	216	970.6	866.6	20.8%
5	0.8	0.2	0	243	27	1350	216	967.4	852.5	23.0%

从上述实验结果中可以看出，在不同的体系中，不同固废粉体对于充填胶结材料的沉缩作用的影响以及程度是不同的。A 组实验中，使用粉煤灰掺和料和煤矸石骨料，同时使用了外加的减水剂，可以看出，未掺入粉煤灰时，充填材料的沉缩率为 16%；在加入 20% 的粉煤灰时，充填材料的沉缩率没有出现明显的变化，沉缩率仍然为 15.7%；当粉煤灰的掺入量达到 40% 时，充填材料的沉缩率出现了一定程度上升，达到了 17.1%，说明粉煤灰的掺入使得充填材料的沉缩率变大，但是变化不大，可能是因为填充效应明显；当粉煤灰使用量达到 60% 时，此时充填性能的提升并不是很明显，沉缩率仍然是 17.5%，这可能是由于粉煤灰的用量提升的同时，整个体系中的粉体的量同时也有提升，此时比表面积增大，使得体系的蓄水量增加，整个体系的沉缩率变化不明显；当粉煤灰的掺入量达到 80% 时，此时充填材料的沉缩率出现了一定程度上升，达到了 20.3%，这时整个体系的填充作用并不明显，反而是粉煤灰的蓄水量上升，使得充填材料的沉缩率出现了一定程度上升；最后，当不使用水泥时，在煤矸石-粉煤灰体系中，整个体系的流动度出现变化，又有一定程度的上升，煤矸石-粉煤灰充填材料的沉缩率又达到了 24.5%，因此，此时粉煤灰粒度比较重要，使得高掺量时沉缩率上升，整个体系的沉缩率又有一定的变化。可以看出，在使用粉煤灰时，随粉煤灰的量逐渐上升，整个体系的沉缩率有一定程度的上升，因此，在此体系中，粉煤灰会有提高沉缩率。

B 组实验中，与 A 组的体系相同，同样是水泥-粉煤灰-煤矸石体系，同样在使用粉煤灰时，体系的沉缩率随粉煤灰的量逐渐上升时，沉缩率有一定程度的上升，因此，在不同水灰比的相同体系中，粉煤灰在此体系中会提高沉缩率。使用粉煤灰掺和料和煤矸石骨料，同时使用了 5‰ 的外加减水剂，可以看出，未掺入粉煤灰时，充填材料的沉缩率为 16.7%；在加入 20% 的粉煤灰时，充填材料的沉缩率出现了较为明显的变化，达到了 19.4%；之后提升粉煤灰的用量，最终沉缩率到达最高，为 27.5%，此时煤矸石-粉煤灰充填材料中的填充作用最大，细颗粒含量高，整个体系的沉缩率最大。可以看出，在相同体系中，不同水灰比下，体系的变化规律基本相同。

C 组实验中，同前两组实验相同，即粉煤灰掺和料和煤矸石骨料，改变了水灰比，但是没有使用外加的减水剂，可以看到，未掺入煤矸石时，充填材料的沉缩率为 21.9%，与前两组相比初始沉缩率出现了明显的变化，主要是由于水量上升；在加入 20% 的粉煤灰时，充填材料的沉缩率出现了一定程度的上升，填充效应明显，沉缩率达到了 22.6%，当使用了 40%~100% 的粉煤灰的掺入量时，充填材料的沉缩率一直上升，最终在 100% 粉煤灰掺量时达到了 33.3%，可以看出，粉煤灰在此体系中会有一定程度的降低性能的作用，与前两组的整个体系的沉缩率出现了相同的变化，即随粉煤灰的量逐渐上升，沉缩率又有一定程度的上升，但是由于减水剂未使用，在细节上的变化同样是不可忽视的，具体发生的变化，还待进一步的讨论。

D 组实验中，此时体系发生了变化，骨料由煤矸石变为尾砂，即使用了粉煤灰掺和料和尾砂骨料，同时没有使用外加的减水剂。尾砂中 0.15 mm 以下的含量较多，同时 0.075 mm 以下的含量占比达到了 24.8%，使整个体系中的细颗粒含量变多，因此在没有使用外加剂的情况下，要想保证沉缩率，需要较多的水。在此体系中可以看到，没有掺入粉煤灰时，充填材料的沉缩率为 44%；在加入 20% 的粉煤灰时，充填材料的沉缩率出现了一定程度的上升，沉缩率达到了 45.6%；当提高粉煤灰的掺入量达到 40%～100% 时，体系的沉缩率逐渐增加，最终达到 50.1%。可以看出，在不同的体系中，使用级配不是很好的骨料时，粉煤灰的加入，使整个体系的沉缩率出现了一定程度的上升，在粉煤灰的量逐渐上升时，沉缩率又有一定程度的波动，但是总体上依旧是上升，最终的变化比煤矸石组的变化小，因此，粉煤灰在此体系中，会有一定程度的提升沉缩率。

E 组实验中，使用商用的充填砂作为充填骨料，即使用水泥、粉煤灰掺和料和商用充填砂骨料，同样没有使用减水剂。

可以看到未掺入粉煤灰时，充填材料的沉缩率为 20.4%；在加入 20% 的粉煤灰时，充填材料整个体系的沉缩率又有一定的变化，上升为 22.7%；当提高粉煤灰的掺入量达到胶凝材料的 40%～100% 时，充填材料的沉缩率出现一定程度上升，最终达到了 29.9%，此时煤矸石-粉煤灰充填材料中的填充作用最大，因此整个体系的沉缩率一直上升。可以看出，在较好的级配骨料体系中，在使用粉煤灰时，整个体系的沉缩率出现了一定程度的上升，在粉煤灰的量逐渐上升时，沉缩率也是一直上升，最终的变化率介于煤矸石与尾砂骨料充填材料之间。

F 组实验中，同前一组相同，但是此时赤泥作为胶凝材料的一部分被加入到实验中，以此消纳更多的固废粉体。可以看出，在使用粉煤灰时，整个赤泥-粉煤灰-充填砂体系的沉缩率出现了一定程度的上升，在粉煤灰的量逐渐上升时，沉缩率又有一定程度的波动，但是总体来讲是增加的。即使用粉煤灰掺和料和煤矸石骨料，可以看到未掺入粉煤灰时，充填材料的沉缩率为 21%，由于赤泥的粉体颗粒粒度不同，因此与相同水灰比的充填材料的沉缩率不同，在加入 20% 的粉煤灰时，充填材料的沉缩率比上升，提高达到了 23%，加入 40%～100% 的粉煤灰时，充填材料的沉缩率持续上升，达到 31.7%。因此，赤泥-粉煤灰-充填砂体系的沉缩率变化与之前相同，并且总体的变化率也有一定上升。

H 组实验中，使用赤泥作为掺和料的一部分，使用粉煤灰掺和料和充填砂骨料，同时提高了赤泥的用量。此组的赤泥用量上升，同时水灰比的变化，导致组别的梯度变少，同样未使用外加的减水剂。可以看到，未掺入粉煤灰时，充填材料的沉缩率为20%；在加入20%的粉煤灰时，充填材料的沉缩率出现一定程度的上升，达到了21%；当粉煤灰的掺入量达到40%～100%时，沉缩率持续增加。可以看出，在大剂量使用赤泥时，也使用粉煤灰，在粉煤灰的量逐渐上升时，骨料的级配合理时，整个体系的沉缩率仍然出现了一定程度的上升，但是变化率更小，因此，赤泥的加入使得充填材料的沉缩率下降。

K 组实验中，使用了赤泥作为掺和料，同时降低了水灰比，使用赤泥-粉煤灰掺和料和充填砂骨料。可以看出，在较低的水灰比的情况下，在掺入粉煤灰代替水泥，粉煤灰的量逐渐上升时，沉缩率又有一定程度的上升。未掺入粉煤灰时，充填材料的沉缩率为13.2%，为所有组中最小，同时在加入20%的粉煤灰时，充填材料的沉缩率出现了一定程度上升，沉缩率达到了 15.6%。当粉煤灰加入 40%、60%、80%、100%时，充填材料的沉缩率分别为17.4%、19.3%、20.8%、23.0%，说明赤泥的掺入使得充填材料的抗沉缩性能变好。这可能是由于赤泥的颗粒粒度较小，此时填充了骨料之间的空隙，使得充填材料的性能提升。

4.4　充填胶结材料中有害金属离子的固化规律

充填材料中的有害金属主要来自于各种固废原材料。当下固废的利用主要集中在建筑材料、筑路工程、化工、农业等领域。但是由于粉煤灰中含钙、镁氧化物的特点，实际应用在建筑材料中时会不断吸收空气中的水分，材料强度会逐渐下降，使用寿命缩短。而且，未经处理的固废在筑路回填或者用于农业改良土壤时，随着时间的推移，大量有害金属元素会从中浸出进入地下水或由植物吸收，从而威胁人体的健康。以下为各种重金属元素对人体的危害。

铅 Pb 主要对人体大脑和肾脏功能产生严重的生理损害，常见临床表现被称为急性铅中毒。例如，刺激损害人体的中枢神经，导致学龄小儿儿童智力发育衰退、痴呆、失明等。

铬 Cr 具有致癌性，会造成肝脏损伤，鼻黏膜感染发炎，鼻中隔贯通穿孔和引起哮喘。轻者导致皮肤出现溃烂、浮肿；但是若食物过量摄入会导致腹痛、尿毒症，甚至导致死亡。

镉 Cd 具有累积性，可能会导致患者出现高血压，影响其生殖、肺气肿、肾脏功能受损和新陈代谢紊乱等。

铜 Cu，如硫酸铜对于水生动植物有一定的生物毒性抑制作用。人体如果长时间大量摄入，易导致急性肝色素中毒，腹痛，刺激消化系统。

锌 Zn，人体中的锌含量太多可能导致身体疲劳，黏膜受到刺激，对消化系统和关节炎产生影响。如果摄取过多也可能会导致发育不良，新陈代谢功能的失调和腹泻。

镍 Ni，具有一定的致癌性，可以是引起过敏类或接触性皮肤炎的过敏性物质和引起呼吸器官等疾病。

4.4.1　充填胶结材料中有害金属离子赋存状态

一般废弃物中重金属危害性研究方法：

（1）总量法。以重金属元素的总量来考察弃物的危害性，缺点是不能客观反映废弃物的危害性，重金属元素总量中的非活性部分对动植物并不造成危害。

（2）环境地球化学法。通过确定赋存重金属元素的废弃物抵御风化能力的强弱来考察废弃物的危害性，不足在于，部分重金属元素并未进到环境中，而是存在于废弃物的残余骨架中。

（3）试验模拟法。根据重金属在废弃物和相互作用过程中的释放速率，预测重金属的潜在环境效应，来考察废弃物的危害性，缺点是不能反映自然条件下的真实过程。

（4）化学形态分析法。用化学试剂来萃取重金属元素，能够相对客观地模拟自然条件下的实际情况。

浸出试验方法包括：①浸渍溶出法；②振动(水平或垂直振动)抽出试验法；③翻转滚动抽出试验法；④渗透溶出；⑤循环流溶出试验法。

浸出实验方法的研究与选用：

固体材料中所含重金属离子和有毒离子含量的测定，一般是采用王水分解法或高温熔融法分解待测材料，然后用原子吸收光谱和等离子发射光谱法测定分解液或熔融法所得溶液中的各离子浓度，再计算出单位质量材料中各组分的含量。而针对有害组分的溶出问题，国外已提出的多种溶出试验方法中，浸渍溶出法主要用于溶出机理的研究；振动和翻转滚动抽出试验法是一种快速溶出试验方法，一般用于确定试验材料中有害组分的可能或最大可能溶出量，目前为各国所普遍采用；渗透溶出法用于模拟现场实际溶出情况，评价对土壤和地下水产生的影响；循环流溶出试验法的测定机理与渗透溶出法类似，可适用于低溶出量材料的测定。

发达国家相继制定多种溶出试验法，如德国的 DEVS4 方法与水槽试验法、荷兰的 NEN7341、7343、7345 和 7349 方法、法国的 X31-210 方法、美国的 TCLP

方法、瑞士的 TVA 方法以及日本的环境告示第 13 号和 46 号中所示方法等。这些方法在抽出试验方式、抽出试验时间、样品预处理和溶媒的选择等方面都各不相同，并大都属于实验室中进行的快速溶出试验方法。目前采用的一些典型试验方法都有一定的针对性或局限性，是为不同的目的或不同的试验对象而设计的。

一般研究认为水泥基材料中有害金属离子赋存状态：①重金属只有在含量达到一定程度后才会对水泥性能产生影响，而生活垃圾中重金属的含量远远低于这一值，因此不会对水泥性能产生影响。②锌、镍对熟料矿物组成的影响很小。③镍主要和镁相结合，还存在于 C_4AF 中。④当 Zn 含量为 5% 时，各期强度都略微提高；当含量为 2.5% 时，水化试体前 7 天强度稍有下降，其他龄期强度都有所提高。Ni 对强度的影响不大，只是使得前期强度略微降低，后期强度略微升高。⑤当重金属的添加量 < 0.1% 时，Cr、Ni、Zn 对水泥的早期水化几乎没什么影响；当添加量达到 2.5% 时，Zn 能延长诱导期，从而在水化初期，显著延缓水化进程，而 Ni 添加至 2.5% 时，能稍微降低水泥水化速度，使强度稍微有所提高，2.5% Cr 的添加会缩短诱导期，从而加速水泥水化的进程。

4.4.2　充填胶结材料中有害金属离子的浸出性能检测

充填胶结材料中有害金属离子的浸出性能测试方法如下：将各试样进行研磨，并于 105℃ 下烘干。制作充填材料试块，试块规格为 10 mm×30 mm×40 mm，常温养护 28 天。采用国家标准 GB 5086.2－1997，对试块做毒性浸出试验。试样干基重量为 100 g，固液比为 1∶10，浸出容器采用 2 L 广口聚乙烯瓶，浸出装置采用频率可调往复式水平振荡机，浸出溶剂用与去离子水同纯度的蒸馏水，在室温下振荡 8 h，静置 16 h，浸出液经 0.45 μm 滤膜加压过滤后进行分析，用火焰原子吸收分光光度法测量浸出液中重金属元素铜、镍、锌、铬、铅、镉、汞的含量。

参 考 文 献

吕宪俊, 金子桥, 胡术刚, 等. 2011. 细粒尾矿充填料浆的流变性及充填能力研究. 金属矿山, (5): 32-35.

施志钢, 张喜明, 于立强. 2001. 膏状非牛顿流体的流变特性研究. 青岛建筑工程学院学报, 22(4): 31-34.

王苇, 石建新. 2011. 新型高水充填材料膨胀和承载性能的测试研究. 山东煤炭科技, (3): 84-85.

王五松. 2004. 膏体充填流变特性及工艺研究. 锦州: 辽宁工程技术大学.

王新民, 肖卫国, 王小卫, 等. 2002. 金川全尾砂膏体充填料浆流变特性研究. 矿冶工程, (3): 13-16.

吴丽丽, 罗新荣, 李勤. 2012. 矸石充填膏体强度影响因素分析. 煤炭工程, (1): 59-61.

肖云涛, 王洪江, 周晓东, 等. 2013. 早强剂在膏体充填中的作用机理及其应用研究. 黄金, (11): 29-33.

杨冬生, 杨仕教, 王洪武. 2011. 云南某铅锌矿全尾砂膏体室内实验研究. 南华大学学报: 自然科学版, 25(1): 23-27.

赵传卿, 胡乃联. 2008. 焦家金矿充填物料的颗粒级配优选研究. 矿冶, 17(2): 17-19.

周俊龙. 2004. 膨胀剂对混凝土性能的影响. 重庆: 重庆大学.

邹辉. 2007. 全尾砂-水淬渣膏体性能研究. 衡阳: 南华大学.

Avramidis K S, Turian R M. 1991. Yield stress of laterite suspensions. Journal of Colloid Interface Science, 143: 54-68.

Boger D V, Sofra F, Scales P J. 2006. Chapter 3: Rheological Concepts//Jewell R J, Fourie A B. Paste and Thickened Tailings-A Guide. 2nd Edition. Perth: Australian Centre for Geomechanics.

Christensen G. 1991. Modelling the flow of fresh concrete: The slump test. Princeton: Princeton University.

de Krester R G. Boger D V. 2001. A structural model for the time-dependent recovery of mineral suspen-sions. Rheological Acta, 40: 582-590.

Dzuy N Q, Boger D V. 1983. Yield stress measurement for concentrated suspensions. Journal of Rheology, 4: 321-349.

Ghirian A, Fall M. 2014. Coupled thermo-hydro-mechanical-chemical behaviour of cemented paste backfill in column experiments. Part II: Mechanical, chemical and microstructural processes and characteristics. Engineering Geology, 170: 11-23.

He M Z, Wang Y M. 2004. Slurry rheology in wet ultra-fine grinding of industrial minerals. Powder Technolology, 147: 94-112.

Holt E, Leivo M. 2004. Cracking risks associated with early age shrinkage. Cement and Concrete Composites, 26(5): 521-530.

第5章

矿井充填胶结材料的管道输送

矿井充填技术在国内外得到了广泛应用，合理的充填胶结材料的管道输送工艺是充填系统经济、高效运行的关键。充填材料黏度高、管流阻力大，一般情况下主要采用泵压输送工艺。

对于深井矿山，充填材料自流输送能够充分利用系统自身势能，节约能耗，是矿井充填的首选工艺。但同时，深井自流输送存在剩余势能的问题，往往导致管道磨损严重，控制困难。如何有效降低剩余势能并保证系统满管流动是自流输送研究的重要内容。

输送泵是泵送工艺的核心设备，目前除了柱塞泵以外，隔膜泵因其在耐磨性能等方面的优势，逐渐成为矿井充填胶结材料输送的有力补充手段，具有广阔的发展前景。同时，随着矿山开采规模的持续增加，充填能力也随之增大，大流量管道输送技术是充填过程中面临的主要问题。

管道输送系统除了合适的增压设备以外，还有一个复杂的管网系统，如何合理地利用井下管道网络系统达到节能的目的，是一个非常重要的方面。管道的磨损是一个客观存在的问题，不仅影响充填管网的使用周期，还影响充填作业的安全性。因此，了解管道磨损规律，并加以利用从而提高管道的使用寿命，就显得非常重要。采用耐磨管材，加强管道壁厚日常检测，是降低管道磨损、预防管道爆管的有效手段。

对于长距离管道输送系统而言，管道阻力大是必然的，尤其是矿井充填胶结材料充填工程。较大的管道阻力需要增大高压泵的扬程、管道的壁厚，也加剧了管道磨损速率，不利于充填系统的稳定运行和安全生产。因此，管道减阻技术一直是充填材料泵压输送比较关注的研究方向。进行管道清洗可以保证管道有效断面面积，对于降低管道阻力而言是一项重要的日常管理工作。

本章分析胶结材料自流满管流输送工艺，探讨胶结材料管道泵压输送工艺，介绍常用充填泵压输送设备，提出管道布置形式优化方式，探讨管道失效模式及其预防措施，研究管道减阻技术，希望为大流量高扬程矿井胶结材料充填管道输送技术提供借鉴。

5.1　矿井充填胶结材料自流输送工艺

在矿井充填技术发展初期，由于充填材料浓度都较高，管道输送阻力较大，料浆一般以泵压输送的形式输送到井下充填。近年来，随着矿山开采深度的不断增加，相对高差增大，导致系统势能逐渐超过管道的沿程阻力损失，使得料浆的长距离自流管道输送成为可能。与泵压输送相比，自流输送能够充分利用自身的重力势能克服管道摩擦阻力，具有经济、环保的技术优势，成为矿山充填系统的首选。但同时，在自流充填过程中，系统往往存在一定的剩余势能，由此导致管道内产生加速流，对管道产生严重的冲刷和磨蚀。满管流输送理论是处理剩余势能的有效途径，增大系统满管率可有效改善管道及充填钻孔的磨损情况，延长管道系统寿命。

5.1.1　深井矿山自流输送的两种模式

在自流充填系统中，充填胶结材料流动的动力由垂直管段料浆柱的重力势能提供，假设系统高差为 H，管线水平长为 L，充填胶结材料密度及其在输送过程中的管流阻力分别为 γ_m 和 i，则根据系统重力势能与管线沿程阻力损失之间的大小关系，可将充填胶结材料管道输送划分为三种模式。当系统充填倍线较大时，有 $\gamma_m H < i(H+L)$，此时充填系统中胶结材料重力势能不足以克服系统沿程阻力，导致其无法自流输送至采场，这种现象在浅井充填中经常发生。而对于深井矿山，其自流输送模式主要分为以下两种，即满管输送模式和非满管输送模式。

1. 满管输送模式

在自流充填工艺中，满管输送是一种理想模式，是指系统高差提供的静压头与输送过程中的沿程阻力损失正好平衡，即有 $\gamma_m H = i(H+L)$，如图 5-1(a)所示。

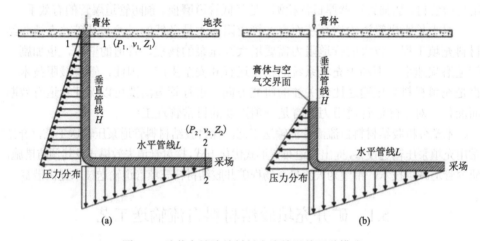

图 5-1　矿井充填胶结材料自流输送的两种模式
(a)满管流；(b)非满管流

在此条件下，胶结材料在管道中连续、稳定流动，管壁处于磨损均匀状态。由于满管输送代表的是一种临界状态，因此，对于自流充填系统，在实际生产过程中很难实现完全满管输送，一般都是通过各种措施，尽量改善系统满管状态以延长管道使用寿命。

2. 非满管流输送模式

随着开采深度的增加，系统高差提供的静压头 $\gamma_m H$ 逐渐增大，当静压大于系统输送所需要的沿程阻力损失时，即 $\gamma_m H > i(H+L)$。此时系统存在一定量的剩余压头，根据能量守恒定律，剩余能量的存在必然导致浆料加速流动以平衡掉这部分能量，浆料加速流动导致管内出现负压、胶结材料内溶解的空气自然溢出，从而在管内产生空气柱现象，如图 5-1(b) 所示。充填胶结材料在空气柱内自由下落，流速不断增大，高速下落的浆料不仅加剧了管道内壁的磨蚀，同时在与空气交界面产生巨大冲击，加速管道破坏。

5.1.2　非满管扩展的管道破坏机理

非满管流动条件下，矿井充填胶结材料在垂直管内自由下落加速流动，由此导致管内出现由固-液两相流转变为固-液-气三相流、再还原为固-液两相流的相变过程，并伴随有射流现象产生，这是垂直管路破坏的主要原因。

1. 非满管流模式导致的矿井充填胶结材料相变

在自流输送系统中，矿井充填胶结材料的流动动力由垂直管内料浆的自然压头提供，从两相邻断面列出的伯努利方程，用式(5-1)来表示：

$$Z_1 + \frac{P_1}{\gamma_m} + \frac{\upsilon_1^2}{2g} = \left(Z_2 + \frac{P_2}{\gamma_m} + \frac{\upsilon_2^2}{2g} \right) + h_w \tag{5-1}$$

式中，υ_1、υ_2、P_1、P_2、Z_1、Z_2 分别为断面 1-1 和 2-2 的流速(m/s)、压强(Pa)和水头(m)；γ_m 为料浆容重，N/m³；h_w 为两断面间矿井充填胶结材料的沿程阻力损失，m。

系统正常工作时，可认为充填胶结材料的运动属于稳定流，则有 $\upsilon_1 = \upsilon_2$，式(5-1)可简化为式(5-2)：

$$\frac{\Delta p}{\gamma_m} = h_w - (Z_1 - Z_2) \tag{5-2}$$

随着开采深度增大,充填线路不断向矿体深部延伸。当系统垂直高度较大,而水平长度较小时,则系统的自然压头($\Delta Z = Z_1 - Z_2$)大于管道沿程阻力损失 h_w,此时 $\Delta p < 0$,垂直管内出现负压状态,当负压大于某临界值时,矿井充填胶结材料中溶解的空气自然溢出,管内出现空气柱,管内物质由固-液两相转化为固-液-气三相,即产生相变现象,如图 5-1(b)所示。

2. 矿井充填胶结材料相变引起的气蚀

矿井充填胶结材料在垂直管内做加速下落运动,由最初连续的料浆柱逐渐被分割为很多个小段体,再由小段体分散成小团和颗粒体,呈射流形式向下运动。在由料浆柱转变为小段体的过程中,在小段体与小段体之间的空间内将产生真空度。当该处压力低于当时温度下水的饱和蒸汽压力时,矿井充填胶结材料中的自由水形成气泡。同时,原来溶解在自由水中的空气也都游离出来,形成许多小气泡,这些小气泡混杂在松散的料浆团和颗粒的集合中。

当矿井充填胶结材料下落到达交界面附近时,浆料在下游受阻而上游流速加大的情况下,料浆团就会撞击到先前产生的气泡,发生所谓的"真空弥含水击",气泡将迅速破裂,并重新凝结。在气泡所占的破裂空间处将产生负压,于是料浆中的颗粒会从四周向气泡中心加速运动。在凝结的一瞬间,颗粒相互撞击,产生很高的局部压力。由高速摄影得到的气泡溃灭时间为 10^{-3} s 或更小,由牛顿第二定律计算和实验量测到气泡溃灭压力可达 $10^9 \sim 10^{10}$ Pa,如果这些气泡靠近管道壁面,此处壁面在大压力、高频率的连续打击下,将逐渐疲劳而破坏,即形成机械剥蚀。而且,气泡中还混有一些活泼气体(如氧),当气泡凝结放出热量时,这些气泡就会对金属起化学腐蚀作用,加速管道损坏。

3. 矿井充填胶结材料相变引起的冲蚀磨损

在垂直管部分,空气柱中浆料加速下落时,由于小团和颗粒的滚翻和相互撞击作用,沿程它们将会以小角度冲蚀管壁。根据冲蚀磨损理论,将使管壁受切削或薄片剥落磨损;另外,在启动阶段当浆料到达垂直管道与水平管道转弯处时,将会以大角度(90°)冲蚀管壁,使管壁变形磨损。不论是切削磨损,还是薄片剥落磨损,或是变形磨损,冲蚀磨损量与冲蚀速度间的关系如式(5-3)所示:

$$\varepsilon = K u^n \tag{5-3}$$

式中,ε 为冲蚀磨损量,g;K 为系数;u 为冲蚀速度,m/s;n 为速度指数,对浆体来说,$n = 1.62 \sim 2.12$。

假设取 $n = 2$,则冲蚀磨损量就与冲蚀速度平方成正比。另外,冲蚀磨损量还与磨粒的质量成正比,磨粒的质量越大,磨损量也越大,这说明冲蚀磨损与磨粒的动能直接相关。管道中空气柱长度较大时或输送系统刚刚启动时，在垂直竖管与水平管道转弯处，离散成射流的矿井充填胶结材料具有很高的动能，因而引起对管壁快速的冲蚀磨损，使管壁变薄，强度大大降低。当磨损达到一定程度后，在射流压力和料浆柱静压作用下，当其总压力超过管壁的强度时，管壁就要破裂，并引起堵管。

综上所述，不满管流以及由此引起的矿井充填胶结材料相变是产生气蚀、高速冲蚀磨损等并引起破管、堵管现象的主要原因，因此保持满管流是消除破管、堵管事故的必要条件。

5.1.3　满管自流输送原理

假设充填系统管道直径不变，垂直高度为 H，以矿井充填胶结材料空气界面为界，浆料在垂直管道中的高度为 H_1，浆料自由下降高度为 H_2，水平管道长度为 L，根据能量守恒定律，静压头产生的重力势能等于克服浆料在管道中的沿程阻力损失。根据以上分析，得出式(5-4)：

$$\rho g H_1 = h_w \tag{5-4}$$

式中，ρ 为矿井充填胶结材料的密度，kg/m^3；g 为重力加速度，m/s^2；h_w 为管道的阻力损失，Pa，其由直管阻力损失和局部阻力损失两部分构成，可用式(5-5)来表示：

$$h_w = \sum h_f + \sum h_j \tag{5-5}$$

式中，h_f 为管道的沿程阻力损失，Pa；h_j 为管道的局部阻力损失，Pa；一般 $h_j = \alpha h_f$，其中 $\alpha = 0.1 \sim 0.3$，其取值由弯管或接头数量决定。

当垂直管道与水平管道管径相同时，单位管长的管流阻力相等，设该管流阻力为 i_m，联立式(5-4)和式(5-5)，则得关系式(5-6)：

$$\rho g H_1 = (1 + \alpha) i_m (L + H_1) \tag{5-6}$$

对式(5-6)进行变换，得到式(5-7)：

$$H_1 = \frac{(1 + \alpha) i_m L}{\rho g - (1 + \alpha) i_m} \tag{5-7}$$

由式(5-7)看出，矿井充填胶结材料在垂直管道中的高度 H_1 主要与管流阻力

i_m、水平管道长度 L，局部阻力系数 α 以及矿井充填胶结材料密度 ρ 有关。H_1 越大，则系统满管状态越好，垂直管内空气柱的长度越小，浆料对管道的冲击破坏减弱。因此，为保证系统满管输送，应尽量提高 H_1 值，根据式(5-7)分析，可采取以下措施。

1）增大矿井充填胶结材料的管流阻力

增大管流阻力能够有效增大 H_1，提高系统满管程度。该方法又包括两种方式，一是通过提高矿井充填胶结材料浓度来增大浆料的流动阻力，但由于工艺的设计要求，浓度提高的程度受到限制，增阻效果不明显；二是采用小管径输送，可使管流阻力成倍增长，有效改善系统的满管状态。

2）管道系统优化布置

由式(5-7)可知，对于同一种充填材料，H_1 随水平管道长度 L 线性增大。因此，可采用折返式管道布置形式，将系统剩余势能消耗在水平管段，减小垂直管中空气柱的长度。同时，也可采用阶梯式布置方式，增大系统局部区域的充填倍线，尽量使每一段垂直管道内浆料产生的静压正好被管道沿程阻力消耗。

3）增大管道局部阻力系数

一些研究者在充填管道上安设了某些耗能装置，能够提高矿井充填胶结材料管道输送的局部阻力系数，从而消除或降低了剩余势能的影响。但这些技术还不成熟，需要进一步完善。

为提高深井管道输送系统的安全和延长其服务年限，国内外学者在上述理论分析的基础上，进一步提出了一系列改善系统满管状态的方法和措施。

5.1.4 满管自流输送技术措施

对充填管网系统已经形成的矿山而言，通过增大局部充填倍线来改善系统的满管状态显然不太现实。因此，要增大矿井充填胶结材料输送的水力坡度、消耗多余的重力势能，从而减轻管道磨蚀破坏。为提高深井管道输送系统的安全和延长其服务年限，国内外发展了一系列提高满管率的方法和措施。

1. 储砂池(减压池)降压方法

储砂池降压是通过对垂直管道高度的限制，使其在离开储砂池时消耗完前段垂直管道中产生的剩余能量，从而达到降压的目的。如图 5-2 所示，充填材料首先经过一段垂直管道，进入井下储砂池，压力缓解后，再自流输送至充填采场。储砂池位置的选择应以达到系统的满管流输送为主，可通过系统重力势能与管输沿程阻力的核算来确定，但其位置不宜和垂直管道之间的水平距离相距太远。在倍线较小的深井矿山，储砂池降压的方法应与局部增阻措施合理结合，才能达到既降低管道压力，又减小管道磨损的目的。对于垂直高度较大的深井矿山，如果一段储砂池降压不够，可以使用多段储砂池减压。

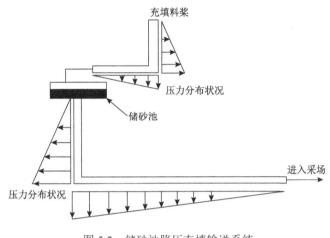

图 5-2　储砂池降压充填输送系统

2. 管道折返式增阻方法

管道折返式布置增阻是通过延长水平管长度来达到增阻的目的。采用该方法时，由于充填浆料在离开各中段水平管时，还有一定的速度，具备一定的能量，因此其增阻效果不如储砂池降压方法。同时，如果将中段水平管道的长度加长，虽然能够达到增阻的目的，但是会增加系统的基建费用。因此，在矿山中段没有废旧巷道可以使用的条件下，特别是新建矿山，不主张使用这种增阻方法。

3. 小管径增阻方法

小管径减压的原理是将系统多余势能消耗在管道摩阻损失中，减小垂直管道内的空气段长度，进而缩短充填浆料自流下落的高度，既增加了矿井充填胶结材料的管流阻力，又减轻了对管道的冲击压力。根据垂直管径和水平管径的关系，将该方法划分为低压满管流输送模式和高压满管流输送模式。

当垂直管径小于水平管径时，垂直管道内的管流阻力大于水平管道，说明系统静压主要消耗在垂直管段上，而消耗在水平管段上的较少，这种满管流模式即为低压满管流输送模式；当垂直管径大于水平管径时，垂直管道的管流阻力小于水平管道，系统静压主要消耗在水平管段上，而消耗在垂直管段上的压头较小，这种满管流模式即为高压满管流输送模式。

图 5-3 与图 5-4 为两种不同满管输送模式在国外某矿井的应用情况。从图中看出，低压满管流输送时，垂直管道底部的压力为 1.8 MPa；高压满管流输送时，垂直管道底部的压力为 30.7 MPa，后者对垂直管道底部的冲击力是前者的 17 倍。究其原因，高压满管流系统中，垂直管直径较大，管流阻力较小，系统势能主要消耗在水平管段，此时垂直管道底部具有较大的压力；而在低压满管流系统中，垂直管径较小，其消耗了较多的系统势能，管道底部处矿井充填胶结材料能量较小，则底部压力相应较小。两种输送模式的优缺点见表 5-1。

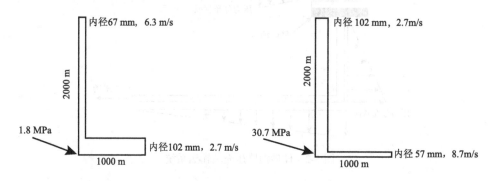

图 5-3　低压满管流输送模式示意图　　　图 5-4　高压满管流输送模式示意图

表 5-1　低压与高压满管流输送模式对比

输送模式	优点	缺点
高压满管流	充填效率高	垂直管孔底部磨损快
	垂直管道磨损率小	在该位置易发生爆管
低压满管流	垂直管道所受压力小	垂直管道磨损率高
	水平管道磨损率小	垂直管道易堵管

4. 添加耗能装置

添加耗能装置的原理是通过增大竖直管道或水平管道中的管流阻力，消耗系统过多的静压，从而提高空气-矿井充填胶结材料交界面，减轻管道所受冲击。主要的耗能装置有阻尼节流孔、滚动球阀门和比例流动控制阀、孔状节流管、安全隔膜减压以及缓冲盒弯头减压装置。但目前这些装置在现场中应用还不多见，主要原因是装置磨损严重、寿命较短。

1）阻尼节流孔装置

阻尼孔装置是一种对矿井充填胶结材料流动产生约束的装置，用于消耗管内的剩余势能，其中可采用的型号主要为厚板阻尼孔。如图 5-5 所示，矿井充填胶结材料通过阻尼孔装置后压力明显降低。

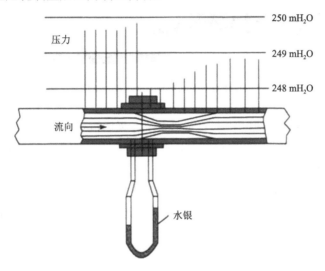

图 5-5　矿井充填胶结材料穿过阻尼孔前后的压力变化情况

阻尼孔有两种布置方式。第一种方式是在空气与矿井充填胶结材料交界处上方的一定区域内放置阻尼孔，采用这种方法可以减小充填浆料自由下落的速度，尽可能降低管道所受的冲击，但并不能完全消除空气柱的存在。第二种方案是采用阻尼孔间隔布置，该种方法能够实现完全满管输送，但阻尼孔的尺寸及放置位置必须合理选择，以确保每一部分（一般指相邻阻尼孔之间的管道）总的沿程阻力损失等于该部分可形成的自然压头。

阻尼孔装置能否成功应用取决于两个方面，一个是制造阻尼孔（管）材料本身的耐磨性；另一个是采用阻尼孔减压和采用变径管一样，要对矿井充填胶结材料输送流量、管径以及浓度进行计算和设计，以达到满管流动状态。

2）滚动球阀门和比例流动控制阀装置

滚动球阀门内含有一组直径大约为 20 mm 的陶瓷球，这些球均被装入缸体中，然后在井下充填管线的不同位置安装这些阀门。这种装置将使矿井充填胶结材料在管道内形成较高的局部阻力损失，从而改善系统的满管状态，如图 5-6 所示。压力降的大小随该装置长度的变化而变化，也可通过增加陶瓷球的数目增大系统的局部阻力损失。

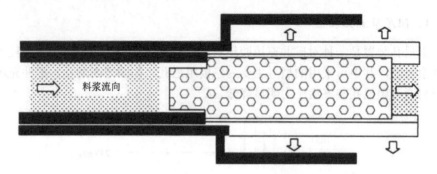

图 5-6　滚动球阀门结构示意图

对于要求达到满管流动状态的充填系统，采用流量比例控制阀也可调节矿井充填胶结材料料浆在管内的多余能量，其结构如图 5-7 所示。流量比例控制阀主体部件是带加强筋的柔性管道，该管道被安装在充满油且带压力的箱体内，整个箱体连接在充填输送管道上。管道形状随筒式滚柱位置的不同而变化，筒式滚柱的运行路线由导向槽限定。橡胶管衬于箱体内壁，由于柔性管道具有高压下任意变形的特征，因此可通过施压于内部系统达到充填系统的压力值来补偿调整。据预测，该阀门可使流动速度得到有效控制，且速度调节变化范围幅度大，同时也可使流速保持最低。

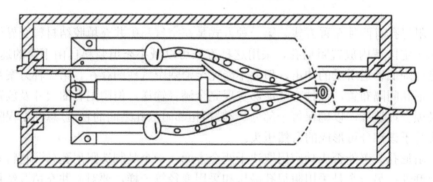

图 5-7　流量比例控制阀结构示意图

3）孔状节流管装置

孔状节流管的基本原理类似阻尼孔，其结构如图 5-8 所示。节流管两头厚度逐渐减小，即内径逐渐增大，到管头位置节流管内径基本与外径相同。其使用方法是，将孔状节流管套入充填管道内，依据其消耗的能量，调整节流管之间的间距，使矿井充填胶结材料的流动达到满管流动状态。当采用阻尼孔等耗能装置时，充填浆料通过该装置后将在其下方形成自由落体区域，仍然存在一定程度的冲击。而孔状节流管克服了这一不足，同时由于增大了管壁的粗糙度，因此消耗的能量更多。其优点是使用方便、灵活，缺点是节流管本身的磨损大，使用寿命短。

图 5-8　孔状节流管结构示意图

以上几种满管流措施，都是通过增大管流阻力，以确保自地表搅拌站至充填采场的整个管路上形成满管输送。采用以上减压措施时，应注意研究流速范围、矿井充填材料浓度范围、磨损速率、节流管段位置、充填系统内压力以及采用不同直径的节流断面时形成的不同系统的经营费用。

4）缓冲盒弯头减压

缓冲盒弯头不能起到降压的效果，但是它可以降低由于高压导致垂直管和水平管连接处管道的高速磨损，其结构如图 5-9 所示。

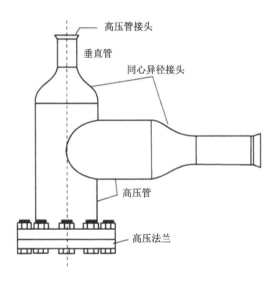

图 5-9　缓冲盒弯头结构示意图

在充填管路中，弯头历来就是剧烈磨损区，弯管的磨损集中在外半径一带，可磨出一条长窄槽贯通弯管背部。采用缓冲盒(dead box)可避免这种磨损，用偏置分接点可简化垂直管道到水平管道的排出口。缓冲盒的设计要使其直径保证盒内壁不接触从给料管落下的高速矿井充填胶结材料,这样可大大降低磨损率。缓冲盒的替代件是丁字管。丁字管的寿命低于缓冲盒,但其安装迅速简便,且寿命比弯管长。其工作原理与缓冲盒相同,但结构紧凑,可用于空间较小的部位。

5.1.5 满管自流输送优化实践

云南某铅锌矿充填管道由地表制备站(标高+2538 m)经过充填钻孔后到达2053 m中段,经过水平巷道到达2号斜井,再由2号斜井下放至1844 m水平后通过6号充填井进入采场。2号斜井管道长度为420 m,倾角为30°。如图5-10所示,1844 m水平巷道长度为150 m,6号充填井内垂直管道长12 m,1832 m水平管道长150 m,上述管道内径均为150 mm。通过现场压力监测值推算,2号斜井内的充填浆料高度为7.5 m,而满管流的管道长度仅为15 m,即2号斜井的满管率仅为3.6%。

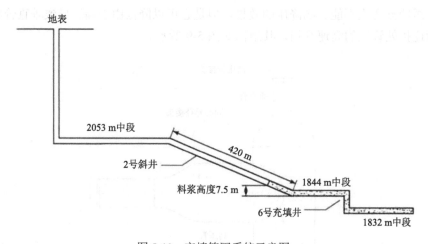

图 5-10　充填管网系统示意图

1. 方案设计

为了提高上述管网的满管率,可以采用低压满管流方案与高压满管流输送方案。但低压满管流需要在垂直管段上采用小直径管道,其不足在于斜井内管道改造的工程量较大,安装复杂。相对而言,水平管段进行改造方案便于施工安装,因此最终采用高压满管流充填模式。

通过现场调查,结合工程实际,满管流实验地段最终确定为1844 m水平。由于 1844 m 水平空间限制，没有其他巷道可供利用，小直径管道长度太大会影响巷道人员及铲运机的行走，而且也增加了实验的成本，因此这里推荐采用内径为 85 mm 的管道替换原 150 mm 管。

根据现场实际条件，由于 1844 m 水平巷道长度为 150 m，因此在 1844 m 水平巷道内采用折返式进行铺设，如图 5-11 所示。管道沿 2 号斜井甩车道进入 1844 m 中段运输大巷，先向东铺设至 9 号勘探线，在此向西折回至 6 号勘探线，再向东折回到 7 号勘探线，最后在 7 号穿脉进入 6 号充填井内。

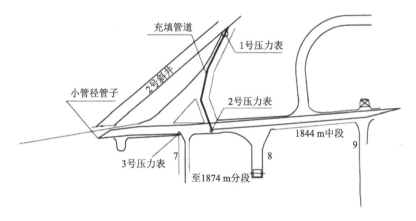

图 5-11　1844m 水平充填管道折返布置

通过对方案的优化选择，该试验采用了内径为 85 mm 的管道，长度为 293.79 m。为了获得相关实验参数，该矿使用了 3 个压力表进行实时测量，人工记录压力变化。其中 1 号压力表用于测量 2 号斜井充填管道内的料浆压力，反映 2 号斜井的满管率的变化。2 号与 3 号压力表间距为 232.6 m，两者读数可以反映小直径管道沿程阻力损失的变化情况。

2. 实验结果

通过 DCS 系统显示，满管流工业实验矿井充填胶结材料浓度为 79%，流量为 60 m³/h，物料配比为水泥∶水淬渣∶全尾砂=1∶1∶7。本次实验共持续 4 h。为了将实验数据与原充填系统进行对比，在实验开始前，先对原系统的满管状态进行评价，对 1 号压力表值进行记录，得其平均值为 0.183 MPa，通过换算，2 号斜井内充填材料料浆长约为 15 m，满管率仅为 3.6%。

采用小管径改造后，各压力表监测数据如图 5-12 所示。观察可知，1 号压力表均值为 1.199 MPa，2 号表均值为 1.076 MPa，3 号表均值为 0.911 MPa，2 号表与 3 号表的平均差值为 0.165 MPa。

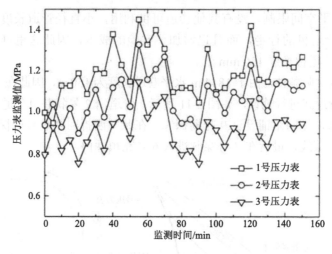

图 5-12　不同压力表的监测值

3. 结果分析

（1）通过图 5-12 中 2 号压力表与 3 号压力表监测值计算得出，$\Phi 85$ mm 小管径管道的管流阻力在 3.27～4.94 MPa/km，平均值为 3.92 MPa/km。

（2）以下分析小管径改造后斜井内管道的满管状态。设矿井充填胶结材料在斜井管道内的长度为 L，根据能量守恒定律，1 号压力表的压力值等效于充填胶结材料的势能与斜井内管道阻力损失之差，则可得出式(5-8)：

$$P_1 = \rho g L \sin\theta - iL \tag{5-8}$$

式中，P_1 为 1 号压力表的显示值，Pa；ρ 为浆体密度，kg/m^3；g 为重力加速度，m/s^2；L 为斜井长度，m；θ 为斜井倾角，°；i 为矿井充填胶结材料管流阻力，Pa/m。

将各参数代入式(5-8)中，求出矿井充填胶结材料在 2 号斜井充填管道内的料浆长度为 125.25 m，则改造后矿井充填胶结材料在斜井内的满管率为 29.82%。在使用小管径管道充填前，2 号斜井管道平均压力值为 0.18 MPa。使用 85 mm 的小管径后，2 号斜井管道平均压力值为 1.20 MPa，压力增加了 6.7 倍。

工业实验结果表明，通过改变管道直径增阻措施，可将满管率由原来的 3.6%提高到 29.82%，如果继续增长小管径管道的长度，则完全可实现满管输送。

5.2　矿井充填胶结材料管道泵压输送工艺

矿井充填胶结材料黏度高、阻力大，一般情况下采用管道泵压输送。目前，矿井充填胶结材料泵送工艺主要借鉴于混凝土泵送的经验。但矿山充填无论在材料制备、管路长度，还是在配管的复杂程度、管内压力、工作时间等方面均与混凝土输送存在较大差异。与传统的低浓度分级尾砂充填相比，泵压输送具有浓度高、稳定性好等优点，由此大大降低了充填的综合成本。但同时也存在初期投资大、工艺复杂等问题，对系统的管理操作及物料制备提出了更高的要求。

5.2.1　泵压输送工艺的优点

由于矿井充填胶结材料的塑性黏度和屈服应力较大，一般情况下依靠重力自流输送是比较困难的，尤其对于远距离输送，因此泵压输送是矿井充填胶结材料充填的主要工艺。相比之下，泵压输送技术克服了传统胶结充填材料自流输送的缺陷，具有以下优点：

（1）输送浓度大幅度提高。泵压输送工艺可最大限度地提高充填浓度，进而改善充填质量。

（2）降低充填成本。在设计强度条件下，矿井充填材料充填的水泥单耗远低于低浓度料浆，因此，通过泵送工艺提高充填浓度可间接降低充填成本。

（3）节省矿山的排水排泥费用。泵压输送工艺使充填浓度提高，含水率大大减少，降低了排水排泥费用。

（4）提高尾砂利用率。矿井充填泵送工艺允许物料以全粒级尾砂作为主要骨料，提高了尾砂利用率，同时避免了分级后细粒尾砂排往尾矿坝造成的安全隐患。

但同时，泵压充填系统也存在如下缺点：

（1）系统的基建费用高。目前用于矿井充填胶结材料泵送充填的混凝土泵种类少，设备效率低，价格昂贵，同时与系统配套的设施造价也较高。

（2）对料浆质量要求严格。系统要求骨料中有一定量的细粒级含量，否则会因为沿程阻力损失过大而损伤泵，缩短服务年限；同时料浆的输送浓度不能过低，否则会造成料浆的离析，导致堵管事故。

综上所述，矿井充填胶结材料泵压输送系统应该是未来充填的一个重要发展方向，但与传统的低浓度自流输送模式相比，其在充填料制备、管网布置、泵送操作和管理等方面要相对复杂一些。

5.2.2　泵压充填对矿井充填胶结材料的要求

为了确保矿井充填胶结材料在管内顺利泵送，充填物料必须同时满足以下要求。

1）必须是稳定性好的饱和矿井充填胶结材料

质量好的充填胶结材料在管道内形成柱塞状，当其在管道内流动时，能始终保持饱和状态，在压力作用下不会失水，且组分保持不变。同时，饱和矿井充填胶结材料在泵送过程中会在管壁处产生一个完整的润滑层，从而减小料浆在管内流动过程中的摩擦阻力，使其具有较好的输送性能。

2）泵送过程中不应产生离析现象

如果矿井充填胶结材料在输送过程中产生离析现象，则很容易聚集在弯管处，造成堵管事故。因此，在进行正式充填前，应首先进行分层度实验，选择稳定性良好的配比参数。尤其对于含粗骨料的充填浆料，为确保其在管道中顺利流动，必须精确控制物料中粗、细颗粒的配比，确保矿井充填胶结材料具有一定的抗离析能力。同时，充填过程中可能发生机械故障、断电等突发事故，由此导致系统停泵检修，这就要求矿井充填胶结材料在管道中能够静置较长时间也不发生离析，当泵重新启动时能够继续输送。

3）矿井充填胶结材料中超细粒级($-20\ \mu m$)含量要合适

充填胶结材料在管内流动过程中会于管壁处产生一层黏度极低的润滑层，润滑层的存在大大降低了充填浆料的流动阻力，改善了输送性能。润滑层的形成要求物料中必须含有一定量的超细颗粒。同时，超细颗粒具有较强的物理化学作用，可使矿井充填胶结材料内部形成具有一定抗剪强度的絮网结构，从而抑制粗颗粒的沉降，确保其在流动过程中的稳定性。但同时，超细颗粒过多，反而会提高浆料的黏性，从而增大其管流阻力，因此，为了确保充填浆料的顺利输送，超细粒级的含量需控制在某一合适的范围。国内外研究表明，$-20\ \mu m$ 颗粒含量宜保持在 15%～25%。

5.2.3　矿井充填胶结材料充填泵选型原则

泵压输送是矿井充填胶结材料管道输送的主要方式，而输送泵是该工艺的关键设备，是泵送充填系统的核心：泵送设备的技术参数、性能选择、匹配使用及运行状况是否稳定是至关重要的问题，直接关系到矿井充填胶结材料泵送充填工艺的成败。目前，国内外应用于充填材料泵送的主要是往复式柱塞泵，根据活塞与输送介质的接触方式可分为活塞泵与隔膜泵两种，在输送尾砂料浆时，还经常用到中压的水隔离泵。

矿用活塞泵由两大部分组成，即双缸活塞泵和液压站。双缸活塞泵由料斗、液压缸及活塞、输送缸(充填料浆缸)、换向阀(分配阀)、冷却槽以及搅拌器等组成。液压站的组成部分主要有电机、多组液压泵及液压管路系统(与缸体各部件用高压油管相连)、液压油箱及冷却系统、动力及电控操作系统等。

1. 往复式活塞泵工作原理

当充填泵工作时,料斗内的充填料在重力和液压活塞回拉吸力作用下进入第一个输送缸(图5-13);第二个输送缸的液压活塞推挤料浆使其流入充填管道;通过液压驱动换向阀换向后,第二个输送缸中的液压活塞开始后退并吸入充填料;而第一个输送缸中的液压活塞推挤料浆使其流入充填管道;输送泵运转过程中总有一个输送缸与换向阀相连通,阀的另一端则始终保持与泵送管道相连接。当一个活塞行程结束后,与输送缸连接的转向阀的一端迅速转接到另一输送缸上换向阀的位置和两个输送缸活塞动作的转换之间同步,通过电磁-液压来完成。输送缸的活塞在液压活塞的推动下向前推进,将缸内的浆体充填料通过换向阀向外排出。与此同时另一个缸的活塞向后退回吸入料浆,如此反复动作,使充填料源源不断流入输送管道并继续向前运动。

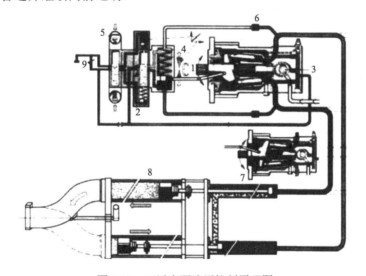

图5-13 双活塞泵液压控制原理图
1.可反转液压泵;2.平稳流量调整器;3.吸油泵;4.伺服油缸;5.转换/关闭阀;6.调节阀;7.驱动缸;8.输送缸;9.输送控制阀

充填料在管道中的流速取决于液压活塞往复运动的频率,当活塞推动膏体流动时,一个行程期间的矿井充填胶结材料流速是一定的(图5-14)。设活塞行程时间为t_1,换向阀换向时间为t_2,矿井充填胶结材料全行程平均流速为v_p,活塞推压浆体流动的流速为v,则流速v可用式(5-9)表示:

$$v = \left(1 + \frac{t_2}{t_1}\right)v_p \tag{5-9}$$

式中，t_2/t_1 随泵的缸体长度、换向阀结构、充填料的配比等条件而变化。一般，建筑工程用混凝土泵的 t_2/t_1 为 0.2～0.3，充填采用活塞泵的 t_2/t_1 为 0.1～0.15。

输送泵的泵出流量可按式(5-10)进行测算：

$$Q = \frac{0.06q\left(\dfrac{D}{d}\right)K}{1 + \dfrac{t_2}{t_1}} \tag{5-10}$$

式中，Q 为泵的排出量，m^3/h；q 为油泵的排油量，L/min；D 为输送缸内径，m；d 为油缸内径，m；K 为输送缸充盈系数，与活塞行程、料浆坍落度有关，一般为 0.8～0.9；t_2/t_1 为换向阀换向时间与输送缸活塞移动一个行程所需时间之比。

在泵送矿井充填胶结材料流量一定的条件下，液压油泵排油量与其转速有关，故油泵排油量可由式(5-11)求得

$$q = q_0 n K_0 \tag{5-11}$$

式中，q_0 为油泵每转的排油量，L/min；n 为油泵转速，r/min；K_0 为油泵的容积系数，可取 0.9。

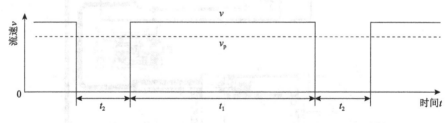

图 5-14　泵送过程中矿井充填胶结材料流速的变化

2. 国内外活塞泵性能

输送泵的正确选择至关重要。目前，在矿山充填领域，德国、荷兰等国家输送泵的制造技术已趋于成熟，应用较为广泛。国内近年来也进行大量相关的研究，并出现了一系列性能优良的产品。

1）KOS、HSP 系列泵

KOS 与 HSP 系列液压柱塞泵可以产生几兆帕到十几兆帕的泵送压力，泵送高

度可达几百米，水平泵送距离可达到几千米，因此很适合矿井充填胶结材料这类高黏稠物料的远距离管道输送。

该柱塞泵对被泵送的物料有以下要求：①无沉淀倾向以免固液分离；②可以输送带有粗颗粒的料浆，但颗粒尺寸不能大于输送管直径的 1/3；③物料温度不高于 90℃，以免影响液压系统运行；④物体要有流动性，不会在输送压力下产生管道堵塞。

该泵主要由泵体和液压站两大独立部分组成，两部分之间用液压油管和控制电缆连接起来形成一台完整的设备。对于不同特性的输送物料，该柱塞泵对应有 KOS、HSP、KOV 以及 EKO 四种系列，相比之下，KOS 及 HSP 泵常用于矿山充填。而 KOV 泵由于其处理能力较小，一般用于泵送糊状物料，如膨润土等；EKO 系列则多用于泵送脱水纸泥等含水率极低的物料。

液压驱动带 S 型摆管的双柱塞 KOS 泵在充填系统中应用比较广泛，图 5-15 所示即为液压驱动带 S 型摆管的双柱塞 KOS 泵。它具有三个显著的特点。

图 5-15　液压驱动带 S 型摆管的双柱塞 KOS 泵外貌

（1）采用一个耐高压的、与输送活塞联动的 S 型输送管代替了一般的出料逆止阀，该泵输送通路上没有阀体，是通过 S 型摆管的摆动来实现输送缸的进料和出料，因此可以泵送大颗粒、高黏稠、高固体含量的物料，且有较好的进料效果；

（2）采用液压油缸作动力，其液压缸活塞与输送缸的活塞用一根活塞杆直接连接，中间配置水箱，液压缸和输送缸分别配备对应密封装置，可以实现长行程运动而减少了换向时的泄漏损失，提高了效率和泵送压力；

（3）可以用改变 S 型输送管与输送活塞之间的配合顺序来改变物料输送方向，既可以向管道内以高的压力泵入又可以从管道内吸出被泵送的物料（短时反向泵送），输送方式可以很灵活地改变而不需要变更任何管道。

KOS 泵的工作部分主要由料斗、转换缸、输送缸、驱动缸、活塞杆、输送活塞、耐磨板以及 S 型摆管组成，其结构如图 5-16 所示。给料斗是为了储存一部分物料，以便泵送工作能够连续进行。在给料斗上还可以选装给料装置，如螺旋给料器等。KOS 泵装有一个搅拌装置，该装置采用液压马达驱动，马达通过液压调节阀减速后带动输出轴上的搅拌叶片在给料斗中进行搅拌。

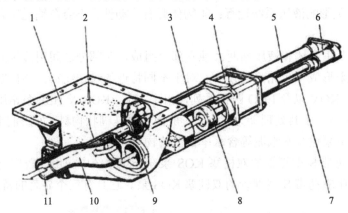

图 5-16   KOS 高密度固体泵结构图

1.料斗；2.转换缸；3.输送缸；4.水箱；5.驱动缸Ⅱ；6.驱动缸Ⅰ；7.活塞杆；8.输送活塞；9.耐磨板；
10.S 型摆管；11.卸料口

S 型摆管在输送时与两个输送缸输送活塞的交替运动相配合，起到物料进出分配的作用，实现泵的连续运转。当一个输送活塞完成进料，准备向前运动时，S 型摆管绕其固定轴转动，使管口与该输送缸体中心对齐，之后该输送活塞向前运动，被输送活塞推送的物料经由 S 型摆管输送到后续输送管道中；与此同时，另一个输送缸的缸口与进料斗相通，该输送活塞与前一输送活塞反向运动，即向后运动，此时物料被吸入(或在带压状态时压入)该输送缸内。当第一个输送活塞前行到终止点时，S 型摆管在其外置驱动液压缸的作用下，将固定轴反向转动，此时其管口对准另一个输送缸口中心，该输送活塞开始向前运动；同时，前一个输送活塞向后运动，完成了两个输送缸活塞运动的一个交替运动。

由于 S 型摆管在活塞换向的同时转动改变位置，保证了 S 型摆管内的物料方向不变，一直向输送管道中输出，实现连续出料。实际运行维护中，可通过手动或电动改变 S 型摆管与输送活塞之间的配合关系，即 S 型摆管的管口与向后退的输送活塞的缸口对齐时，物料会从输送管道中吸入输送缸中。这时物料输送方向发生了改变，称为反向泵送。这一改变输送方向的工作由一个液压阀来控制，无需改变任何管道接口，因此十分方便。

S 型摆管转动阀配作用是 KOS 泵的核心，S 型摆管与输送缸端面之间的密封是 KOS 泵成功的关键。S 型摆管为了完成阀配动作，必须在两个输送缸口之间交替地摆动。KOS 泵所输送的物料主要是一些带固体粒料的浆体，固体粒料对设备的磨损比较严重，又要承受很高的输送压力，需要有很好的密封性能，这对设备的设计来说是相当困难的。KOS 泵在这部分采用了一些特殊的结构。为了提高设备的使用寿命，S 型摆管的管口部分采用了一个耐磨环，在两个输送缸的缸口采用了一块带有两个孔的耐磨板，使用这些耐磨材料来提高设备的耐磨性能。耐磨环与 S 型摆管本体是分离的，中间添加了一个具有弹性且耐高压的止推环，它一方面起到了高压密封的作用，另一方面利用其弹性将耐磨环紧紧地贴到耐磨板上来实现 S 型摆管与输送缸口之间既运动又密封的作用。止推环外面的受压圈起到固定和加固的作用，利用调节螺栓可以调整 S 型摆管的轴向位置，也就调整了耐磨环与耐磨板之间的压力大小，可以补偿由于使用后两者磨损而形成的间隙，提高了密封的可靠性。

KOS 泵主要型号及相应的技术参数见表 5-2。该系列泵的最大排量达到 400 m³/h，最大压力达 16 MPa。在最大排量小于 100 m³/h 时，排料缸直径不变(280 mm)，冲程却随着流量的提高而增大。当最大排量超过 100 m³/h 时，冲程固定不变(2500 mm)，排料缸直径却逐渐增大，以适应较高排量的需求。

表 5-2　KOS 系列泵的主要技术参数

型号	理论最大排量/ (m³/h)	理论最大排出压力/MPa	冲程/mm	排料缸直径/mm	外形尺寸		
					长/mm	宽/mm	高/mm
KOS1080	80	8	1000	280	4500	1000	1100
KOS1480	85	8	1400	280	5200	1200	1100
KOS2180	100	13	2100	280	6800	1200	1100
KOS25100	160	16	2500	360	8100	2300	1800
KOS25150	250	11	2500	450	8800	2600	2300
KOS25200	400	11	2500	560	9260	2840	2420

摩洛哥某铅锌矿采用 KOS2180 型高浓度泥浆泵输送充填物料，充填物料由粒径为 0~10 mm 的碎石、浓密尾砂和水泥组成，充填能力为 120 m³/h；河南某铝矿购进 KOS25100 型泵用于尾砂膏体堆存，其最大排量为 150 m³/h，最大输送压力为 9 MPa，输送缸直径为 360 mm，输送缸长度为 2500 mm，液压站 HA630，带两台 315 kW 的电机，浆体含固率为 65%，输送距离为 1.8 km；山东某煤矿安装运行两台 KOS25100 泵用于煤矿膏体充填，实际最大排量为 150 m³/h，最大输送压力为 15 MPa，物料为粒径小于 25 mm 的煤矸石混合胶结材料，含固率 70%~80%，水平输送距离最大 8000 m，液压站功率为 800 kW。

HSP 系列泵的液压和活塞的设计原理与 KOS 系列一致，但更适用于细颗粒（<5 mm）的高黏性物料的泵送，图 5-17 为 HSP 型液压驱动的提升阀柱塞泵。该系列泵的最主要特点是采用提升阀式泵头进行物料的吸入和泵出，采用专有的 PCF 技术（传感器信号检测技术），使泵送的压力十分稳定，保证物料输送几乎是恒流。

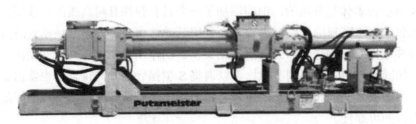

图 5-17 液压驱动的提升阀柱塞泵 HSP 外貌

HSP 柱塞泵技术参数如表 5-3 所示。与 KOS 相比，HSP 系列泵的压力更高，在超过 100 m³/h 以上的设备中，最大理论排出压力能够维持在 16 MPa。

表 5-3 HSP 系列泵主要技术参数

型号	理论最大排置/(m³/h)	理论最大排出压力/MPa	冲程/mm	排料缸直径/mm	外形尺寸		
					长/mm	宽/mm	高/mm
HSP1070	55	8.5	1000	230	3900	900	800
HSP2180	95	16	2100	280	6800	1100	1300
HSP25100	160	16	2500	360	7500	1700	1500
HSP25150	250	16	2500	450	9300	2350	2100

安徽某铁矿建设规模为年采选原矿 450 万 t，充填制备站位于南部厚大矿体附近，北部采空区充填由于无法实现充填料的自流输送，由此选用 HSP25100 泵进行压力输送，充填浓度约 73%，设计排量为 100 m³/h，正常的可连续泵送的最高压力达到 10 MPa。

2）KSP 系列工业泵

KSP 系列工业泵不仅应用于金属矿山膏体充填系统，而且还广泛应用于市政污泥处理过程中，图 5-18 为 KSP220 型工业泵外貌，常用 KSP 系列泵的主要型号及技术参数见表 5-4，KSP 系列工业泵主要体现在中小流量领域，基本上低于 100 m³/h，泵压小于 14 MPa。

图 5-18 KSP220 型工业泵外貌

表 5-4 KSP 系列工业泵的主要技术性能

型号	理论最大排量/(m³/h)	泵压/MPa	油压/MPa	排料缸容积/L	外形尺寸		
					长/mm	宽/mm	高/mm
KSP25RHD	30	8	25	25.4	3480	830	790
KSP50RHD	60	14	25	50.3	4670	1800	1100
KSP80HD	50	10	—	—	5660	1780	—
KSP1040HDR	100	13	29	141.4	6564	1603	1524

我国某镍矿和某铜矿分别选用 KSP1040HDR 和 KSP80HD 液压双缸活塞泵进行料浆泵送充填,设备性能比较稳定。

3) HGBS 系列充填工业泵

HGBS 系列充填工业泵主要针对大排量、远距离物料充填。HGBS 泵输送缸内壁采用双层镀硬铬工艺,厚度达 300 μm,提高了其耐磨性能,延长了机器使用寿命。泵送机构整体工作平稳,冲击小,泵送频率低。图 5-19 为 HGBS 系列充填工业泵,图 5-20 为配套的液压站。

表 5-5 为 HGBS 系列泵的主要技术参数,其换向装置为 S 管阀。HGBS 系列泵的最大理论排量为 78~394 m³/h,接近国际先进水平。最大冲程达到 3100 mm,超过国际先进水平。

图 5-19 HGBS 系列充填工业泵外形

图 5-20　HGBS 系列液压站外形

表 5-5　HGBS 系列泵的主要技术参数

型号	理论最大排量/(m³/h)	理论最大排出压力/MPa	冲程/mm	排料缸直径/mm	外形尺寸		
					长/mm	宽/mm	高/mm
HGBS400.12	394	12.5	3100	400	16400	2750	2195
HGBS200.14	193	14	3100	300	14055	2750	2195
HGBS150.15	143	15	2500	300	12455	2750	2195
HGBS100.15	97	15	2100	300	11155	2750	2195
HGBS80.16	78	11.5	2100	250	9750	1685	2128

该系列泵主要具有以下性能特点。

（1）采用全液压控制开式系统，以及大通径并联同步控制液压技术，解决了特大流量液压系统换向的难题；

（2）采用双泵组合流液压系统，恒功率控制；

（3）采用了砼活塞自动退回技术，使设备检修及更换活塞更为便捷；

（4）液压系统采用多项变量技术，比例控制，按需输出；

（5）采用液压同步控制的自动润滑技术，保证砼活塞、搅拌与 S 管阀等运动元器件的润滑性能；

（6）采用大嘴 S 管阀设计，阀体内部通径增大，增加了吸入面积，提高了吸入效率。

山东某煤矿为最大限度地提高采出率，并尽可能减轻开采对环境造成的不良影响，选用 HGBS16 型充填工业泵实现了料浆管道输送，系统管线长度达2500 余米。河南某煤矿采用 HGB200 型充填工业泵进行料浆管道泵送，系统运行稳定，满足各项工艺要求。

4）YJTB 系列液压活塞泵

液压活塞泵(也称膏体泵)是用来输送高浓度物料的高压浆体泵。根据进出料口形式的不同，YJTB 系列液压活塞泵可分为 S、P 两个系列，其主要型号及相应的技术参数见表 5-6。

表 5-6 YJTB 系列液压活塞泵型号及技术参数

S 系列			S 系列		
型号	额定流量/(m³/h)	额定压力/MPa	型号	额定流量/(m³/h)	额定压力/MPa
YJTB-40/2.5-S	40	2.5	YJTB-20/10-S	20	10
YJTB-75/2.5-S	75	2.5	YJTB-40/10-S	40	10
YJTB-25/4-S	25	4	YJTB-80/10-S	80	10
YJTB-50/4-S	50	4	YJTB-110/10-S	110	10
YJTB-75/4-S	75	4	YJTB-150/10-S	150	10
YJTB-100/4-S	100	4	YJTB-200/10-S	200	10
YJTB-140/4-S	140	4	YJTB-300/10-S	300	10
YJTB-280/4-S	280	4	YJTB-20/13-S	20	13
YJTB-500/4-S	500	4	YJTB-40/13-S	40	13
VJTB-50/6-S	50	6	YJTB-80/13-S	80	13
YJTB-100/6-S	100	6	YJTB-110/13-S	110	13
YJTB-140/6-S	140	6	YJTB-150/13-S	150	13
YJTB-280/6-S	280	6	YJTB-175/13-S	175	13
YJTB-500/6-S	500	6	YJTB-200/13-S	200	13
YJTB-50/8-S	50	8	YJTB-120/16-S	120	16
YJTB-75/8-S	75	8	YJTB-125/16-S	125	16
YJTB-100/8-S	100	8	YJTB-150/16-S	150	16
YJTB-140/8-S	140	8	YJTB-175/16-S	175	16
YJTB-280/8-S	280	8	YJTB-200/16-S	200	16
YJTB-500/8-S	500	8	YJTB-225/16-S	225	16
P 系列			P 系列		
型号	额定流量/(m³/h)	额定压力/MPa	型号	额定流量/(m³/h)	额定压力/MPa
YJTB-50/2.5-P	50	2.5	YJTB-100/6-P	100	6
YJTB-75/2.5-P	75	2.5	YJTB-140/6-P	140	6
YJTB-25/4-P	25	4	YJTB-280/6-P	280	6
YJTB-50/4-P	50	4	YJTB-500/6-P	500	6
YJTB-75/4-P	75	4	YJTR-50/8-P	50	8
YJTB-100/4-P	100	4	YJTB-75/8-P	75	8
YJTB-500/4-P	500	4	YJTB-100/8-P	100	8
YJTB-50/6-P	50	6	YJTB-140/8-P	140	8

续表

P 系列			P 系列		
型号	额定流量/(m³/h)	额定压力/MPa	型号	额定流量/(m³/h)	额定压力/MPa
YJTB-280/8-P	280	8	YJTB-80/13-P	80	13
YJTB-500/8-P	500	8	YJTB-110/13-P	110	13
YJTB-20/10-P	20	10	YJTB-150/13-P	150	13
YJTB-40/10-P	40	10	YJTB-175/13-P	175	13
YJTB-80/10-P	80	10	YJTB-2(X)/13-P	200	13
YJTB-110/10-P	110	10	YJTB-120/16-P	120	16
YJTB-150/10-P	150	10	YJTB-125/16-P	125	16
YJTB-200/10-P	200	10	YJTB-150/16-P	150	16
YJTB-300/10-P	300	10	YJTB-175/16-P	175	16
YJTB-20/13-P	20	13	YJTB-200/16-P	200	16
YJTB-40/13-P	40	13	YJTB-225/16-P	225	16

　　S 系列液压活塞泵结构如图 5-21 所示,工作原理为:动力总成(图中未画出)中的电机带动主油泵给油缸供油,1 号油缸进油,2 号油缸排油;与 1 号油缸的活塞驱动相连的输送缸活塞向前运动,从而挤压 1 号输送缸中的浆体,浆体通过 S 型换向阀输送到排料管道中,从而实现浆体的输送;与此同时,与 2 号油缸的活塞驱动相连的输送缸活塞向后运动,2 号输送缸中产生负压,料斗中的浆体就被吸入 2 号输送缸;当 1 号油缸活塞运动到终点,2 号油缸活塞也运动到反向终点,1 号输送缸排浆结束,2 号输送缸进浆也结束,换向管换向,使 2 号输送缸与排浆管接通,然后 2 号油缸进油,2 号输送缸排浆,同时 1 号油缸排油,1 号输送缸进浆;依次循环往复,直到完成整个泵送任务。

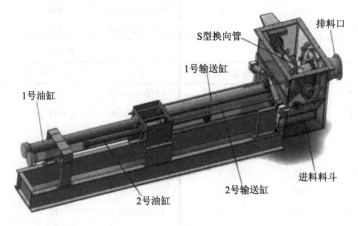

图 5-21　S 系列液压活塞泵——S 型摆阀示意图

S 系列液压活塞泵唯一出料口和两个输送缸是通过 S 型换向管进行连接，由于没有阀门装置，S 系列的液压活塞泵可适用于泵送高黏度的浆料和粒径较粗的物料，如脱水后的污泥、油泥及高黏度的料浆等。S 系列泵活动部件少、便于维修保养，泵送量大，流量可达 500 m³/h，输送压力可达 30 MPa。

P 系列泵与 S 系列泵的区别在于其进排浆的转换由液压驱动的锥阀进行控制，其结构见图 5-22。采用锥阀使得 P 系列泵更适用于输送细颗粒泥料和浆料，P 系列泵泵送流量可达 400 m³/h，输送压力可达 30 MPa。

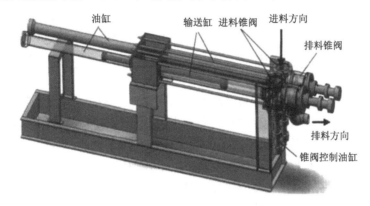

图 5-22　P 系列液压活塞泵——锥阀示意图

5）可拆卸式充填工业泵

该泵泵送单元为可快速拆卸、组装的形式，目前许多矿区从充填成本、灵活性考虑，将自流工艺与充填工业泵加压输送工艺结合，在充填倍线小的情况下采用自流，在充填倍线大的情况下采用充填工业泵井下加压接力的工艺。充填工业泵井下运输一般采用矿区自身竖井罐笼，其尺寸有限，这种情况下可拆卸充填泵具有独特的优势。

该充填工业泵目前主要的型号及相应技术参数见表 5-7，HGBS100/10-180 充填工业泵外貌如图 5-23 所示，泵的额定流量在 50～400 m³/h 之间变化，输送缸内径在 230～420 mm。值得一提的是，该种泵的输送行程进一步提高，达到 3500 mm。

图 5-23　HGBS100/10-180 充填工业泵外貌

表 5-7 充填工业泵型号及技术参数

规格	额定流量/(m³/h)	料斗容积/m³	输送缸内径/mm	输送行程/mm	电动机额定功/kW	泵送单元外型尺寸/mm	总质量/t
HGBS400/15-1600	400	2	420	3500	4×400	10200×2500×1560	30
HGBS300/15-1000	300	2	420	3500	4×250	10200×2500×1560	27
HGBS200/15-800	197			3100	2×400	9000×2232×1460	22.3
HGBS150/15-500	151	1.3	360	2500	2×250	7800×2232×1460	17.2
HGBS100/15-320	98			2100	2×160	7000×2232×1460	12.6
HGBS90/16-264	90	0.9	260	2100	2×132	6500×1400×1300	8.8
HGBS70/16-220	66			2100	2×110	6500×1400×1300	8
HGBS50/16-132	50	0.8	230	1800	132	5900×1400×1300	7.5

可拆卸式充填工业泵适合泵送浓度区间为 25%~82%，骨料颗粒粒径范围为 0~25 mm，坍落度范围为 12~28 cm 的矿井充填胶结材料，此种工业泵采用延长油泵及液压元件使用寿命的双泵双回路液控换向系统设计。降低液压换向冲击，具有系统可靠、发热小、操作简单等优点，液控换向技术无电液转换环节，弥补了由于电气接触点易氧化而造成接触不良的缺点，使设备的可靠性提高。另外，该泵采用大输送缸设计，降低了泵送频率，提高了输送缸容积效率。润滑系统为液压同步润滑与电控润滑二重润滑系统，吸油、控制油、回油三重过滤，保证液控系统的可靠性。

河北某铁矿生产能力为 100 万 t/a，膏体充填系统底流浓度为 65%~70%，选用 HGBS100/10-18 型工业泵，实现了 10000 m³/月的充填量；安徽某铁矿生产能力为 150 万 t/a，料浆充填系统底流浓度为 60%~65%，选用 HGBS90/16-264 型工业泵，充填量达 16000 m³/月；湖南某金矿生产能力为 6.57 万 t/a，膏体充填系统底流浓度为 70%~75%，选用 HGBS50/16-132 型工业泵，充填量为 6000 m³/月；辽宁某煤矿生产能力为 200 万 t/a，浆体充填系统底流浓度高达 80%，选用 HGBS90/16-220 型工业泵，充填量为 7500 m³/月。

3. 隔膜泵

隔膜泵是柱塞泵的更新换代产品，是在柱塞泵原理基础上，利用隔膜将柱塞与料浆分离，柱塞在液压油中运行，从而保证了柱塞和缸套较长的寿命，保障了设备的连续稳定运行。

1）结构型式及工作原理

往复式隔膜泵的动力端可抽象为一曲柄滑块机构，电动机通过减速机驱动曲柄滑块机构，带动活塞往复运动。活塞借助油介质使橡胶隔膜凹凸运动，隔膜室腔内容积周期变化，完成料浆输送。由于隔膜将料浆与油介质分隔开来，活塞、缸套、活塞杆等运动部件不与料浆直接接触，避免了料浆中磨砺性很高的固体颗粒对其的磨损，保证了这些运动部件的使用寿命，如图 5-24 所示。同时，可以保持隔膜泵较高的连续运转率和较低的运行成本。

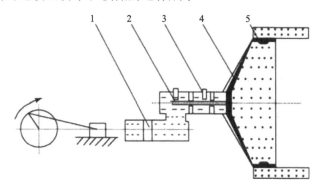

图 5-24　隔膜泵工作原理
1.活塞缸；2.导杆；3.探头；4.隔膜；5.进出料阀

2）工作参数分析

隔膜泵的基本性能参数包括流量和压力。

（1）理论及实际平均输出流量。

由于泵的活塞在每个往复行程中排出的料浆体积是相等的，所以隔膜泵的理论平均输出流量是恒定的，其值为式(5-12)：

$$Q_{\text{th}} = kzASn\tau \tag{5-12}$$

式中，Q_{th} 为理论平均输出流量，m^3/s；k 为作用泵数，单作用泵 $k=1$，双作用泵 $k=2$；z 为活塞缸数；A 为活塞面积，m^2；S 为活塞行程，m；n 为活塞每分钟的往复次数，次/min；τ 为排挤系数，为考虑活塞杆面积 A_{d} 对流量减少的系数，$\tau=1-A_{\text{d}}/2A$。

由于泵阀的开启、关闭及料浆中含气等原因，泵的实际排出流量要小于其理论平均输出流量，实际的平均输出流量值可用式(5-13)计算：

$$Q = Q_{\text{th}}\eta \tag{5-13}$$

式中，Q 为平均输出流量，m^3/s；η 为流量系数。

由式(5-12)和式(5-13)分析，隔膜泵的理论及实际平均输出流量与排出压力无关，取决于泵的活塞直径、活塞行程、活塞每分钟的往复次数(冲次)。

（2）瞬时输出流量。

泵活塞往复位移 X 可用式(5-14)表示：

$$X = R\omega\left[1-\cos\phi+\frac{\lambda}{2}\sin(2\phi)\right] \tag{5-14}$$

式中，ϕ 为曲柄转角，rad，$\phi=\omega t$；ω 为曲柄角速度，rad/s；t 为时间，s；$\lambda=R/L$；R 为曲柄半径，m；L 为连杆长度，m。

上式对 t 求导得到活塞运动速度 u，则可推导出单缸单作用往复泵的瞬时理论流量 Q 的公式，如式(5-15)所示：

$$Q_s = Au = AR\omega^2\left[\sin\phi+\lambda\cos(2\phi)\right] \tag{5-15}$$

式中，A 为活塞面积。

由于 λ 的值一般很小，可以忽略不计，则式(5-15)变为式(5-16)：

$$Q_s = AR\omega^2\sin\phi \tag{5-16}$$

显然，单缸单作用隔膜泵的瞬时理论流量是脉动的：隔膜泵的结构型式主要有两种，即卧式双缸双作用及卧式三缸单作用(以下简称双缸双作用、三缸单作用)，三缸是指有三个活塞缸，三个隔膜式，单作用是指活塞每运动一个周期作用一次。同理，双缸是指有两个活塞缸及两个隔膜式，双作用指活塞每运动一个周期作用两次。双缸双作用、三缸单作用泵的瞬时流量曲线可由单缸单作用的瞬时流量曲线叠加得到。对于双缸双作用，两缸的活塞的相角差 $\phi=90°$，其中取有活塞杆端的面积 $A_r=(0.8\sim0.9)A$；对于三缸单作用，三缸的各活塞之间的相角差 $\phi=120°$，其瞬时流量曲线见图 5-25。

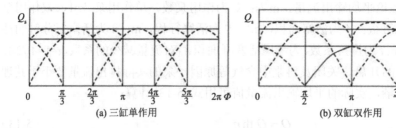

图 5-25　瞬时流量曲线图

显然，双缸双作用的流量变化幅度大于三缸单作用。为表示瞬时流量不均匀程度，引入流量不均匀系数，其公式为式(5-17)：

$$\delta_q = \frac{Q_{smax} - Q_{smin}}{Q_{sm}} \quad (5-17)$$

式中，Q_{sm} 为平均流量，m^3/s。

根据伯努利方程，在泵排出管路任一点 a，有式(5-18)成立：

$$\frac{P_a}{r} + \frac{v_a^2}{2g} + h_a + \sum S_a = 恒值 \quad (5-18)$$

式中，P_a 为 a 点处的压力，Pa；v_a 为 a 点处的流速，m/s；h_a 为 a 点处的水柱高，m；$\sum S_a$ 为 a 点处的各种水力损失及惯性损失的总和，m。

由式(5-18)不难看出，流量脉动必然造成压力脉动，并且是二次方放大的关系。压力脉动由压力不均匀系数 δ_P 来表示，其公式为式(5-19)：

$$\delta_P = \frac{P_{max} - P_{min}}{P_m} \quad (5-19)$$

式中，P_{max} 为最大压力，Pa；P_{min} 为最小压力，Pa；P_m 为平均压力，Pa。

在实际工业生产中，一般压力不均匀系数值为 0.01～0.05，高压时取小值，低压时取大值。为保证往复泵及管路的正常使用，往复泵必须设置进出料补偿装置。

（3）吸入及排出压力。

吸入过程中，隔膜表面的压力表示如式(5-20)所示：

$$\frac{P_g}{\gamma} = \frac{P_a}{\gamma} + H_c - \left(\frac{V^2}{2g} + H_z + H_G + K_z + K_G \right) \quad (5-20)$$

式中，P_g 为隔膜室内隔膜表面的压力，Pa；P_a 为大气压力，Pa；H_c 为液体表面与隔膜室内隔膜表面的位差，m；H_z 为外吸入管路及泵内隔膜表面的管路的沿程阻力水头，m；H_G 为外吸入管路及泵内隔膜表面的管路的沿程惯性水头，m；K_z 为单向阀阻水头，m；K_G 为单向阀惯性水头，m；V 为流速，m/s；g 为重力加速度，m/s^2；γ 为相对密度。

活塞表面的压力公式表示如式(5-21)所示：

$$\frac{P_h}{\gamma} = \frac{P_a}{\gamma} + H_c - \left(\frac{V^2}{2g} + H_z + H_G + K_z + K_G + K_b + K_{gz} \right) \quad (5-21)$$

式中，P_h 为活塞缸内活塞表面的压力，Pa；H_c 为液体表面与活塞缸内活塞表面的位差，m；K_b 为隔膜变形的液体能量损失，m；K_{gz} 为隔膜及导杆运动惯性水头，m。

通过式(5-20)、式(5-21)及上述的分析，可以得出这样的结论：隔膜泵与其他往复泵相比，对最小允许吸入压力有严格的要求，且大于其他往复泵。对于泵输送不同的介质及工况，最小允许吸入压力也是不同的。在输送系统的工程设计中应特别注意。

排出过程中，活塞表面的压力表示如式(5-22)所示：

$$\frac{P_d}{\gamma} = \frac{P_a}{\gamma} + H_c - \left(\frac{V^2}{2g} + H_z + H_G + K_z + K_G + K_b + K_{gz} \right) \tag{5-22}$$

式中，P_d 为活塞缸内活塞表面的压力，Pa。

通过对式(5-20)～式(5-22)在吸入、排出过程中的压力变化的分析，可以看出，吸入压力、排出压力与流量无关，其值取决于泵内、外管路的负载特性。

3）国内外隔膜泵性能

隔膜泵发展至今已有几十年的历史，技术性能及成熟性均处于稳定期，对隔膜泵的改进提高主要集中在局部细节问题上。荷兰近年相继推出了大流量、高压力的泵型，在计算机控制、易损件寿命、动力端结构、安全可靠操作等方面有较大的提高。德国推出的软管-隔膜泵在结构及原理上有较大的突破，是又一发展方向。国内在隔膜行程控制技术上有突破，推出了以显示隔膜运动区域并实时控制的技术、消振隔振技术、相角同步耦合技术，在运转可靠性方面有很大进步。

a. 双软管隔膜泵

传统的隔膜活塞泵介质端和驱动端由平隔膜分开，介质和隔膜以及隔膜腔会产生接触，所以隔膜腔必须由对介质有耐受性的材质来生产。鉴于泵腔的质量比较大，特殊材质的泵腔必然会导致较高的费用。而且，固体可能沉积在隔膜压圈的四周导致驱动端和介质端之间的隔断底部过早地损坏，介质（通常具有磨蚀性）就会泄漏并污染液压控制区域，使其遭受腐蚀或磨蚀，导致意外的停泵，清理和维修费用很高。

为了避免上述缺点，德国开发了软管隔膜活塞泵。软管隔膜泵取消了平隔膜的设计，泵的中心为两个套在一起的软管隔膜，尽管泵只需要一个隔膜，但为了提高泵的可靠性，将隔膜由一层变为两层，能够在第一隔膜破裂时仍旧可以继续工作。

　　泵的心脏是两个一内一外的软管隔膜，它将被输送的物料完全地密封在软管的内侧。随活塞的每一冲程，软管作脉动，与人体的静脉相仿，将流体通过泵体内的直线流通通道泵送出去，进出口阀阻止流体的回流。双软管隔膜泵泵头结构如图 5-26 所示。

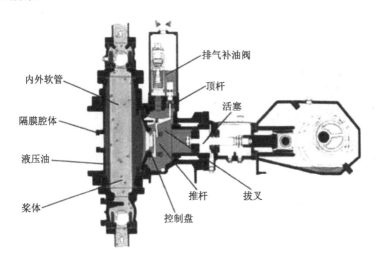

图 5-26　双软管隔膜泵泵头结构示意

　　（1）双软管隔膜活塞泵是严密密封、无泄漏、往复式容积泵。带双重密封的流体腔体，特别适合于处理腐蚀性和磨蚀性的流体及不同黏度的浆料。同时，双重液力耦合，且同步动作的软管隔膜提供了直线形流通通道，避免了固体物的沉积。

　　（2）采用软管隔膜将输送介质与驱动介质(油类)隔开，使输送介质不仅无外漏，更重要的是输送的颗粒性介质与泵活塞运动部件不接触，免除了固体颗粒对泵造成的严重磨损，从而使泵的稳定性及可靠性大幅度提高，确保了这些重要运动零部件的使用寿命。

　　（3）双软管隔膜泵的开发，基本上是利用静脉在不同速度下的收缩和扩张的原理，模仿人体心脏的工作机理。实质上，双重"静脉"确保了泵不会受到损坏，即使其中的一条静脉(软管隔膜)破裂，泵也可以有效地阻止物料的泄漏。

　　（4）具有软管隔膜泄漏检测系统，每个泵头都装有软管隔膜泄漏检测探头，它会在软管隔膜泄漏时，发出声或光信号。

　　b. SGMB、DGMB 系列隔膜泵

　　如图 5-27 和图 5-28 所示，SGMB、DGMB 系列往复式活塞隔膜泵是由我国自行研制的尾砂输送设备。隔膜泵的结构形式分为双缸双作用(SGMB)、三缸单作用（DGMB）卧式结构，其主要性能指标见表 5-8，隔膜寿命接近 8000 h，连续运转率接近 95%。三缸单作用系列的流量为 15～650 m³/h，压力为 7～25 MPa；双缸双作用系列的流量为 25～700 m³/h，压力为 1.5～7 MPa。并可通过机械、电子耦合及用多台泵来扩大流量范围，根据工程要求选配隔振、消振装置，同步相角耦合装置。

图 5-27　SGMB140/7 双缸双作用尾砂　　　　图 5-28　SGMB210/7 双缸双作用尾砂
　　　　　输送隔膜泵　　　　　　　　　　　　　　　输送隔膜泵

表 5-8　隔膜泵主要性能指标

项目	SGMB 系列隔膜泵	DGMB 系列隔膜泵
隔膜寿命/h	～8000	～8000
阀座寿命/h	800～6000	800～4000
阀橡胶寿命/h	800～2000	800～2000
阀锥/阀球寿命/h	800～6000	800～2000
噪声指标/dB	≤85	≤85
连续运转率/%	～95	～95
操作、监控系统	人机交互	人机交互

隔膜泵是长距离尾砂浆输送的核心设备。1995 年以前，该类设备长期依赖进口，经过多年的研发探索，已成功实现国产化，各项技术指标达到世界先进水平。1998 年，南京某铁矿采用 3 台 SGMB1140/7 隔膜泵，应用于尾砂输送行业。2010 年，该铁矿在尾矿库输送工艺改造中配备 2 台 DGMB210/15 隔膜泵，其主要技术参数见表 5-9，浆体重量浓度为 30%，粒径为 0～2 mm，运输距离为 37 km。内蒙古某铜钼矿采用 DGMB450/8、DGMB630/6 隔膜泵输送铜尾砂膏体，浓度高达 69%～73%，流量为 450 m³/h。西藏某铜矿采用隔膜泵输送高浓度尾砂到尾矿库，管道总长度约 18.6 km，最大高差 178 m，尾砂质量浓度为 64%～66%，最大流量为 1443 m³/h。经过方案比较，最终选用 DGMB550/9 型隔膜泵

六台，该泵额定流量 550 m³/h，额定压力 9 MPa，功率 1900 kW。两台并联为一组，两组使用，一组备用，输送管道选用三根 Φ426×(8+8)钢紧衬超高分子量聚乙烯复合管（13 MPa）。

表 5-9　隔膜泵主要技术参数

型号	流量/(m³/h)	压力/MPa	吸入压力/MPa	安全阀压力值/MPa	活塞直径/mm	行程/mm	最高冲次/(r/min)	电机功率/kW	电机转数/(r/min)
DCMB210/15	210	5~13	0.3~0.88	16.5	265	510	46	1200	1492
DGMB500/9A	500	9	0.3~1.0	10.4	420	530	46	1900	1494
DGMB450/8	450	8	>0.45	9.2	380	510	48	1400	993

4. 离心式渣浆泵

离心式渣浆泵是低压输送设备，扬程一般在 1 MPa 以下；水隔离泵是中压设备，扬程一般在 7 MPa 以下。离心式渣浆泵技术比较简单，这里不再赘述，仅介绍 LSGB 型水隔离浆泵，其技术参数如表 5-10 所示。可见，水隔离泵流量较高，最高可达 600 m³/h，压力可达 6.4 MPa，泵的效率在 65%~79%。

表 5-10　LSGB 型水隔离浆泵技术参数

流量/(m³/h)	压力/MPa	功率/kW	效率/%	外形尺寸/m³
50 (30~55)	1.6	40(380V)	65	3.5×2.3×4.5
	2.5	75(380V)		
	4.0	110(380V)		
	6.4	160(380V)		
85 (50~100)	1.6	75(380V)	66	4.0×2.8×5.0
	2.5	100(380V)		
	4.0	150(380V)		
	6.4	290(6kV)		
150 (120~190)	1.6	132(380V)	75	4.0×3.0×5.2
	2.5	180(380V)		
	4.0	290(6kV)		
	6.4	440(6kV)		
280 (200~350)	1.6	225(380V)	77	4.6×3.6×7.2
	2.5	300(380V)		
	4.0	500(6kV)		
	6.4	850(6kV)		

续表

流量/(m³/h)	压力/MPa	功率/kW	效率/%	外形尺寸/m³
450 (350~500)	1.6	355(380V)	77	5.6×4.0×7.2
	2.5	500(6kV)		
	4.0	680(6kV)		
	6.4	1050(6kV)		
550 (500~600)	1.6	400(380V)	79	7.5×4.5×8.5
	2.5	560(6kV)		
	4.0	900(6kV)		
	6.4	1250(6kV)		

　　水隔离浆体泵是一种大流量、高扬程、高效率、高寿命、低成本的浆体输送设备，其工作原理如图 5-29 所示。它是由高位矿浆池(浓缩池或喂料泵)向隔离罐中浮球下部喂矿浆，再用清水泵向浮球上部供高压清水，通过浮球将压力传递给矿浆，并把矿浆推到外管线，输送到指定地点，由微机控制的液压站驱动六台清水阀，使三个隔离罐交替排浆、喂浆，实现均匀稳定输送。通过传感器反馈的信号，微机对系统进行实时监控，并由故障诊断专家系统对故障进行分析、判断，再通过可视化系统提示给操作者。

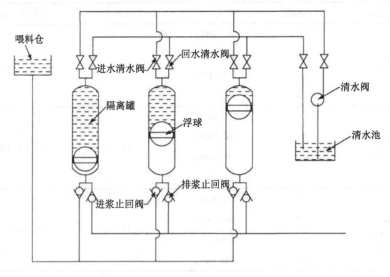

图 5-29　水隔离泵工作原理

　　该产品的总体思路与原理具有创新性。它利用高效率、长寿命的离心式清水泵作动力源，采用巧妙的隔离装置——浮球，把工作介质(清水)与被传输介质(矿浆)隔离开。隔离装置即将清水动力传递给浆体，还将离心泵的旋转运动方式转变成了容积泵的往复运动方式，使本产品兼具离心泵流量大、往复泵扬程高的双重特点。

以下基于矿山充填的特点，从技术参数及设备配件两方面对充填泵的选型原则进行阐述。

a.矿山充填特点

影响矿山充填胶结材料泵送设备选择的主要因素是矿山充填的特点，主要包括以下几个方面：

（1）矿山充填输送量较大。一个充填系统年充填量一般为 10 万～200 万 m³。

（2）作业时间长。由于充填作业的不均衡，多用于随采随充，必要时要 24 h 连续作业。

（3）管道压力高(一般在 7 MPa 以上)，属于高压管道输送网络。充填胶结材料的稠度高，输送阻力大，同时输送距离远。

（4）泵的易损件如双孔板及摩擦环、活塞等要求耐磨性好，使用寿命长，容易维修更换。

b. 通过充填技术参数确定

矿井充填胶结材料工业生产系统不宜采用移动式混凝土泵(拖泵)。因为移动式混凝土泵缸体短、直径小，在扬程、扬量相同的条件下，冲程频率高，震动大，设备磨损快。例如，泵送流量 50 m³/h 时，某固定式双缸活塞泵的工作缸冲程为 2100 mm，缸径为 230 mm，每 1 次冲程理论排量为 0.0872 m³，每次冲程时间为 6.28 s 或 9.5 次/min。如采用某移动式双缸活塞泵，冲程为 1400 mm，输送缸直径为 180 mm，每次冲程理论排量为 0.0356 m³，每次冲程时间为 2.56 s 或 23.4 次/min，显然后者频率要快得多，故不适于长时间连续作业。

选择泵的扬程和流量时，应以其理论扬程和流量乘 0.85～0.9 的系数，其对应的工作压力既不是最高工作压力，流量也不是最低工作压力下的流量。

选择泵的压力时应留有一定的余地。不同物料组合的充填料具有不同的流变特性，其沿程阻力损失差别较大，应先通过实验或公式计算确定每米管道的压力损失值。

系统所需泵送压力可根据式(5-23)进行估算：

$$P = P_1 + (L + L_1)P_2 + \frac{H_1\gamma_m}{10} - \frac{H_2\gamma_m}{10} \tag{5-23}$$

式中，P 为系统所需泵压，MPa；P_1 为泵启动所需压力，MPa；L 为全系统管线长(包括垂直、斜道长)，m；L_1 为全部弯管、接头等管件折合成水平管线的等效长度，m；P_2 为每米水平管道阻力损失，MPa/m；γ_m 为充填胶结材料密度，kg/m³；H_1 为向上泵送高度，m；H_2 为向下泵送高度，m。

　　c. 通过泵配套部件选取

　　主要配套部件是影响充填泵送设备选型的另一个重要因素，矿井充填泵的主要部件如下：

　　（1）分配阀。具有二位(吸料和排料)四通(通料斗、两个工作缸、输送管)的功能。泵送充填胶结材料这种高黏稠物料宜选用 S 阀(摇阀)或裙阀(摆阀)，上向输送宜选用盘阀(蝶阀)。

　　（2）矿井充填胶结材料储槽及附属搅拌装置。根据设计的输送流量，选择相应的容积大小及高度，以便于给料设备配合安装。

　　（3）清洗装置。根据需要选择液压加(清洗)球装置或高压水泵。

5.3　充填管道布置方式

5.3.1　充填钻孔

　　充填垂直钻孔是矿井充填胶结材料管道输送的关键咽喉工程，一旦堵塞，难以恢复，因此施工技术要求严格。根据钻孔所穿过岩层的稳定程度，充填钻孔的横断面结构有四种形式，依照成本高低排序分别为套管内装充填管、套管作充填管、钻孔内装充填管、钻孔作充填管。

　　四种钻孔的使用条件是，当钻孔穿过的岩层完整、弱结构面较少时，可以直接将裸露的钻孔作为充填管；当浅地表第四系表土层或岩层破碎时，必须加入套管护壁；为了延长钻孔寿命，在套管或钻孔内插入充填管，需要时可以及时更换充填管。

　　钻孔施工质量直接关系到钻孔的寿命，为此，要求钻孔施工时必须做到以下几点。

　　（1）钻孔应尽可能垂直。钻孔垂直度的好坏，直接关系到钻孔的使用寿命，因此在钻孔施工中，必须随时采用专用仪器测试偏斜度，偏斜度应控制在 1°30′ 以内。

　　（2）钻孔直径应大于成孔直径 100~150 mm，以保证套管壁后有足够的注浆厚度。

　　（3）下套管前必须用高压清水冲洗钻孔。

　　（4）套管必须导正于中心。

　　（5）套管间用梯形螺纹管箍连接，以保证套管间连接的牢固性。

　　（6）建议采用特种油井水泥高压固管，特种油井水泥凝结硬化迅速，并产生一定的机械强度，具有良好的固管与固井作用。固管结束后应保证套管内无异物、畅通。

（7）为了延长套管的使用寿命，套管应尽可能选取高强度的耐磨抗腐蚀、加厚的管材。如 16Mn 钢管内衬铸石管、夹套式铸石管、加筋铸石管等。

5.3.2　管道系统

管道系统包括管道、阀门、管接头等，管道的安装也有特殊的要求。

1. 管道

由于尾砂矿井充填胶结材料充填的输送物料粒径小、流速低，故可选用价格低、来源广泛的水、煤气焊缝钢管或采用铸铁管。主干管可选用厚壁无缝钢管或采用耐磨型低合金无缝管。轻便管可采用增强塑料软管，其质量轻、管件长，能承受一定的工作压力，移动、安装都十分方便，是一种具有广泛应用前景的充填管道。

常用充填管道的管件有短管(三尺管)、弯管、三通管、平口、偏口、伸缩管、闸板以及法兰盘等。

在考虑管壁厚度时既要计算静压，又要计算动压，并充分考虑水击的作用，注意其稳定性。管道厚度计算公式繁多，均是基于不同的强度理论。对于矿井充填胶结材料输送管道壁厚的计算公式，推荐一种普遍采用的计算公式，即

$$t = \frac{kpD}{2[\delta]EF} + C_1T + C_2 \tag{5-24}$$

式中，t 为输送管的公称壁厚，mm；p 为钢管允许最大工作压力，kPa；$[\delta]$ 为钢管的抗拉许用应力，MPa，常取最小屈服应力的 80%；D 为管道的外径，mm；E 为焊缝系数；F 为地区设计系数；T 为服务年限，a；C_1 为年磨损裕量，mm/a；C_2 为附加厚度，mm；k 为压力系数。

2. 阀门

阀门是输送管道的主要部件，它的寿命和可靠性直接影响到整个输送系统运行的好坏。现场使用较多的阀门有球阀、旋塞阀、胶管阀、颗粒泥浆阀和三片式矿浆阀等。

3. 管接头

充填管道连接的方式有以下六种：

（1）管箍接头，适用于充填钻孔套管的连接；

（2）法兰盘接头，适用于不需经常拆卸且不经常发生堵管的管段的连接；

（3）焊接接头，适用于中段间充填钻孔深度不超过 100 m 套管的连接；

（4）快速接头，适用于需经常拆卸且易发生堵管的管道连接；

（5）哈夫接头，适用于安装空间小的管道连接；

（6）柔性管接头，此接头由管卡、密封圈、限位环及螺丝组成，适用于倾斜管道和水平管道的连接。柔性管连接方式不同于法兰盘连接压紧密封，而是自紧式，利用管道中的介质(矿井充填浆料)压力传递给胶圈，胶圈又压紧端管，所以说柔性连接从根本上改变了密封的受力状态。介质压力越大，密封性能越强。

柔性管接头方式具有设计先进、密封可靠、质量轻、体积小、节约钢材、安装拆卸简单方便、耐冲击抗振动等优点。柔性管接头连接使管道成为柔性连接，使充填管道具有很好的减振作用。

4. 管道铺设要求

管道一般铺设在巷道的底板或顶板。铺设在巷道底板，有利于管道日常巡检与更换，但往往与其余作业相干扰，从而缩小了巷道的断面。另外，管道的铺设受其他条件的限制，经常出现忽高忽低的情况，不利于管道的清洗，并且容易堵塞管道。因此，管道铺设在巷道顶板上，避免了上述的缺陷。采用锚杆、钢绳将充填管道悬吊在巷道顶板上，容易调整管道的高度与长度。同时，配合升降台车，管道铺设的劳动强度大大降低。

5.3.3　管道布置形式优化

众多研究表明，管道布置形式是导致充填钻孔和管道磨损的主要因素之一。在工程设计前期，优化管道布置形式是减小磨损率的最佳途径，其研究工作意义重大。充填倍线是衡量充填系统的最大输送距离和充填料输送沿程阻力的重要参数，是进行管道优化的主要依据。

在深井矿山中，地表与采场高差较大，膏体的自然压头较大，当自然压头大于管道输送沿程阻力时，可以采用自流输送。在浅井矿山中，地表与采场的高差较小，当自然压头不足以克服管道输送系统阻力时，必须采用泵压输送或泵压自流联合输送。对于一个既定的充填输送系统，几何充填倍线是一定的。充填管线优化的主要目的是在安全的基础上尽可能地实现满管流，尽可能降低垂直管道中的最大动压，从而减少管道所受的冲击破坏。

如图 5-30 与图 5-31 所示，两种管道布置形式中的垂直高度和水平长度均相同，管径相同。大量文献已证明，对于一段阶梯式布置，由于没有中间水平，垂直管道底部压力较大，管道寿命较短。与上述一段阶梯式布置不同，多段阶梯式布置将垂直管道和水平管道分为多段，垂直管道高度降低，其底部压力随之减小。因此，在条件允许的情况下，阶梯式布置是一种行之有效的方法。

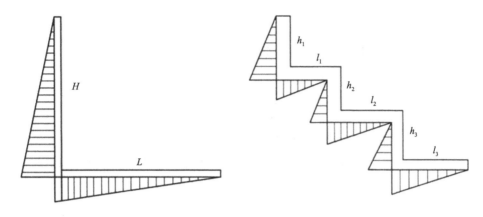

图 5-30　一段阶梯式布置示意图　　　　图 5-31　多段阶梯式布置示意图

在阶梯式布置中，垂直高度与水平长度存在最佳比值，即当充填浆料从第一个垂直管道入口到达第二个垂直管道时，其剩余压头为零时，浆料的自然压头全部用于克服管道阻力所做的功，则浆料在第一个水平管道出口处速度为零。结合图 5-31，根据伯努利方程得出式(5-24)：

$$\rho g h_i = (1+\alpha) i_{\mathrm{m}} (l_i + h_i) \qquad (i=1,2,3,\cdots,n) \tag{5-25}$$

式中，α 为局部阻力系数。

对于一段阶梯式布置，同理得出式(5-26)：

$$N = \frac{\rho g}{(1+\alpha) i_{\mathrm{m}}} \tag{5-26}$$

因此，阶梯式布置的垂直高度与水平长度的最佳比值用式(5-27)表示：

$$\frac{h_i}{l_i} = \frac{H}{L} \tag{5-27}$$

在第 i 阶梯垂直管道底部的压力表示为式(5-28)：

$$P_i = \rho g h_i - i_{\mathrm{m}} h_i \tag{5-28}$$

当 n 趋于无穷大时，每一台阶的高度趋近于零。此时，管道布置为从起点到终点的一条斜线。这条斜线的斜率为 $1/(N-1)$，即为垂直管道高度与水平管道长度最佳比值。

综上所述，充填管道采用多段阶梯式布置，可有利于降低管道磨损；阶梯越多，管道的磨损率越小，其垂直管道高度与水平管道长度的设计最佳比为 $1/(N-1)$。

5.4　管道失效模式及其防护措施

对于低浓度充填料浆而言，浆体的分层离析、非满管流动等是造成管道失效的主要原因。相比之下，矿井充填胶结材料在流动过程中不沉淀、不离析，具有较好的稳定性，为管道系统的安全运行提供了有利条件。但由于充填胶结材料浓度高、输送阻力大，其管输系统失效形式及防治措施的研究应引起足够重视。

5.4.1　堵管原因分析及其防护措施

下述就充填材料泵送堵管原因及具体的预防措施进行分析。

1. 分析充填材料泵送堵管的原因

1）工作人员操作不当

进行充填材料输送中，对输送泵的操作质量要求很高，如果操作人员精力不集中，或者责任心不强，工作状态不好，就容易出现操作失误问题，进而发生充填材料堵管问题。例如充填材料泵送时，如果粗心大意，没有观察到压力表数值发生了明显的变化，发生了堵管问题，那么造成的后果非常严重。

2）没有科学设定泵送速度

进行泵送操作中，合理选择泵送的速度至关重要，操作时不能只求速度，不顾质量。在很多情况下发现速度越快，问题越多，欲速则不达，事与愿违。例如操作人员进行第一次送泵时，管道内壁的阻力很大，但是操作人员不清楚，或者没有严格根据要求操作，泵的转速调整到最大，由于管道摩擦阻力大，导致整体运行的摩擦力大，管道接口容易出现脱节问题，或者泵的发动机容易出现过载问题，导致发动机出现故障。

3）控制余量方面的问题

进行充填材料送泵操作中，现场人员要随时注意料斗中的充填材料余量，剩余量不能比搅拌轴还低，但是很多操作人员都没有注意到这一点，检查时发现料斗余量比搅拌轴还低，这样就容易将空气吸入其中，导致管道的堵塞。通过数据显示，有5%的故障和问题都是由料斗余量控制不合理导致的。

4）管道连接方面的问题

如果管道连接不合理，就容易导致管道堵塞，进行管道连接时，必须进行严格的检查，避免发生一些低级错误。连接管道要正规，避免增加阻力。但是现实中操作人员经常出现低级错误，管道布置不合理，距离很长，管道出现弯折，泵送中途接管时直接增加两个管等，导致运行中经常出现故障，影响工作效率。

5）充填材料离析造成的堵管

通过工作经验总结，如果砂浆、充填材料遇水，就易发生管道堵塞问题，除此之外，正在进行砂浆泵送时，容易出现管道堵塞。通过后续的试验和检测得知，根源就是管道内的水和砂浆直接接触，导致砂浆离析，进而被堵塞，因此对现场操作人员有更高的要求，必须完全掌握操作守则，根据操作原则处理，避免出现低级错误。

2. 材料泵送堵管的预防措施分析

1）提高工作责任心

对上岗员工进行培训，提高其工作责任心、操作技术，提高问题预处理能力，将故障给企业带来的经济损失降到最低。例如在输送过程中，操作人员要时刻观察泵送压力的读数，如果压力表中的数值突然增大，操作人员要立即反泵 2~3 个行程，之后进行正泵，堵管就可以把故障排除。如果现场操作人员已经进行了反泵，但是通过正泵的几个操作循环，堵管问题仍然存在，效果不明显，操作人员要及时换一种方法，在第一时间拆管进行内部清洗，如果不采取这一措施处理，堵管问题会愈来愈严重，因此这一处理方法就可以直接解决问题。

2）科学设置泵的速度

当前期准备工作完毕之后，就可以进行送泵操作。在第一次送泵时，管道内壁的阻力很大，因此送泵要谨慎，现场操作人员一定要选择低速挡，当低速送泵一切都正常之后，要有效提高泵送的速度。在监视中如果发现有堵管的征兆，或者某次拌合的充填材料坍落度比较小，操作人员要及时调整泵的速度，将高速传输变为低速传输，把堵管隐患完全消除掉，避免其发生。一般设备的速度调节都是通过调节阀控制，除此之外，还有泵的速度是通过调节排量的大小实现的。

3）严格控制料斗充填材料余量

操作人员要严格执行标准，时刻检查料斗中的余量，如果余量低于搅拌轴，要及时添加充填材料，避免吸入过量的空气导致管道被堵塞。除此之外，添加充填材料的量也要严格控制，如果添加充填材料量过多，比设置到防护栏还要高，泵送时导致其工作压力很大，而且过多的充填材料容易掉落，导致材料的浪费。除此之外，料斗中的填料过多之后，对护栏是很大的污染，工作人员还需要及时进行护栏清洁，否则充填材料就会在上面凝结，后期处理非常麻烦，无形中给现场操作人员增加了很大的麻烦，因此必须遵循上述要求操作。在管理中经常发现充填材料规格不统一，某一车的充填材料坍落度比较小。针对这一情况，进行料斗骨料添加时，操作人员可以适当的低于搅拌轴，将其控制在 S 管或者是吸入口以上，这一措施可以有效减少搅拌的阻力，还可以减少吸入的阻力和摆动的阻力，但是技术人员要清楚，这一方法只适合在 S 阀系列的充填材料泵中使用。

4）科学进行管道连接

设置管道时，遵循两点之间线段最短的原则，减少管道的长度，减少泵送的阻力，提高工作效率，降低能耗。连接管道时降低弯头的使用，在泵出口椎管位置，可以先接入 5 m 以上的直管，然后再接入弯管。进行充填材料泵送的过程中，每次只能添加一根管，在接入之前可以先用水将管道的内壁进行润滑，在此基础上，将内部的空气全部排出掉，如果没有按照这一策略处理，很容易发生堵管问题。对于垂直向下的管路，在出口位置必须设置防离析的装置，可以有效避免出现堵管问题。进行高层泵送过程中，一般水平管路的长度比垂直管道短，是其 15%，在此基础上，有必要在其水平管路上接入管路截止阀，现场操作中，如果设备停止超过 5 min，要及时把截止阀关闭掉，避免充填材料出现倒流问题，可以预防管道堵塞。从水平转垂直时的 1&2 弯管，弯曲半径应大于 500 mm。

5）避免离析问题的出现

为了避免管道堵塞，在现场泵送操作中必须严格控制砂浆的离析问题，不能让其出现。统一对操作人员进行培训，要求具体工作中，先将泵接口、管道等使用清水进行湿润，从管道的最低点将管道接头松开，将剩余的水完全放掉，除此之外，还可以在泵水之后，在水泵向外泵砂浆之前，向其中放入大小适中的海绵球，有效将其和水分隔开，保证其运行顺利。完成泵送操作之后，关闭开关，然后使用清水对管道进行清洗，在此过程中也有必要放入海绵球，有效分隔开充填材料和海绵球，如果没有按照上述流程操作，现场极容易出现堵塞，不仅导致工作效率下降，而且现场人员要及时进行维护抢修，后续工作非常麻烦，导致工作量增加，施工成本增加。

6）严格控制漏浆问题

进行充填材料泵送操作中，如果漏浆问题得不到控制，就容易出现堵塞问题。当管道密封不严密时，管道卡口出现松动，或者密封圈严重损坏，就会出现漏浆问题。根据这一情况，要及时将管卡紧固，或者及时进行密封圈的更换。当眼镜板和切割环之间的间隙过大时，也容易发生堵塞问题。因此现场注意检查，如果间隙大于 2 mm，调整异形螺栓来缩小眼镜板和切割环之间的间隙，如果不能调整，要将磨损件进行更换。除此之外，充填材料对活塞会产生一定的磨损，当达到一定的工作时间，活塞就会出现问题，在这种情况下，要及时进行活塞的更换，并对其他环节进行检查，避免出现其他的问题，保证整体的工作质量。对充填材料输送缸进行检查，当发现其严重磨损之后，必须予以严格的控制，避免出现漏浆问题。在每一次进行活塞的更换之后，水箱中水很容易变得浑浊，但是活塞却完好无损，这就充分说明输送缸已经出现了严重的磨损问题，在这种情况下就要及时进行输送缸的更换，通过元件的替换，保证设备可以安全稳定的运行，避免在中间环节中出现问题。

5.4.2　充填管道爆管原因分析

相比于低浓度充填工艺，胶结材料充填堵管事故多由管理不当的人为原因引起的，如充填后管道清洗不彻底、制备过程中给料不精确等。

1. 堵管原因分析

堵管的原因很多，主要与现场的管理不善有关。

（1）管道中有较多、较厚残留物未清除或异物(固结的充填料块、检修用碎物等)不慎进入输送管道中是堵管原因之一。

（2）粗骨料充填泵送结束后，清洗方法不当会造成充填胶结材料离析，粗骨料沉积特别是在弯管或接头处沉积也会造成堵管。

（3）质量低劣矿井充填胶结材料(超细物料过少，带棱角石块过多以及搅拌不匀等)勉强泵送容易造成堵管。

2. 堵管事故的防护措施

严格控制物料的级配组合以及输送浓度，保证矿井充填胶结材料中细颗粒物料的含量，其目的均是为了确保矿井充填胶结材料的稳定性，良好的稳定性能够避免输送过程中的离析沉淀。

充填胶结材料中混进大块杂物，尤其是大于管内径三分之一粒径的杂物，如大石块、铁丝、钢筋、钢球等，必须采用振动筛加以滤除，否则充填作业难以进行。

充填结束时必须采用清水、压气或清水与压气同时并用，将充填管路清除干净，若清洗不彻底，管道中残留固体物料，再次充填时就极易造成堵管。

在充填作业过程中，井下充填管道发生爆管事故一般并不多见。但一旦出现此类事故，势必会严重影响矿山的正常生产，甚至会伤及井下作业人员。充填爆管事故多发生在充填管路垂直段与水平段相连接的部位。

3. 爆管原因分析

通过多个充填系统的爆管事故分析，可以发现爆管主要是输送过程中因矿井充填胶结材料流态的不稳定引起的水击造成的，可分为两种情况：第一种为出流端或管路某一部位瞬时淤塞，引发上游管道充填浆料产生压力波水击；第二种为竖直管道和水平管道连接处因速度变化形成负底后，产生的真空弥合水击，形成很大的水击附加压强，且在此部位因反复的真空作用，产生气蚀，使其成为薄弱段。

1）压力波水击

压力波水击物理模型如图 5-32 所示。该图很好地解释了因管道淤积堵塞造成的充填浆料压力波水击瞬间增大导致爆裂的原因。流速为 v_0，水头为 h_0、流量为 Q 的浆料在断面 1-1′处因故淤积堵塞，流量变为零，而上游来的浆料，由于惯性作用，继续以原来的流速 v_0 流向 1-1′处，使其受到压缩，压强升高并以弹性波的形式，以波速 C 由堵塞段传向上游管道。

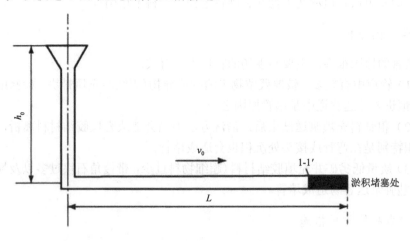

图 5-32 压力波水击物理模型

由于弹性压力波波速远大于水流流速,弹性波所到之处,压强由 P 增至 $P+\Delta P$,密度由 ρ 增至 $\rho+\Delta\rho$。在 Δt 时间段内,经过长度为 ΔS 的距离,忽略摩擦阻力,应用动量定律,可得到式(5-29):

$$(A+\Delta A)(\rho+\Delta\rho)\Delta S\times(v-v_0)=\left[P(A+\Delta A)-(P+\Delta P)\times(A+\Delta A)\right]\Delta t \qquad (5\text{-}29)$$

由于充填管道的破坏大多发生在管道承受压力最大的位置,故我们必须关注管道内最大压力产生的相关条件($v=0$),此时,充填浆料在管道内所产生的水击压强最大,可表示为式(5-30):

$$\Delta P_{\max}=\rho a_{\mathrm{m}}v_0 \qquad (5\text{-}30)$$

式中, ρ 为充填胶结材料密度,kg/m³; v_0 为充填胶结材料流速,m/s; a_{m} 为水击压力波的传播速度,m/s。

水击压力波的影响因素有管道挠度,浆体、固体颗粒的弹性模数 E_{h} 与 E_{s},固体颗粒的体积浓度 C_{v} 以及密度 ρ_{s}。其中,易于量测的体积浓度 C_{v} 和固体颗粒密度 ρ_{s} 影响较大,而难于量测的固体颗粒弹性模数 E_{s} 影响较小。

2)真空弥合水击

真空弥合水击的物理模型见图 5-33。管路经过竖直下降段后,自然落差使管道内的浆料自由加速,产生负压,并形成了不连续流,进而引起了水击。从断面 a-a′至 b-b′列出的伯努利方程,即式(5-31):

$$\frac{v_1^2}{2g}+\frac{P_1}{\rho}+Z_1=\frac{v_2^2}{2g}+\frac{P_2}{\rho}+Z_2+i_{\mathrm{m}}L+\frac{1}{g}\int_1^2\frac{\partial v}{\partial t}\mathrm{d}s \qquad (5\text{-}31)$$

式中, v_1、v_2、P_1、P_2、Z_1、Z_2 分别为断面 a-a′至 b-b′处的流速、压强和水头; ΔP 为两断面的压力差,有 $\Delta P=P_1-P_2$; $i_{\mathrm{m}}L$ 为水头损失; $\frac{1}{g}\int_1^2\frac{\partial v}{\partial t}\mathrm{d}s$ 为惯性水头。

一般有 $v_1=v_2$, $\partial v/\partial t=0$,则式(5-32)成立:

$$\frac{\Delta P}{\rho}=i_{\mathrm{m}}L-(Z_1-Z_2) \qquad (5\text{-}32)$$

从式(5-32)可知,如果阻力损失压头小于竖直管道内产生的位能,则在断面 a-a′至 b-b′之间的浆料将会以局部流速增大的方式来消耗剩余的部分能量。流速继续增大时,断面间的浆料可能会被拉断,由此导致真空腔形成水击。

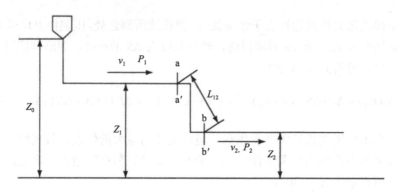

图 5-33　真空弥合水击物理模型

3）其他原因

爆管除了管道产生水击原因外，还与管道本身的压力与连续质量有关。

（1）充填管道承受的压力过大。局部充填管道在长期磨损后强度降低，当充填管路承受的压力过大时，可能会造成管道破裂或爆裂。

（2）充填管路系统的连接质量。由于充填管路系统连接质量造成的爆管事故在充填作业过程中并不鲜见，如充填用钢管焊接不严密、管接头连接不牢固等均可能造成管路爆裂。

4. 爆管事故的防护措施

为避免充填作业时发生爆管事故，可采取如下三条主要措施。

（1）合理布置充填管线。充填管线的合理布置可以减小充填倍线和改变充填系统的压力分布，进而降低充填管路的承压力。在开采深度较大的矿山，必要时可以在井下适当部位设置储砂池以释放能量，从而达到降低充填管路压力的目的。

（2）加强充填作业管理。进行充填作业时，平稳控制矿井充填胶结材料浓度、充填流量和搅拌桶液位，以确保充填胶结材料在充填管路中连续、均匀地流动，从而避免水击现象引发的爆管事故。确保管路连接质量，尽量减少充填管路的上坡、下坡或拐弯等，可以减少充填管道的磨损，延长充填管道的使用寿命。

（3）对压力较大的地段，最好采用强度较高的管材。对充填管路中的一些关键部位，要不定期进行管路压力测试，防患于未然。

5.4.3 管道磨损规律与预防措施

管道输送过程中，充填料浆必然对输送管道内壁产生法向及斜向冲击力，管壁磨损由此产生。对于矿井充填胶结材料而言，良好的稳定性允许其在较低流速下作业，因此极大地减轻了管道的磨损。但在某些深井矿山中，系统存在一定的剩余势能，由此导致浆料在管内非满管流动，这是造成充填管道磨损的主要原因。

1. 管道磨损形式

在深井充填系统中，由于地表与井下高差过大，矿井充填胶结材料在垂直管道中往往处于非满管流状态。非满管流输送方式是矿井充填浆料自流输送最常见的形式，是引起充填管道或钻孔磨损的主要原因。

非满管流是指在充填自流系统中，由于系统高差所能提供的势能超过克服管道摩擦阻力所需要的能量，导致垂直管道内产生空气柱现象。空气柱分为三个区域，即空化区、空气区和水跃区，如图 5-34 所示。在空化区内，由于矿井充填胶结材料在该区域内自由下落，其输送速度和压力不断增大，料浆出现空穴或空洞，由连续流转变为不连续流，并对管道内壁产生法向或斜向冲击力，磨损较为严重。空气区内出现水蒸气和空气的混合体，料浆在空气区内继续加速，直至达到最大值。水跃区是料浆由非满管流转变为满管流的过渡区。水跃是流体力学中一个常见的现象，它是指浆体由急变流过渡为缓变流时发生的水流局部突变现象，即在很短的距离内浆体流速急剧减小。水跃区的浆体从上到下可以分为两部分：上部浆体不断翻腾旋滚，因掺入空气而呈白色；下部是主流，是流速急剧变化的区域。根据动能定理，由于水跃紊动强烈，流速梯度很大，水跃消耗了大量的能量并对管壁形成了巨大的冲击力。因此，对于垂直管道来说，在水跃区过渡到满管区的交界面处，管道磨损较为严重。

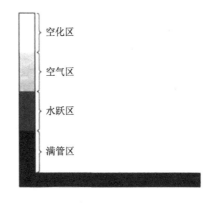

图 5-34　深井充填管道空气柱分区示意图

在管道自由下落区内(空气柱)，矿井充填胶结材料在重力作用下自由下落，由于矿井充填胶结材料的最终速度很高，高速流动的矿井充填胶结材料对管壁的迁移冲刷导致管路的高速磨损。当充填胶结材料从地表进入该区域后不断加速，由连续流转变为不连续流，这种转变导致充填胶结材料对管壁的磨损不均匀，充填浆料与管壁接触面积小的地方磨损速度较慢，与管壁接触面积大的地方磨损速度较快，结果形成沟壑式形状，如图 5-35(a)所示。当充填浆料进入满管区后，其稳定流动，基本为连续体。矿井充填胶结材料与管道内壁的有效接触面积大致等于管壁的表面积，则管壁磨损均匀、平整，如图 5-35(b)所示。

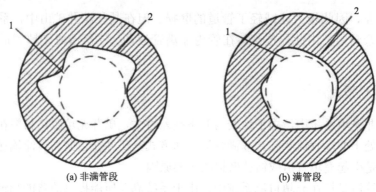

(a) 非满管段　　　　　　　　　　(b) 满管段

图 5-35　非满管段与满管段磨损形状对比图
1.初期管道内表面；2.后期管道内表面

2. 降低管道磨损措施

降低充填管道磨损一直是矿山充填关注的问题。依据前面提到的影响管道磨损的因素，降低管道磨损的技术措施包括如下几种。

（1）采用满管流输送系统，降低垂直管道内矿井充填胶结材料对管壁的冲击力。采用满管流输送系统，可以大幅度地降低矿井充填胶结材料对管壁的压力和冲击，提高管道的使用寿命。

（2）采用降压输送系统，降低矿井充填胶结材料对管壁的压力。在相同的流速条件下，管道的磨损速度随矿井充填胶结材料的压力增加而提高。当压力增大到一定程度，即使很小的流速，也会给管道带来较高的磨损率。由此，采用减压输送系统，可以达到降低管道磨损率的目的。

（3）在水平管段，由于管道的磨损以底部最大、两侧次之，顶部最小，为了延长水平管道的使用寿命，每过一段时间将管道底部与顶部转换方向使用。

（4）提高直立管道的安装质量，减少管道的倾斜及非同心度。矿山生产实践证明，如果垂直管道安装时其垂直度和同心度不好，则会大大提高管道的磨损速度。因此，必须提高管道安装质量，力争垂直度、同心度偏差在±0.5%之内。

（5）在流向急剧改变（即弯管曲率半径很小）之处，矿井充填胶结材料对管壁的法向冲击力较大，管壁穿孔现象较为严重。针对这种情况，通常采用加大弯管曲率半径、加大管径或采用特制加厚耐磨的弯管来解决；或采用丁字管或缓冲盒弯头，避免矿井充填胶结材料对大直径弯管外半径磨出的窄长槽。

（6）全面提高钢管衬里的制造质量，确保衬里质量和涂层质量，防止衬里松脱随料浆一起流出，起不到保护管道的作用。

3. 耐磨管材的应用

除了上述的几种降低管道磨损技术措施外，还有一个途径即是采用耐磨管材，可大大延长管道系统的使用寿命。尽管耐磨管道的造价高,一次性投资大,但其使用寿命可达到普通钢管的数倍至数十倍,折算到单位充填成本,管道成本仍低于普通钢管管道。因此从长远的角度看,使用耐磨管是经济的。

1)耐磨管及衬里种类

基于以上原因,各国的深井充填矿山,都在寻求寿命较长的耐磨管道,目前,使用最多的耐磨管及衬里种类大致如下:①合金钢管;②组合钢管;③感应淬火硬质钢管;④带有外钢套筒的高密度聚乙烯管道;⑤由环氧树脂中带氧化铝珠组成的陶瓷衬里;⑥由整体氧化铝套组成的陶瓷衬里;⑦聚氨酯衬里;⑧铸石衬里;⑨橡胶衬里等。

2)耐磨管选择时应考虑的因素

对于耐磨管道的选择使用,各个矿山应该根据具体情况进行合理取舍。在选择耐磨管时,主要考虑的因素如下所述。

(1)充填料浆因素。充填料浆物理化学性质,决定了对不同管道的腐蚀和磨损速度。因此在选择耐磨管及衬里时,应针对充填材料自身的特点,首先进行磨蚀实验,耐磨管的选择应建立在特定实验结果的基础上。

(2)充填系统因素。系统高差和充填倍线决定了输送管道所承受的压力和料浆的运行速度,如果系统高差大、充填倍线小,则应选择硬度和极限载荷大的耐磨管,反之则可以放宽对耐磨管质量的高要求。

(3)系统服务年限因素。系统的服务年限也是影响管道选择的依据,由于充填系统服务年限一般远长于管道使用寿命,因此应使系统服务年限是选择的管道寿命的整数倍,否则会造成资金的浪费。

下面介绍一种新型 KMTBCr28 高铬耐磨铸铁复合管在某镍矿充填系统中的应用情况。该矿采用高浓度细砂管道自流充填工艺,系统充填能力为 $100\sim110\ \mathrm{m}^3/\mathrm{h}$,料浆输送为自流输送,垂直高度最小为 372 m,水平输送距离大于 1000 m,呈梯段布置,充填倍线为 3.5~4.0,细砂为戈壁集料棒磨砂。水泥为 425#普通硅酸盐水泥。灰砂比为 1∶4(质量比),料浆重量浓度 78%,充填管采用壁厚 12 mm 的 16Mn 钢管。

在充填管的实际应用过程中,出现了以下问题。

(1)充填管道输送主要是石英砂水泥混合料,起磨损作用的主要是尖锐的石英砂。由于物料高速输送,因而,石英砂对管壁有强烈的切削磨损。高锰钢属于低应力切削磨损,在此工况下发挥不了其优越性。

(2)湿态料浆带有微弱碱性,有一定的腐蚀性。

　　针对上述问题，该矿根据充填料浆的组成及充填管道的使用要求，更换了一种新型 KMTBCr28 高铬耐磨铸铁复合管。KMTBCr28 的铸体为奥氏体，基本分布 M7C4 碳化物，微观强度高，其硬度能达到 HV1500～1800，冲击韧性值 $a_k≈1.03$。正式使用前，首先进行了现场实验。KMTBCr28 与 16Mn 管安装在同一管线上，而且是磨损最快的地方。经过 1 年多的使用，尚未磨露。KMTBCr28 与 16Mn 管的比较见表 5-11 和表 5-12。

表 5-11　KMTBCr28 与 16Mn 管使用比较

安装地点	管型	管类	使用天数/d	充填量/m³	磨损程度
1600～1672 小井	直管	16Mn	15	15000	需更换
		KMTBCr28	355	114676	口处磨损 2 mm
1600 管下部	弯管	16Mn	25	16000	需更换
		KMTBCr28	293	114000	压破
1350 风桥	弯管	16Mn	25	16000	需更换
		KMTBCr28	244	120000	磨损不明显

表 5-12　KMTBCr28 与 16Mn 管的经济效益比较

管型	试验地段	使用时间/d	充填量/t	管道单价/(元/t)
16Mn	直管	10～15	12000/15000	5000
	弯管	25	16000	5000
KMTBCr28	直管	355	114676	9500
	弯管	293	114000	9500

　　实验结果表明，KMTBCr28 管的直管与弯管分别比 16Mn 厚壁钢管的使用寿命提高了 22 倍和 12 倍以上，充填量提高了 10 倍和 6 倍以上；KMTBCr28 管的使用寿命长，减少了充填管的用量和更换次数，减少了工人体力劳动；充填管的寿命与价格相抵，KMTBCr28 管仍可提高使用工效 10 倍以上。

4. 管道壁厚检测方法

　　为了保证安全顺利地输送充填料，必须了解输送管道的磨损率，随时掌握管壁厚度的变化，确保管壁安全使用厚度。为此，有必要利用测厚仪及金属探伤仪对充填管道长时期地进行定点检测。目前，除一般机械法测厚外，常用的测厚仪从原理上有射线测厚仪、超声波测厚仪、磁性测厚仪、电流法测厚仪等，但是对于金属管道的壁厚检测仍以超声波测厚方法最为常用。

1）采用超声波测厚仪进行壁厚测定

脉冲反射式超声波测厚仪是利用超声波脉冲在材料中的往返传播时间与声速、声程的关系来求得被检工件的厚度。因超声波测厚仪具有轻便、小巧、测量速度快、数字管直接显示厚度值、精度高、电池供电等优点而被广泛应用于工业检测领域。

采用超声波测厚仪测量管壁厚度时，应注意双晶探头的放置要使其隔声层垂直于管道轴线，并使其与管壁正交，这样才能获得稳定准确的厚度指示。测厚时，当读数与预想值相差较大时，应分析是出现了成倍读数还是缺陷反射，必要时可采用其他仪器进行辅助分析。当现场检测遇到未知声速的材质时，可在与管壁材质相同且厚度已知的法兰及其他部件上进行声速校验。当检测结束后发现仪器声速与被检材质实际声速不一致时，必须对数据进行校正。

尽管超声波测厚仪具有很多优点，但其并不能检出所有形式的壁厚减薄。因为测厚仪接收被检工件底面反射的脉冲信号具有一个可被仪器识别处理的下限值，并不是任意一个较小的界面反射回波都可被检波放大，予以计算形成显示。如管内壁较小的点腐蚀或对声波构成发散的形状缺陷，当采用超声波测厚仪进行检测时，检出灵敏度将会受到很大的影响。实验证明无论何种形式的壁厚减薄，其反射声能如不大于 $\phi 2$ mm 当量缺陷，则都很难被检出。

在对金属管道进行壁厚检测时，很可能在靠近测点附近存在较深的局部减薄，但因测厚仪对该类缺陷的检测局限性而未能发现该缺陷，这种局限性需要通过其他适用的检测方法来弥补。

2）采用超声波探伤仪进行壁厚检测

采用超声波探伤仪进行测厚，一般选用高频小晶片纵波直探头，在管道表面耦合状况不好的情况下，可获得较理想的检测效果。超声波探伤仪没有测厚仪显示快速、读数直接。但采用超声波探伤仪配合适当晶片尺寸的探头扫查管壁，检测人员可以通过波形特点定性地了解管壁状况，判断管壁是处于均匀减薄状态还是存在非均匀减薄缺陷，并可通过扫查分析确定较严重的减薄区域，超声波探伤仪的这些特点是测厚仪所不具备的。

参 考 文 献

蔡嗣经, 王洪江. 2012. 现代充填理论与技术. 北京: 冶金工业出版社.

陈荣邦, 谷志民, 徐涛. 2012 固体充填采煤设备在小马矿的应用及效果分析. 中国矿业, (5): 12-15.

方理刚. 2001. 膏体泵送特性及减阻实验. 中国有色金属学报, (4): 676-679.

郭利杰, 余斌. 2011. 中国金属矿山充填技术与装备的现状和未来. 采矿技术, (3): 12-14.

韩文亮, 任裕民. 1990. 关于全尾砂充填料减阻问题的研究. 有色金属, (3): 5-10.

黄玉诚, 毛信理, 史晓勇. 2005. 似膏体管路输送过程中的相变及微射流效应初探. 中国矿业, (5): 63-65.

惠学德, 谢纪元. 2011. 膏体技术及其在尾矿处理中的应用. 中国矿山工程, 40(2): 49-54.

吉学文. 2008. 膏体充填管道冲洗技术研究及应用. 云南冶金, (4): 7-9.

李公成, 王洪江, 吴爱祥, 等. 2013. 全尾砂戈壁集料膏体凝结性与流动性研究. 金属矿山, 447(9): 34-40.

李海滨. 2011. 级索煤矿村下压煤充填开采模式研究. 青岛: 山东科技大学.

李向荣. 2011. DPl60-4 双缸双作用液压隔膜泵动力端研究. 兰州: 兰州理工大学.

凌学勤. 2003. SGMB、DGMB 系列往复式隔膜泵在氧化铝工艺流程中的应用. 有色设备, (2): 1-4.

凌学勤. 2006. 往复式活塞隔膜泵的技术参数及核心技术. 机电产品开发与创新, (5): 45-48.

刘晓明, 么克威, 汪建. 2008. 国产隔膜泵在鞍钢浆体长距离管道输送中的应用. 金属矿山, (10): 107-109, 115.

倪健, 2001. SGMB140-7 隔膜泵在尾矿输送中的应用及改进. 第四届全国矿山采选技术进展报告会论文集. 矿业快报, (Suppl): 460-462.

孙勇. 2006. 充填钻孔使用寿命的影响因素及其延长措施. 采矿技术, (3): 207-208.

王新民. 2005. 基于深井开采的充填材料与管输系统的研究. 长沙: 中南大学.

王瑞霞, 王龙龙, 张伟. 2011. 铁矿全尾砂胶结充填工程中膏体充填泵的选型实践. 矿业装备, (5): 46-50.

温国惠, 周华强, 孙希奎, 等. 2008. 岱庄煤矿建筑物下遗留条带煤柱矸石膏体充填开采//中国煤炭学会. 第3届全国煤炭工业生产一线青年技术创新文集.

吴爱祥, 孙业志, 刘湘平. 2002. 散体动力学理论及其应用. 北京: 冶金工业出版社.

谢梦飞. 1996. KOS 高浓度泥浆泵在矿山充填和水仓清淤中的应用. 工程设计与研究, (91): 66.

徐东升. 2007. 深井充填管道输送系统减压技术探讨. 矿业快报, 2: 25-28.

于宝虹, 罗云东, 邵志航. 2005. 在役金属管道壁厚检测方法的应用性分析. 炼油与化工, (2): 47-51.

张德明. 2012. 深井充填管道磨损机理及可靠性评价体系研究. 长沙: 中南大学.

张鸿恩. 1996. 用于充填料输送的新型耐磨钢管. 矿业研究与开发, 16: 121-123.

张伟, 2007. 污泥输送和储存系统的应用. 建设科技, 23: 64-65.

Naegel M H. 2012. FELUWA 泵在铜矿领域的应用. 矿业装备, 11: 100-102.

第6章
矿井充填胶结材料的工程应用

膏体充填技术经历近 30 年的发展，随着尾砂浓密脱水技术和高浓度料浆泵压输送技术的不断进步，膏体充填工艺由繁到简，设备处理能力由小到大，控制计量仪器由简到精，使得该项技术在全球范围内得到了应用推广。由于不同矿山面临的国家政策、市场环境、开采技术条件不同，尾砂性质也存在差异，因此，所采用的膏体充填工艺和设备也是因地制宜。

就个别矿山而言，一些矿山尾砂颗粒过细，浓密脱水困难，且浆体浓度较大，充填体强度难以达到采矿工艺的要求，一般会采用分级尾砂作为充填料；而一些矿山尾砂产率较低，或者尾砂粒度较细，一般会添加粗骨料制备成粗骨料膏体。粗骨料的选材也可根据矿山实际情况，选择破碎废石、戈壁集料或粗砂。

对于尾砂浓密脱水而言，浓密技术呈现多样化。真空过滤机仍然占据主导地位，膏体浓密机后来者居上，逐渐替代过滤机。过滤技术具有物料含水率低、适应范围广的技术优势，而浓度脱水技术具有处理能力大、能耗低的特点。

对于尾砂浆而言，由于浆体的供给是连续而波动的，为了生产方便，常采用连续式计量与搅拌工艺；当供给的物料为含水率较低的散体物料时，为了计量精确，常采用间歇式计量与制备工艺。连续制备的膏体流动性较大，且制备参数波动范围宽；间歇制备则使设备处于周期性启停状态，对相关仪器设备的可靠性提出更高的要求。

当尾砂制备成膏体后，可以充填到井下采场，也可以堆存到地表尾矿库。在膏体制备与管道输送方面，由于两者的主体工艺技术相通，矿山常常同时使用这两项技术。由于两者共用一些制备设施，使得尾砂在井下采场与地表尾矿库之间的流向切换更加灵活，大大方便了尾砂处置的生产调度。可以说，这是在膏体充填技术成熟后，移植到地表尾矿库的结果。该结果极大程度地回收了水资源，同时，也改善了井下采场与地表尾矿库的安全状况。

6.1 煤矿用矿井充填胶结材料的工程实例

6.1.1 山西某煤矿

1. 项目背景

目前该煤矿的矿井生产能力为 1.8 Mt/a，现在剩余可采资源量约 700 万 t，矿井服务年限约 3.8 年，膏体充填开采技术作为绿色开采技术的重要组成部分，能够实现矿区生态环境无损或受损最小，充分利用固体废物。采用充填开采技术，2021 年 10 月投产试运行，则综合计算全矿井服务年限为 18.8 年，与不采用充填开采相比，充填开采可延长矿井服务年限 15 年。

根据确定的采煤方法和工艺，采用膏体充填采煤技术是实现该煤业提高资源采出率的最佳途径，也是"三下一上"(建筑物下、水体下、铁路下、水体上)压煤开采的主要技术手段之一。它将矸石、粉煤灰、水泥和水等材料混合搅拌后回填于采空区，起到支撑顶板的作用，减少开采对上覆岩层的采动影响，从而置换出煤炭资源。对于该煤矿来说，充填的目的是对开采后形成的采空区进行充填，在充填体的支撑下，既能有效回收"建筑物下"的煤炭资源，又能将地面沉降量控制在规范允许的安全范围内，保护地面建(构)筑物及设施，同时还能处理煤矸石外排污染环境问题。

2. 充填材料

充填材料作为膏体充填工程的一部分，在膏体充填实施中起着举足轻重的作用。充填材料的正确选择与否决定着充填采煤成本的高低，而合理的充填材料配比是决定充填质量的重要因素。煤矿膏体充填材料的选择在借鉴以往膏体充填成功经验的基础上，因地制宜，就地取材。在保证充填膏体性能的前提下，综合考虑原材料供应量、价格、加工和运输等条件，初步确定煤矸石作为充填体骨料，以普通水泥作为胶结料，加入适量的水，形成了充填膏体的主要组分。另外，考虑到降低材料成本，改善泵送性能，提高充填体早期强度以实现高效充填模式，还在其中掺加了适量的粉煤灰。

1) 煤矸石

煤矸石是膏体充填中用量最大的材料，在充填膏体中起着"骨架"的作用。按充填开采设计生产能力 40~80 万 t/a，煤的密度按 1.4 t/m³，充填率 98%，则采用膏体充填需要的充填量为 27 万~54 万 m³/a，初步考虑膏体充填中矸石用量约为 1.2 t/m³，则矸石需求量约为 32 万~64 万 t/a，以本矿矸石作为膏体充填骨料，可以在保证充填体强度的情况下，大幅度降低充填成本；在为膏体充填提供原材料的同时，解决矸石的排放与处理问题，符合膏体充填变废为宝和绿色采矿的基本理念。

2）水泥

水泥作为膏体充填的胶凝材料，是充填体强度的根本来源，对于充填膏体的可泵性能和保水性能有重要的影响。膏体充填所需水泥均采用散装运输形式，性价比较高。

3）粉煤灰

粉煤灰用于膏体充填，可以大幅度降低水泥用量，降低泵送阻力，有效改善膏体材料的泵送性能。初步考虑充填膏体中粉煤灰用量约为 0.4 t/m，则粉煤灰需求量为 10 万～20 万 t。相对于湿排粉煤灰，干排粉煤灰用于膏体充填技术成熟且具有更好的胶凝特性，建议膏体充填时采用干排粉煤灰。

4）水

充填用水可选用矿井排水，也可选用地下水，水量充足。

3. 膏体充填料配比选择

采用泵送方式进行充填，充填料必须具备和易性、泵送性、泌水性及最终支护强度等综合要求，参考同类型矿山的试验数据，选用充填材料配比见表 6-1。

表 6-1　充填材料配比

序号	成分	用量/(kg/m³)	质量百分比/%	备注
1	煤矸石	1200	66.7	粒径小于 15 mm
2	粉煤灰	100	5.6	
3	水泥	200	11.1	425#硅酸盐水泥
4	水	300	16.6	

注：充填材料配比为煤矸石：粉煤灰：水泥：水=1200：100：200：300（kg/m³），充填膏体质量浓度为80%。

4. 膏体充填对地下水环境的影响分析

本项目采用的是矸石粉煤灰膏体胶结充填，充填物料进入充填区以后，逐渐凝结固化，最终全部形成固体，只是在每个充填班的开始与结束环节，管道冲洗过程中冲洗水需要外排，这部分水与矿井井下水一样统一排到井底水仓，然后抽排到地面进行处理或应用到后续充填制浆。应用膏体充填开采，开采形成的导水裂缝带高度不超过 3 m，没有超过下位直接顶板范围，所以不存在充填体与地下水系接触问题，一般情况下没有污染地下水。另外，由于充填体是有一定强度的固化体，即使所用粉煤灰等充填材料存在重金属富集超标问题，受固化物约束，地下水只能扩散式与充填体面接触，也不会对地下水形成污染。

6.1.2 唐山某矿

1. 项目背景

唐山某矿井始建于 1887 年，1889 年移交生产，1902 年正式投入生产。1957～1959 年进行改扩建工程，矿井设计能力 230 万 t/a。

对于该矿而言，已经有 124 年开采历史，经过多年的开采，截止到 2011 年底，矿井总储量 14920.4 万 t，其中"建下"压煤 10977.4 万 t，占总储量的 73.5%，可采储量仅有 769.5 万 t。

另外，该矿地面还存有 87 万 m^3 的矸石，有 200 万 t 以上，此外井下掘进矸石产量约为 10 万 t/a，该矿洗煤厂洗选矸石产量为 40 万 t/a，如此大量的矸石对矿区环境造成了严重的破坏，另外矸石处理费成本巨大。

2. 充填材料

矿膏体充填原材料选择煤矸石、粉煤灰、水泥和水。

煤矸石取自附近矸石山，堆积密度为 1.3 t/m^3。煤矸石需要破碎加工(粒度控制在 15 mm 以内)。煤矸石是煤矿的主要固体废弃排放物，目前主要堆放在地面，形成矸石山，不仅占用大量土地，还污染环境。以煤矸石为充填原料，将固体废物资源化利用与解决煤矿开采沉陷有机结合起来，减少了煤矸石堆放占用土地，甚至消灭矸石山，有利于减少土地占用量，减少矸石对环境的污染。

粉煤灰可取自电厂，等级为Ⅲ级或等外灰，含水率小于 1%，堆积密度 0.7～0.85 t/m^3。适当添加粉煤灰，可部分替代水泥，节省水泥用量，同时有益于膏体的和易性和泵送性。煤矿充填应用粉煤灰，将开辟粉煤灰利用新途径。

水泥 32.5#普通硅酸盐水泥，堆积密度为 1.44 t/m^3。水泥在膏体泵送过程中包裹骨物料，起滑润作用，并确保膏体不发生离析，避免堵管，而在凝结过程中主要起黏结作用，确保凝固后膏体具有一定抗压强度。

水为矿井水，密度为 1 t/m^3。

3. 环境保护

该矿充填选择煤矸石、粉煤灰、水泥作充填材料，就地取材，材料来源充足有保障，还为这些固体废弃物资源化利用开辟了新途径，在解决地表开采沉陷控制，不迁村采煤的同时，有效处理了固体废弃物，是煤矿绿色开采的发展方向。

6.2　金属矿用矿充填胶结材料的工程实例

6.2.1　贵州某金属矿

1. 充填材料

（1）充填原材料。骨料：成品碎石（–15 mm）；胶结材料：325#水泥；水：高位水池。

（2）充填能力：80～100 m^3/h。

（3）膏体浓度：82%～83%。

（4）充填体强度要求。高强度：28 d 终凝强度 2 MPa；灰砂比：1∶10。低强度：不要求强度，凝固即可；灰砂比：1∶20～25。

2. 工艺流程

破碎后的成品碎石（–15 mm）输送至充填站的碎石骨料堆场储存。充填时堆场内的碎石经铲车上料至上料斗，由底部计量斗计量后，经皮带输送机输送到搅拌楼碎石待料斗内，同时，水泥、水通过给料进入到搅拌楼计量斗内，三种物料同时卸料到搅拌机内充分搅拌，然后卸料至充填工业泵，采取双泵合流，经充填管道输送至井下待充填区域。

6.2.2　新疆阿克陶某铜矿

1. 项目背景

新疆阿克陶某铜铁矿区面积约 2.4061 km^2，Ⅲ、Ⅳ号铁矿原采用露天开采，在山坡地形地表形成多个露采工作面，地表已初步形成公路运输系统，采场公路已修建至 4310 m 标高。露天开采历年合计采出矿石约 150 万 t。目前逐步转为地下开采，采用平硐开拓，以分段凿岩崩落采矿法为主，浅孔留矿采矿法为辅，矿石规模为 60 万 t/a，矿山服务年限约 29 年。

2. 充填材料

（1）充填骨料采用孜洛依铁矿干选厂产出的尾砂，取–5 mm 以下的尾砂。

（2）胶凝材料使用 42.5 普通硅酸盐水泥。

（3）充填用水利用井下涌水。

（4）充填能力：150 m^3/h。

（5）配比。

根据充填体强度要求和配比试验结果，综合考虑技术和经济因素，全部使用尾砂作为充填骨料时，推荐配比及相应技术参数见表 6-2。

表 6-2　推荐配比参数表

充填用途	灰砂比	质量浓度/%	28 d 强度/MPa	体重/(t/m³)	泌水率/%
打底、胶面及一步骤采场	1:8	75	1.869	1.97	3.82
二步骤采场	1:30	75	0.167	2.04	5.49

注：上述配比是在室内试验基础上推荐的，建议在充填系统工程调试阶段，开展尾砂充填料配比及性能的工业试验研究，为今后矿山充填生产提供充填料配比及其工程参数，以降低充填生产成本和确保采场安全。

3. 主要工艺流程

（1）尾砂经缓冲仓、振动给料机及皮带运输机，计量后输送至搅拌桶；

（2）散装水泥罐车，通过压气将水泥卸入立式水泥仓，经螺旋给料机、转子称计量后通过螺旋输送机输送至搅拌桶；

（3）水池中的水通过水泵和管道，经电磁流量计计量后输送至搅拌桶；

（4）尾砂、水泥和水在搅拌桶内制备成合格料浆经钻孔及井下充填管路输送至待充点。

4. 环境保护

本项目建成后尾砂利用率为 100%，既综合利用了资源，又降低了环境的污染，是一个良好的资源综合利用环保项目。

6.2.3　甘肃某铅锌矿

1. 项目背景

该铅锌矿开发建设开始于 20 世纪 80 年代，整体开发建设分为露天开采和井下开采两阶段。近年来，随着浅部资源的逐渐枯竭，国内很多金属矿山均处于露天转地下开采这一特定的开采时期。随着下部开采深度的下降，会对露天边坡的稳定性造成巨大影响，对矿山的安全生产影响较大。合理解决露天采坑遗留的安全问题，已成为露天转地下后矿山安全生产的保障。另一方面随着露天转地下的开采，尾矿排放量大，尾矿库容积不足，出现尾矿无法排放的情况和建设尾矿库时征地困难等一系列问题，影响日常生产工作顺利进行，严重制约矿山发展。

目前国内在露天采坑治理方面采取的技术措施主要有尾砂胶结充填治理露天采坑方案、废石回填方式治理露天采坑方案、尾矿湿排方式治理露天采坑方案、尾矿压滤干堆方式治理露天采坑方案以及露天边坡加固治理露天采坑方案。在这些方案中，尾砂胶结充填治理露天采坑方案因其具有安全程度高、机械化程度好、操作简单等优点得到了广泛的认可及应用。

2. 充填材料

本案例采用全尾砂+水泥+水的胶结充填工艺。尾砂粒径分布测定结果见表 6-3。可以看出，粒径较细，+75 μm（+200 目）占 14.71%，−37 μm（−400 目）占 67.97%。

表 6-3　粒径分布测定结果

粒径/μm	+250	−250~+150	−150~+75	−71~+45	−45~+36	−37
含量/%	4.58	1.63	8.52	12.48	4.84	67.97
粒径/μm	+250	+150	+75	+45	+37	总量
含量/%	4.56	6.19	14.71	27.19	32.03	100.00

充填露天盆及李家沟塌陷区的充填料浆由已建设完成的设在东边坡供气空压机房（原露天矿汽车保养间）南侧山梁的充填搅拌站供给。物料中的水泥从周边水泥厂外购，尾砂来自该地选厂。

3. 环境保护

通过全尾砂+水泥膏体充填对露天坑的安全治理，一方面减弱了地下开采对周边重要构筑物的影响，另一方面解决了尾矿库的建设与征地问题，有效防止尾矿堆存造成的环境污染，具有一定的经济效益、社会效益和生态效益。

6.2.4　内蒙古某铁锌矿

该矿为一采选生产矿山，矿区面积 1.4985 km²，设计采选规模 210 万 t/a，服务年限 23 年，采用无底柱分段崩落法开采，于 2010 年投产，历年采矿量见表 6-4。截止到 2017 年 8 月，累计动用储量 1613.66 万 t。

表 6-4　2010~2017 年回采采矿量

序号	年份	出矿量/万 t	留作垫层矿量/万 t
1	2010	36.83	36.83
2	2011	63.58	63.58
3	2012	120.75	120.75

续表

序号	年份	出矿量/万 t	留作垫层矿量/万 t
4	2013	177.56	40.11
5	2014	194.47	55.13
6	2015	160.89	70.48
7	2016	100.42	61.18
8	2017	101.40	39.00
合计		955.89	487.04

本案例采用全尾砂+水泥+水的胶结充填工艺。

该锌矿 280～400 m 矿体开采选用大直径深孔嗣后充填法和点柱充填法。大直径深孔嗣后充填法一步骤回采采用灰砂比 1∶4 和 1∶8 胶结充填，二步骤回采采用尾砂非胶结充填和 1∶4 胶结充填浇面；点柱充填法采用尾砂非胶结充填和 1∶4 胶结充填浇面。采场充填需要的充填料浆制备在充填站内完成，包括料浆的浓缩、储存、搅拌及检测、控制，以及为其供水、供气和供电等工艺。

6.2.5　湖南某铜矿

1. 项目背景

该铜矿于 1966 年 10 月成立，当时以露天开采铜钼矿床为主，生产规模为 66 万 t/a。1995 年，露天开采的铜钼矿床因开采深度加大而闭坑转入地下开采，并同时开采地下铅锌银矿体和铜矿体。

区内矿产资源丰富，矿业发达，主要开采的矿种有：Pb、Zn、Fe、Ag、Cu、Sn、As、Au、W、Mo、Bi、Mn、煤炭、石灰石等。目前以生产铅精矿、锌精矿、硫精矿为主，铅锌精矿中富含金、银等贵重金属。该矿拥有采矿区面积 5.21 km²，开采矿种为铜、铅、锌、钼。探矿权、采矿权范围平面上总面积 25.47 km²。

2. 充填材料

1）充填骨料

由于充填骨料用量大，在选择充填骨料时，首先要保证充填骨料来源广、成本低。该矿业全尾砂产出率高，成本低，如果能有效加以利用，不仅可以提高充填效率和充填质量，增加作业安全性和资源回采率，还可以减轻尾矿排放压力，实现绿色可持续发展，具有良好的经济、社会和环境效益。根据试验报告，该矿业全尾砂是较为理想的充填骨料。

全尾砂的物理特性，尤其是粒径组成对充填体的力学性质有决定性影响。尾砂为干尾砂，含水率测定为 2%。

全尾砂粒度偏细，0.075 mm 以下颗粒所占比例达 69.1%，中值粒径仅为 0.049 mm，平均粒径为 0.076 mm，小于一般矿山所用充填尾砂粒度，可能会影响全尾砂沉降，普通立式砂仓沉降底流浓度难以达到膏体充填工艺要求，建议采用深锥浓密机进行絮凝沉降，以提高全尾砂底流浓度及降低溢流水含固量。

2）胶凝材料

普通 32.5 硅酸盐水泥。

3. 环境保护

针对本项目几种主要的环境污染物(废弃、废水、废料、噪声)，在设计中采用综合性的防治措施，环保设计与工程设计同步进行，整个工艺线环保设施配套齐全。在正常生产情况下，各种污染物的排放均达到要求。

本项目建成后尾砂利用率 43.8%，既综合利用了资源，又降低了环境的污染，是一项良好的资源综合利用的环保项目。

全尾砂充填系统本身是一项环保工程，将全尾砂回填井下，减轻了尾矿地表堆放压力，减少了土地占用面积，有利于保护地表环境和地下水体安全，充填用水主要使用经过处理的生产废水，实现水资源的循环使用。

6.2.6　新疆某煤矿

1. 充填材料

①充填骨料。充填骨料主要为戈壁风积砂，成品粒径≤15 mm，由矿方自行负责运输，储存于成品风积砂缓存堆场。②胶凝材料。③粉煤灰：主要来源为电厂，由矿方自行负责购买及运输。④水泥：325#复合硅酸盐水泥。⑤充填制浆用水。一般矿山工业用水均可用于充填料浆制备用水，当采用坑内水或污染水源时，一般参照建筑部门对混凝土用水的要求。即含盐总量不超过 5000 mg/L；pH 值不小于 4；硫酸盐含量以 SO_4^{2-} 计不超过 2700 mg/L；不含有油脂、植物油、糖、酸和其他对混凝土有害的物质以及对水泵等设备有影响的杂质。

2. 充填料浆配比参数

配比原则：具有良好的稳定性和流动性；形成的充填体的强度满足设计要求；充填料具有可泵性；充填料的流动性与可泵时间满足允填巷道的流动要求。

6.2.7　江西某铜矿

1. 项目背景

江西某铜矿山，为露天地下联合开采多金属矿山，主要生产铜精矿、铅锌精矿、硫精矿以及金和银。矿区南北长约 2.7 km，东西宽约 2.5 km，面积约 6.75 km²。

2. 充填材料选择

1）充填骨料

充填骨料主要分粗骨料、中粗骨料、细骨料、超细骨料，分别有废石和戈壁集料、棒磨砂、冶炼炉渣、分级尾砂和山沙、全尾砂等。本研究的对象为矿选厂产出的全尾砂。

2）胶凝材料

国内矿山大多采用 32.5 普通硅酸盐水泥作为充填胶凝材料，但随着选矿技术水平的提高，磨矿细度越来越大，许多矿山尾矿–200 目占比高达 80%～90%以上，–400 目颗粒占比甚至高达 50%～70%以上。对于超细全尾砂，矿山充填实践证明，普通硅酸盐水泥（即使标号达到 42.5）胶凝效果较差。某矿山超细全尾砂普通硅酸盐水泥胶结充填，灰砂比 1∶4、质量浓度 63%（因粒级超细，该浓度充填体已接近于膏体）充填体 28 d 强度仅为 0.5 MPa；另外某矿采用普通硅酸盐水泥，曾出现充入采场后长时间不凝固现象。为解决超细全尾砂胶凝材料适应性问题，不少研究单位、生产厂家和矿山企业因地制宜，研发了多种适用于超细全尾砂的特种固结材料。

由于矿全尾砂粒级偏细，–200 目和–400 目占比分别为 70%和 53%左右，根据国内类似条件矿山经验，普通硅酸盐水泥效果可能不佳。因此，分别采用 32.5 普通硅酸盐水泥、42.5 普通硅酸盐水泥和已采用的特种胶凝材料进行对比试验。

3）充填用水

正常生产过程中，经过立式砂仓或深锥浓密机浓密后的高浓度料浆与胶凝材料混合搅拌形成高浓度料浆，无需额外加水。浓度过高需添加少量水稀释时，以及充填前后洗管用水，可采用立式砂仓或深锥浓密机溢流水。

6.2.8　湖北某磷矿

1. 项目背景

湖北省蕴藏丰富的矿产资源，其中磷矿尤为突出，大部分磷矿区具有品位高、矿层厚、化学反应活性好的特点。某磷矿地质储量 4 亿 t，远景储量 10 亿 t 以上。

湖北某矿区面积 11.51 km²，矿区沉积型磷块岩矿床由两个磷矿层组成，平均倾角 15°，中间夹层厚 0～5 m。主磷层 Ph3 平均厚度 9.92 m，平均品位 22.68%；次磷层 Ph1 平均厚度 4.71 m，平均品位为 22.34%，厚度由地表向深部、由北西向南东逐渐变薄。矿石、顶板及底板稳固性较好，允许有一定暴露时间，夹层的稳固性较差，易软化产生冒顶。矿层位于当地最低侵蚀基准面以上，水文地质条件简单。

与金属矿山磨矿粒度较细，易于形成膏体或似膏体不同，磷矿选矿一般采用重选工艺，尾矿粒级较粗，必须另行添加细骨料方能制备成膏体料浆，实现稳定输送。因此，对磷矿业而言，充填骨料选择是面临的主要难题。

2. 充填材料

1）充填骨料

充填骨料主要有代表粗骨料的废石和戈壁集料；代表中粗骨料的棒磨砂、冶炼炉渣；代表细骨料的分级尾砂和黄沙；代表超细骨料的全尾砂等。

由于尚未建成选厂，故而本次研究主要充填骨料为附近与设计选矿工艺相同的磷矿选厂的重选尾矿(控制最大粒径 5 mm)，以及磨矿至–200 目占 60%、–200 目占 80%的球磨尾砂，通过组合试验，最终确定组合充填骨料比例。

2）胶凝材料

根据国内外矿山经验，普通 32.5 硅酸盐水泥构筑的全尾砂胶结充填体强度能满足采场充填和采空区充填要求。本着稳定、经济、安全的原则，设计采用普通 32.5 硅酸盐水泥作为胶凝材料。

3）充填用水

正常生产过程中，经过球磨机磨至相应粒度的尾砂和 5 mm 以下的重选尾矿与胶凝材料、水混合搅拌形成膏体料浆。充填用水(包括制浆用水及充填前后洗管用水)可采用选厂回水。

3. 推荐充填配比参数

根据充填体强度要求和配比试验结果，综合考虑技术和经济因素，配比是在室内试验基础上推荐的，建议在充填系统工程调试阶段，开展尾砂充填料配比及性能的工业试验研究，为今后矿山充填生产提供更为准确的充填料配比及其工程参数，以降低充填生产成本，提高充填质量。

6.2.9　四川某铜矿

1. 项目背景

该铜矿选厂尾矿浓度为：选铜后的尾矿浓度为 25.31%；选锌后的尾矿浓度为 22.48%；选硫后的尾矿浓度为 17%。矿业选厂设计处理能力为 1500 t/d，目前仅对铜进行了回收，铜精矿产率约为 8%，尾砂产率约为 92%，即当前尾砂量为 1380 t/d（57.5 t/h、45.54 万 t/a）。根据市场行情，矿山可能对其 Zn 和 S 进行回收，届时尾砂产率约为 75%，则尾砂量为 1125 t/d（46.9 t/h、37.13 万 t/a）。

选厂底流出口位置标高约 2730 m，选厂总尾自流输送至与某铜矿共用的尾矿库，尾矿库采取尾矿自筑坝。目前，尾矿库有效库容不足 200 万 m³，按现有尾矿排放量其使用年限为 3~4 年。

2. 充填材料

　1）充填集料

铜矿充填系统所需充填集料为矿山选厂的全尾砂。该选厂标高 2740 m，选厂原矿处理能力为 1500 t/d，选厂产品为铜硫精矿，尾砂产率约为 92%，尾砂从浮选车间出口处的排尾口通过管道自流输送至尾矿库排放。

　2）胶凝材料

根据当地材料供应条件，胶凝材料选用离矿山最近的水泥厂生产的普通 42.5 硅酸盐水泥。

　3）地下开采尾砂充填的技术参数

充填骨料：选厂尾砂；胶凝材料：散装 P·O42.5R 水泥；充填浓度：泵压输送时 68%~74%；灰砂比：1∶16~1∶4；流速：1~2 m/s；充填管道内径：148 mm（泵送充填）；流量：70~80 m³/h；单次充填时间：以选厂工作时间、矿山井下采矿对充填要求确定。

6.2.10　新疆某铜矿

1. 项目背景

（1）项目名称：新疆某铜矿全尾砂高浓度充填系统。

（2）项目规模：采矿规模 50 万 t/a。

该铜矿为了响应政府号召，以建设绿色矿山为目的，采用充填开采技术，提高采出率(充填后采出率可达到 90%以上)，防止尾矿污染环境，预防山体滑坡，保持生态环境友好，创建和谐矿山。

2. 充填材料

（1）骨料：尾砂。

（2）胶凝材料：水泥。

（3）工艺流程：来自选厂的尾矿浆输送至充填站内的深锥膏体浓密机，在向深锥膏体浓密机供尾矿浆同时，通过絮凝剂制备添加系统加入絮凝剂，以提高尾矿浆的沉降速度，降低溢流水含固量。尾矿浆浓密沉降后排出的溢流水自流至深锥膏体浓密机旁设置的回水池中用作充填生产用水，多余部分经清水管路输送回选厂作为选厂工业用水。经深锥膏体浓密机浓密后的尾矿料浆浓度达到 70%时，通过底流循环泵输送至双卧轴强制式连续搅拌机中。

调浓水通过水泵自溢流水池经计量控制输送至搅拌机中。

水泥通过散装粉料罐车运送，通过罐车自带空压机压气吹入立式水泥仓，经仓底稳流装置和微粉秤计量后输送至搅拌机中。

成品戈壁集料通过装载机上料(当需要高强度充填时，添加戈壁集料充当粗骨料，以降低水泥耗量，戈壁集料由矿方提供成品，粒度≤15 mm)，通过计量皮带和输送皮带输送至搅拌机中，进行混合搅拌，以便用于高强度充填体要求区域的料浆制备。

浓密后的尾矿浆、水泥和调浓水(或添加适量戈壁集料)经两级连续搅拌机制备成均匀料浆，经充填工业泵沿充填管路输送至井下充填区域。

3. 社会效益

该铜矿实施全尾砂高浓度泵送充填具有重要的经济和社会意义。

（1）全尾砂高浓度充填至井下采空区，提高了采矿作业安全性，为井下安全生产提供强有力保障。

（2）采用全尾砂高浓度充填，可回采矿柱，提高资源采出率。

（3）全尾砂高浓度充填料浆浓度高（质量浓度 70%～72%），基本不泌水，大幅降低井下回水处理系统建设及运营成本。

（4）全尾砂高浓度充填料浆排放至井下采空区，降低了尾矿库库容压力，延长了尾矿库服务年限。

综上所述，本项目符合国家产业政策要求，满足该铜矿的生产需求和经济发展需要，且该项目突出采用了节能技术、资源综合利用技术，对处理矿山大量废物——尾砂、节能减排等都将发挥较大的作用，创造更大的经济效益和社会效益。

6.2.11 甘肃某镍矿

1. 项目背景

该矿生产能力为 910 万 t(2017 年),年充填量高达 340 多万 m³,是目前我国乃至世界上最大分层胶结充填的有色矿山,充填系统在矿山生产活动中发挥至关重要的作用。同时,该矿山是我国第一家引入并应用膏体充填技术的矿山,其膏体充填系统生产能力达到了 20 万 m³/年。然而,由于当年膏体技术和装备不够成熟,使得系统工艺复杂、流程长、管理难度大,系统故障频繁发生,生产成本居高不下,不能满足生产的需求,并于 2014 年停用。

目前,国内外膏体充填技术与装备均取得了长足的进步,并在一批金属矿山中得以成功应用。而项目前期也已经完成了以现有全尾砂、废石、棒磨砂、水泥等为充填材料的膏体性能试验,结果表明不论从流动性方面还是充填体强度方面,设计配比下的膏体性能均已达到了目前二矿区的充填标准。因此,基于前期试验成果以及实地调研结果,结合在膏体应用领域良好的科技和实践基础,重新建设二矿区膏体系统的条件已经较为成熟。

2. 充填材料及其配比

根据二矿区充填条件,现场情况以及充填材料运输情况,以选厂全尾砂、废石为充填材料,普通硅酸盐水泥为胶结剂,辅以减水剂、早强剂等外加剂改善膏体性能。

(1)全尾砂。矿山尾砂产量约 900 万 t,全尾砂–200 目含量占 88%,粒级极细,具有一定保水性,适宜于制备矿山充填膏体。经过室内实验,尾矿浓度可以经过深锥一段浓密至重量浓度 60% 以上,满足膏体系统工艺要求。通过配比实验证明,以全尾砂和废石为骨料的水泥胶结充填膏体,具有良好的力学强度,满足充填体强度要求。

(2)废石。废石为目前二矿充填站采用的充填材料之一,实践证明废石具有很好的骨料性能,且经济性良好,废石成本约 20 元/t。目前,充填用废石材料的加工生产已有完整的生产系统,技术工艺成熟,作业流程清晰,也可以为膏体系统提供高质量、充足的膏体用废石材料。金川矿区的废石产量约 80 万 t/a,地表堆存量约 1400 万 t,目前矿区范围内废石堆放场地受限,也需要找到合理途径处置。

(3)废石制备料。胶凝材料:二矿高浓度充填工艺采用的胶凝材料为某水泥集团有限公司生产的 32.5R 复合硅酸盐水泥,长期的充填实践证明,该产品性能稳定,满足充填体强度要求,具有更好的性价比。

3. 外加剂及其他添加剂

外加剂和其他添加剂对于改善浆体流动性能和强度性能具有重要作用，在矿山充填中得到了广泛的应用。目前，二矿充填配比中会添加一定剂量的早强剂和减水剂，剂量 1%～2.5%，对充填效果具有一定增益作用。

基于膏体外加剂选型试验，本案例选用 PC-P 聚羧酸减水剂，掺量为充填材料中水泥含量的 0.1%～0.2%，对膏体流动性和强度有一定的增益。与此同时，由于试验中发现粉质外加剂与细质颗粒更易黏附，限制减水剂增益效果，本案例选用水质减水剂。

最终确定膏体物料组成为水泥单耗 $310\ kg/m^3$，浓度 76%～79%，尾砂废石之比 2∶3，此时膏体流动性及硬化后力学强度均能满足性能要求。

配比：浓度 76%～79%，尾废比 4∶6，水泥单耗 $310\ kg/m^3$；

充填体性能指标：R3d＞1.5 MPa，R7d＞2.5 MPa，R28d＞5.0 MPa，坍落度＞23cm；

尾砂密度：$2.785\ t/m^3$；

尾砂由选厂直接泵送至浓密机，泵送浓度为 37%±2%；

废石：粒径为 0～16 mm，密度 $2.69\ t/m^3$，松散密度 $1.68\ t/m^3$。